高等学校规划教材

光学薄膜技术

卢进军　刘卫国　编著

西北工業大学出版社

西　安

【内容简介】 本书作为光学技术专业的教材，既系统地介绍薄膜光学的基本理论和器件设计的基本方法，又尽可能地介绍新设计方法、新器件设计、新工艺技术。全书共五章，第一章是薄膜光学特性计算基础，第二章介绍介质膜系及其应用，第三章介绍薄膜制造枝术，第四章重点介绍光学薄膜制造工艺，第五章介绍薄膜材料及其性质。附录提供了70余种光学薄膜材料的最新特性参数。本书既可作为光学技术专业大专、本科、研究生的教材，也可作为从事光学薄膜工作的科研、生产人员参考用书。

图书在版编目(CIP)数据

光学薄膜技术/卢进军，刘卫国编著．—西安：西北工业大学出版社，2005.10(2019.1 重印)
ISBN 978-7-5612-2009-2

Ⅰ.光… Ⅱ.① 卢… ② 刘… Ⅲ.①光学薄膜-教材 Ⅳ.TB43

中国版本图书馆 CIP 数据核字(2005)第 115585 号

出版发行：西北工业大学出版社
通信地址：西安市友谊西路 127 号 **邮编**：710072
电 话：(029) 88493844 88491757
网 址：www.nwpup.com
印 刷 者：陕西金德佳印务有限公司
开 本：787 mm×1 092 mm 1/16
印 张：12.625
字 数：303 千字
版 次：2005 年 10 月第 1 版 2019 年 1 月第 7 次印刷
定 价：32.00 元

序

我国高等教育正在由精英教育向大众化教育转变，在办学形式、学校定位、人才培养模式和人才培养标准各方面出现了多样化发展趋势。特别是“九五”期间，国家加大了人才培养模式的改革力度，积极推进面向21世纪教学内容课程体系的改革，调整了专业目录，拓宽了专业口径，重组课程体系。作为教学内容改革成果重要体现形式的教材既是体现教学内容、教学方法和传播知识的有形载体和基本工具，同时又是深化教育教学改革、全面推进素质教育、培养创新人才的重要保证。因此，要满足不同类型、不同层次人才培养的需要，体现高校各自的办学特色，教材体系和内容也必然向多层次、多样化发展。

西安工业学院作为一所非重点院校，正在努力从教学型向教学研究型大学发展。目前基本完成了从以工为主的单科性学院向多科性大学的转变，初步形成了大规模办学的本科专业框架和“以工为主，理工文商相结合，突出制造技术”的办学特色。学校在坚持“在层次结构上，以本科教育为主；在学科内涵上，以突出特色为主；在教学内容上，以夯实基础为主；在教学效果上，以培养能力为主”的教学工作原则的基础上将人才培养目标确定为具备“扎实的理论基础；宽厚的专业基础；娴熟的动手能力；适应竞争的综合素质”。

教材作为教学的重要载体就是要将学校的办学宗旨、培养模式、质量标准等信息传递给学生，要培养出具有本校特色的教育产品，就必须把教材建设目标、学校办学目标和人才培养目标统一起来。此次出版的公共基础课和技术基础课系列教材既体现了西安工业学院“十五”期间全面系统地推进教学改革的优秀成果，又为学科和专业发展奠定了坚实的基础。该系列教材从体系到内容都充分体现了学校的定位和办学特色。我们衷心希望它能对广大读者在夯实基础、强化素质、提高能力方面起到积极作用。

西安工业学院

教材工作委员会

2004年7月

前 言

伴随着20世纪末、21世纪初光电子技术的飞速发展，光学薄膜器件的应用向着性能要求和技术难度更高、应用范围和知识领域更广、器件种类和需求数量更多的方向迅速发展。适应发展需要，扩展知识范围，增加知识深度，拓宽学生视野，提升学生能力，是编写本书的直接原因。

近年来，随着我国加入WTO，光学制造业的加工内容已经跟随着光电产品的发展产生了质和量的同时飞跃，中国作为全球最大的光学加工厂的现实，使得每一家企业每一位技术工作者，都感觉到新技术、新应用对自己的挑战、压力和机遇，感觉到学习新技术、加深理论学习的必要性和紧迫性。伴随着光学拾讯头、数码相机、数码摄像机、背投电视以及光纤通信的迅速发展，一些10年前并不多用的光学薄膜器件出现了惊人的应用需求，偏振分束膜、消偏振分束膜、超窄带滤光片、超宽带截止滤光片等一系列复杂膜系的性能要求越来越高。与此同时，薄膜制造技术也出现了相应的发展，离子辅助、高精度膜厚监控、低温深冷、溅射、脉冲离子镀已经或正在成为高质量光学薄膜器件制造中必不可少的技术。

器件种类在增加，设计方法在发展，制造技术在进步，及时推广并将这些发展和进步的成果介绍给在校大学生、研究生，是光学薄膜技术教材的历史重任。

有关光学薄膜器件设计和制造，国内已经有浙江大学的唐晋发教授、顾培夫教授，北京理工大学的林永昌教授、卢维强教授，西安工业学院的严一心教授和南京理工大学的林鸿海教授，先后出版过非常优秀的教材。本书是在继承以上几位教授著作的精华的基础上，增添了一些新应用和新技术的内容编写而成的。

本教材的内容主要有三部分：第一部分是光学薄膜器件的设计方法和应用实例，其中列举了最新的实用器件，加重了对截止滤光片、消偏振器件和超窄带滤光片的介绍；第二部分是光学薄膜器件的制造方法，结合新技术的发展，加重了对于提高膜层聚集密度的工艺途径和新技术的介绍，简明总结了光学薄膜器件从设计到制造的基本工作程序和工作内容；第三部分是薄膜材料，除了介绍材料的光学特性之外，还增添了一些膜层光学、机械特性与微观结构、微观结构与成膜工艺条件之间关系的分析，力图使读者在选择使用薄膜材料时，对于其膜层特性有更深层次的认识，对把握器件性能有更加可靠的分析和判断。

总之，作者的初衷是在介绍光学薄膜器件的基本设计方法的基础上，想尽可能将最新的应用、最新的技术、最新的材料介绍给读者，期盼本书成为有志致力于光学薄膜器件工作的读者的益友。

由于作者自身的水平有限，时间也甚为仓促，错误和不足敬请读者直言批评。

编著者

2005 年 8 月

目 录

第一章　薄膜光学特性计算基础

光学薄膜是附着在光学零件表面的厚度薄而均匀的介质膜层。光学薄膜的光学性能集中表现为薄膜界面的分振幅多光束干涉能力。

1. 极薄平板介质的分振幅多光束干涉

根据波动光学理论，平行平板介质的分振幅多光束干涉，将形成反射、透射光强分布为

$$I_r = \frac{F\sin^2\theta}{1+F\sin^2\theta}I_i \tag{1.0.1}$$

$$I_t = \frac{1}{1+F\sin^2\theta}I_i \tag{1.0.2}$$

式中

$$F = \frac{4\sqrt{R_1R_2}}{\left(1-\sqrt{R_1R_2}\right)^2} \tag{1.0.3}$$

$$\theta = \frac{2\pi}{\lambda}nh - (\varphi_1+\varphi_2)/2 \tag{1.0.4}$$

据此得到的单色光反射、透射光强分布是亮暗相间的条纹图案。但是：

(1) 如果平行平板介质的厚度 h 与所用单色光波长 λ 同量级，则中心亮条纹的角半径大于 70°，即中心亮条纹将占据几乎全部视场，看不到亮暗相间的空间干涉条纹。

(2) 如果平板介质的厚度 h 与所用光波长 λ 同量级的同时，入射光还是非单色光，由位相 φ 的表达式可以看到，不同的波长将有不同的透射、反射光强。即光强分布有了波长选择性。

因此，薄膜状平板介质的分振幅多光束干涉将不产生亮暗相间的空间干涉条纹，但将产生光强在波长、频率域中的强弱相间分布的干涉结果。

2. 多层介质膜组合系统的光学性能

直接利用平行平板的分、振幅多光束干涉公式，只能计算只有两个界面的平板介质的反射、透射光强分布。

目前广泛使用的光学薄膜器件大多数是由多层介质组成的多界面系统，其光学性能的计算，只能借助于界面两侧电磁场的边值关系，通过电磁场传播始、终场强之间的联系，按照菲涅尔(Fresnel) 建立振幅反射、透射系数公式的思想，建立多界面系统振幅反射、透射系数计算公式。

1.1 单一界面的反射率和透射率

1.1.1 光波与光学导纳

按照波动光学理论,光波是电磁横波,光波在空间任意位置的电磁场强度及所在介质性能之间的联系是通过 Maxwell 方程和物质方程建立的。

在介质中,光波的电场和磁场强度可以表示为

$$\boldsymbol{E}=\boldsymbol{E}_0\exp\left\{\mathrm{i}\left(\omega t-\frac{2\pi}{\lambda}\boldsymbol{k}_0\cdot\boldsymbol{r}\right)\right\}$$

$$\boldsymbol{H}=\boldsymbol{H}_0\exp\left\{\mathrm{i}\left(\omega t-\frac{2\pi}{\lambda}\boldsymbol{k}_0\cdot\boldsymbol{r}\right)\right\}$$

将它们代入 Maxwell 方程组中的$\nabla\times\boldsymbol{E}=-\partial\boldsymbol{B}/\partial t$ 并利用物质方程中的$\boldsymbol{B}=\mu\boldsymbol{H}$,可得到 $\boldsymbol{H}$ 与 $\boldsymbol{E}$ 之间的关系式为

$$\boldsymbol{H}=\frac{N}{\mu c}(\boldsymbol{k}_0\times\boldsymbol{E})=\frac{N\sqrt{\varepsilon_0/\mu_0}}{\mu_{\mathrm{r}}}(\boldsymbol{k}_0\times\boldsymbol{E})$$

引入中间变量 $Y=N\sqrt{\mu_0/\varepsilon_0}=Ny_0$,$Y$ 称做介质的光学导纳,y_0是自由空间光学导纳。在国际单位制中 $y_0=1/377$ S。在光波段,$\mu_r\approx1$,所以 $\boldsymbol{H}=Y(\boldsymbol{k}_0\times\boldsymbol{E})$ (1.1.1)

注意式(1.1.1) 的物理意义及其约束条件:

(1)$\boldsymbol{E}$,$\boldsymbol{H}$,$\boldsymbol{k}_0$ 相互垂直,并符合右旋法则 —— 光波是电磁横波;

(2)$Y=H/E$,介质中沿 $\boldsymbol{k}_0$ 方向传播的电磁波的磁场强度与电场强度之比等于所在介质的光学导纳。

1.1.2 菲涅尔公式

按照波动光学理论,电磁波在两种介质形成的界面反射和透射时的振幅反射因数和透射因数①分别为

$$r=E_r/E_i,\quad t=E_t/E_i$$

根据电动力学理论中电磁场的边界条件关系可知②:

(1) 当电磁波垂直入射到一个界面时(图 1.1.1(a) 示意电磁场符号意义),

$$E_i+E_r=E_t,\quad H_i+H_r=H_t$$

结合 $\boldsymbol{H}_i=Y_0(\boldsymbol{k}\times\boldsymbol{E}_i)$, $\boldsymbol{H}_r=Y_0(-\boldsymbol{k}_0\times\boldsymbol{E}_r)$, $\boldsymbol{H}_t=Y_1(\boldsymbol{k}_0\times\boldsymbol{E}_t)$

可得 $E_i+E_r=E_t$, $Y_0E_i-Y_0E_r=Y_1E_t$

所以
$$r=\frac{E_r}{E_i}=\frac{Y_0-Y_1}{Y_0+Y_1}=\frac{N_0-N_1}{N_0+N_1}\tag{1.1.2}$$

---

① 依据国际 GB 3101—93,量纲为 1 时,应称为因数。

② 在下面用到的电磁场的边界条件关系式中的电、磁场强度都是与界面平行的分量。

$$t = \frac{E_{t0}}{E_{i0}} = \frac{2Y_0}{Y_0 + Y_1} = \frac{2N_0}{N_0 + N_1} \tag{1.1.3}$$

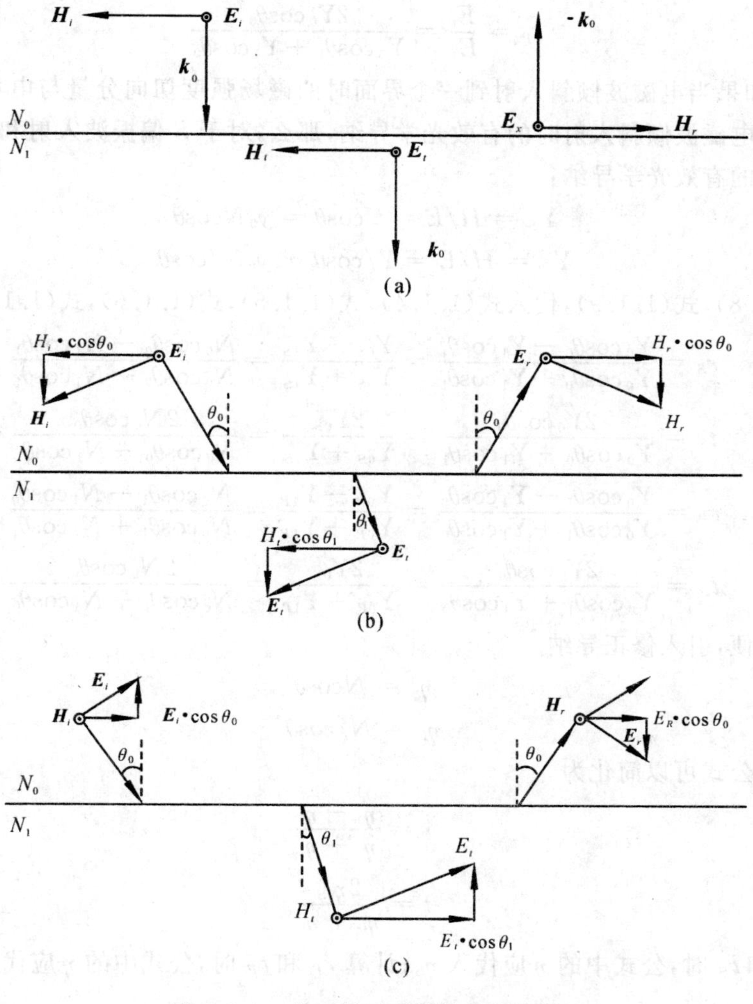

图 1.1.1　单一界面两侧的电磁场方向

(a) 垂直入射；　(b) TE 波入射；　(c) TM 波入射

(2) 当电磁波倾斜入射到一个界面时(图 1.1.1(b),(c) 示意电磁场符号意义)，对于 TE 波，即 S 偏振波入射，这时 $\boldsymbol{E}$ 与界面平行，所以

$$E_i + E_r = E_t, \quad H_i\cos\theta_0 + H_r\cos\theta_0 = H_t\cos\theta_1$$

$$Y_0 E_i\cos\theta_0 - Y_0 E_r\cos\theta_0 = Y_1 E_t\cos\theta_1$$

可得

$$r_S = \frac{E_r}{E_i} = \frac{Y_0\cos\theta_0 - Y_1\cos\theta_1}{Y_0\cos\theta_0 + Y_1\cos\theta_1} \tag{1.1.4}$$

$$t_S = \frac{E_t}{E_i} = \frac{2Y_0\cos\theta_0}{Y_0\cos\theta_0 + Y_1\cos\theta_1} \tag{1.1.5}$$

对于 TM 波，即 P 偏振波入射，这时 $\boldsymbol{H}$ 与界面平行，所以

$$H_i + H_r = H_t, \quad E_i\cos\theta_0 + E_r\cos\theta_0 = E_t\cos\theta_1$$

$$Y_0E_i - Y_0E_r = Y_1E_t$$

可得

$$r_P = \frac{E_r}{E_i} = \frac{Y_0\cos\theta_1 - Y_1\cos\theta_0}{Y_0\cos\theta_1 + Y_1\cos\theta_0} \tag{1.1.6}$$

$$t_P = \frac{E_t}{E_i} = \frac{2Y_0\cos\theta_0}{Y_0\cos\theta_1 + Y_1\cos\theta_0} \tag{1.1.7}$$

实际上，如果当电磁波倾斜入射到一个界面时的磁场强度切向分量与电场强度切向分量的比值看做是电磁波倾斜入射时的有效光学导纳，那么，对于 S 偏振波入射和 P 偏振波入射，就有两个不同的有效光学导纳：

$$Y_S = H/E = Y\cos\theta = y_0N\cos\theta \tag{1.1.8}$$

$$Y_P = H/E = Y/\cos\theta = y_0N/\cos\theta \tag{1.1.9}$$

将式(1.1.8)，式(1.1.9)，代入式(1.1.4)，式(1.1.5)，式(1.1.6)，式(1.1.7) 中，得

$$r_S = \frac{Y_0\cos\theta_0 - Y_1\cos\theta_1}{Y_0\cos\theta_0 + Y_1\cos\theta_1} = \frac{Y_{0S} - Y_{1S}}{Y_{0S} + Y_{1S}} = \frac{N_0\cos\theta_0 - N_1\cos\theta_1}{N_0\cos\theta_0 + N_1\cos\theta_1}$$

$$t_S = \frac{2Y_0\cos\theta_0}{Y_0\cos\theta_0 + Y_1\cos\theta_1} = \frac{2Y_{0S}}{Y_{0S} + Y_{1S}} = \frac{2N_0\cos\theta_0}{N_0\cos\theta_0 + N_1\cos\theta_1}$$

$$r_P = \frac{Y_0\cos\theta_1 - Y_1\cos\theta_0}{Y_0\cos\theta_1 + Y_1\cos\theta_0} = \frac{Y_{0P} - Y_{1P}}{Y_{0P} + Y_{1P}} = \frac{N_0\cos\theta_1 - N_1\cos\theta_0}{N_0\cos\theta_1 + N_1\cos\theta_1}$$

$$t_P = \frac{2Y_0\cos\theta_0}{Y_0\cos\theta_1 + Y_1\cos\theta_0} = \frac{2Y_{0S}}{Y_{0P} + Y_{1P}} = \frac{2N_0\cos\theta_0}{N_0\cos\theta_1 + N_1\cos\theta_0}$$

为计算方便，引入修正导纳

$$\eta_S = N\cos\theta \tag{1.1.10}$$

$$\eta_P = N/\cos\theta \tag{1.1.11}$$

则菲涅尔公式可以简化为

$$r = \frac{\eta_0 - \eta_1}{\eta_0 + \eta_1} \tag{1.1.12}$$

$$t = \frac{2\eta_{0S}}{\eta_0 + \eta_1} \tag{1.1.13}$$

计算 r_S 和 t_S 时，公式中的 η 应代入 η_S；计算 r_P 和 t_P 时，公式中的 η 应代入 η_P。

1.1.3 单一界面的反射率计算与等效界面思想

(1) 单一界面的反射率和透射率。按照波动光学理论，两种介质形成的界面对光波的能量反射率和透射率分别为

$$R = \frac{I_r}{I_i} = \frac{|E_r|^2}{|E_i|^2} = |r|^2 = \left|\frac{\eta_0 - \eta_1}{\eta_0 + \eta_1}\right|^2 \tag{1.1.14}$$

$$T = \frac{I_t}{I_i} = \frac{N_1\cos\theta_1}{N_0\cos\theta_0}\frac{|E_t|^2}{|E_i|^2} = \frac{\eta_{1S}}{\eta_{0S}}|t|^2 = \frac{4\eta_{0S}\eta_{1S}}{|\eta_0 + \eta_1|^2} \tag{1.1.15}$$

$$T + R + A = 1$$

式中，A 是能量吸收率。对于无吸收的全介质薄膜系统 $T + R = 1$。

因此，只要知道了两种介质的折射率和光线入射角，就可以得到相应的光学导纳，利用式(1.1.14)、式(1.1.15) 两式就可以计算单一界面的反射率和透射率。

(2) 等效界面。在众多的薄膜光学性能计算方法中，等效界面思想是一个共同点。即将一

个多界面的薄膜系统，等效地看做一个单一界面。其中，将等效界面看做是入射介质与薄膜、基底组合形成的等效介质之间的界面。即等效界面两侧的介质分别是入射介质和等效介质。入射介质的折射率仍旧是 N_0，等效介质具有等效光学导纳 Y。因此，薄膜系统的反射率就是等效界面的反射率，等效界面的反射率计算公式为

$$R = \left|\frac{\eta_0 - Y}{\eta_0 + Y}\right|^2 \tag{1.1.16}$$

任何一个复杂的薄膜系统，其反射率计算问题，都可以通过其等效界面对应的等效光学导纳进行计算。当然，必须首先建立等效光学导纳与薄膜系统之间的关系。

1.2　单层介质膜的反射率

按照等效界面思想，单层介质膜的反射率就等于其等效界面的反射率。利用式(1.1.16)计算等效界面反射率的关键是要知道等效光学导纳与单层介质薄膜之间的关系。

1.2.1　单层介质膜与基底组合的等效光学导纳

先找到单层介质膜与基底组合的等效光学导纳 Y 与介质膜层及基底结构参数之间的定量关系式。分析如下：

(1) 在等效界面两侧：

1) 等效光学导纳 Y 应当满足 $\boldsymbol{H}'_2 = Y(\boldsymbol{k}_0 \times \boldsymbol{E}'_2)$，式中 $\boldsymbol{k}_0$ 是垂直于界面，且与入射光同方向的单位波矢；

2) 根据电磁场的边界条件

$$\boldsymbol{H}'_2 = \boldsymbol{H}_0, \quad \boldsymbol{E}'_2 = \boldsymbol{E}_0$$

所以

$$\boldsymbol{H}_0 = Y(\boldsymbol{k}_0 \times \boldsymbol{E}_0) \tag{1.2.1}$$

通过电磁场的边界条件，将等效光学导纳 Y 与入射介质中电磁场的强度 E_0，H_0 建立起了联系。

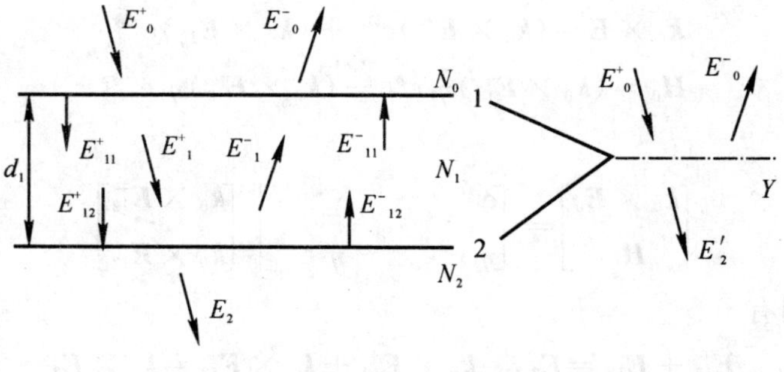

图 1.2.1　等效界面示意图[①]

特别说明：

公式 $\boldsymbol{H} = Y(\boldsymbol{k}_0 \times \boldsymbol{E})$ 中的 4 个量的物理含义是：在具有光学导纳 Y 的介质中的同一点、同

① 图中箭头方向是相应于电场的波的传输方向，并非电场方向。

一时刻、同一光波矢量 $\boldsymbol{k}_0$ 所对应的电场强度矢量 $\boldsymbol{E}$ 和磁场强度矢量 $\boldsymbol{H}$。因此，对于任何介质中，任何时刻，其中传播的光波的电磁场强度矢量间都存在这样的关系。例如，在入射介质中传播的光波的电磁场强度矢量之间就存在关系 $\boldsymbol{H}_0^+=\eta_0(\boldsymbol{k}_0\times\boldsymbol{E}_0^+)$ 和 $\boldsymbol{H}_0^-=\eta_0(-\boldsymbol{k}_0\times\boldsymbol{E}_0^-)$。而电磁场的边界条件公式 $\boldsymbol{H}'_2=\boldsymbol{H}_0,\boldsymbol{E}'_2=\boldsymbol{E}_0$ 中的电场强度矢量 $\boldsymbol{E}$ 和磁场强度矢量 $\boldsymbol{H}$，它们不但分别是界面两侧同一点、同一时刻、所有电场强度的矢量和，与所有磁场强度的矢量和，而且还只是其和矢量的切向分量。

（2）在实际单层介质膜系统中，同样可以利用电磁场边界条件，将 N_1,d_1,N_2 与入射介质中电磁场的强度 E_0,H_0 建立起联系。

因此，就有可能通过入射介质中的电磁场强度 E_0,H_0，建立等效光学导纳 Y 与介质膜层及基底结构参数 N_1,d_1,N_2 之间的定量关系式。

具体做法如下：

1）使用电磁场边界条件公式，将同一界面两侧的电磁场联系起来；

2）利用与电磁场传播相伴随的位相差，将同一介质中不同位置的电磁场联系起来。

在界面 1 上，有

$$\boldsymbol{E}_0=\boldsymbol{E}_0^+ +\boldsymbol{E}_0^+=\boldsymbol{E}_{11}^+ +\boldsymbol{E}_{11}^-$$

$$\boldsymbol{k}_0\times\boldsymbol{E}_0=\boldsymbol{k}_0\times\boldsymbol{E}_{11}^+ +\boldsymbol{k}_0\times\boldsymbol{E}_{11}$$

$$\boldsymbol{H}_0=\boldsymbol{H}_0^+ +\boldsymbol{H}_0^-=\boldsymbol{H}_{11}^+ +\boldsymbol{H}_{11}^-$$

$$\boldsymbol{H}_0=\eta_1(\boldsymbol{k}_0\times\boldsymbol{E}_{11}^+ -\boldsymbol{k}_0\times\boldsymbol{E}_{11}^-)$$

在界面 1,2 的内侧，不同纵坐标、相同横坐标的两点电磁场的复振幅强度之间的关系完全由其空间距离引入的位相差相联系，即

$$E_{12}^+=E_{11}^+\mathrm{e}^{-\mathrm{i}\delta_1},\quad E_{12}^-=E_{11}^-\mathrm{e}^{\mathrm{i}\delta_1}$$

$$\delta_1=\frac{2\pi}{\lambda}Nd_1\cos\theta$$

所以

$$\boldsymbol{k}_0\times\boldsymbol{E}=(\boldsymbol{k}_0\times\boldsymbol{E}_{12}^+)\mathrm{e}^{\mathrm{i}\delta_1}+(\boldsymbol{k}_0\times\boldsymbol{E}_{12})\mathrm{e}^{-\mathrm{i}\delta_1}$$

$$\boldsymbol{H}_0=(\boldsymbol{k}_0\times\boldsymbol{E}_{12}^+)\eta_1\mathrm{e}^{\mathrm{i}\delta_1}-(\boldsymbol{k}_0\times\boldsymbol{E}_{12})\eta_1\mathrm{e}^{-\mathrm{i}\delta_1}$$

写成矩阵形式

$$\begin{bmatrix}\boldsymbol{k}_0\times\boldsymbol{E}_0\\ \boldsymbol{H}_0\end{bmatrix}=\begin{bmatrix}\mathrm{e}^{\mathrm{i}\delta_1} & \mathrm{e}^{-\mathrm{i}\delta_1}\\ \eta_1\mathrm{e}^{\mathrm{i}\delta_1} & -\eta_1\mathrm{e}^{-\mathrm{i}\delta}\end{bmatrix}\begin{bmatrix}\boldsymbol{k}_0\times\boldsymbol{E}_{12}^+\\ \boldsymbol{k}_0\times\boldsymbol{E}_{12}\end{bmatrix}\tag{1.2.2}$$

在界面 2 上，则有

$$\boldsymbol{E}_{12}^+ +\boldsymbol{E}_{12}^-=\boldsymbol{E}_2,\quad \boldsymbol{k}_0\times\boldsymbol{E}_{12}^+ +\boldsymbol{k}_0\times\boldsymbol{E}_{12}^-=\boldsymbol{k}_0\times\boldsymbol{E}_2$$

$$\boldsymbol{H}_{12}^+ +\boldsymbol{H}_{12}^-=\boldsymbol{H}_2,\quad \eta_1(\boldsymbol{k}_0\times\boldsymbol{E}_{12}^+ -\boldsymbol{k}_0\times\boldsymbol{E}_{12}^-)=\boldsymbol{H}_2$$

$$\boldsymbol{k}_0\times\boldsymbol{E}_{12}^+=\frac{1}{2}(\boldsymbol{k}_0\times\boldsymbol{E}_2)+\frac{1}{2\eta_1}\boldsymbol{H}_2$$

$$\boldsymbol{k}_0\times\boldsymbol{E}_{12}^-=\frac{1}{2}(\boldsymbol{k}_0\times\boldsymbol{E}_2)-\frac{1}{2\eta_1}\boldsymbol{H}_2$$

写成矩阵形式

$$\begin{bmatrix} \boldsymbol{k}\times\boldsymbol{E}_{12}^{+} \\ \boldsymbol{k}\times\boldsymbol{E}_{12}^{-} \end{bmatrix} = \begin{bmatrix} \dfrac{1}{2} & \dfrac{1}{2\eta_1} \\ \dfrac{1}{2} & -\dfrac{1}{2\eta_1} \end{bmatrix} \begin{bmatrix} \boldsymbol{k}\times\boldsymbol{E}_2 \\ \boldsymbol{H}_2 \end{bmatrix} \tag{1.2.3}$$

将式(1.2.3)代入式(1.2.2)，可得

$$\begin{bmatrix} \boldsymbol{k}\times\boldsymbol{E}_0 \\ \boldsymbol{H}_0 \end{bmatrix} = \begin{bmatrix} e^{i\delta_1} & e^{-i\delta_1} \\ \eta_1 e^{i\delta_1} & -\eta_1 e^{-i\delta_1} \end{bmatrix} \begin{bmatrix} \dfrac{1}{2} & \dfrac{1}{2\eta_1} \\ \dfrac{1}{2} & -\dfrac{1}{2\eta_1} \end{bmatrix} \begin{bmatrix} \boldsymbol{k}\times\boldsymbol{E}_2 \\ \boldsymbol{H}_2 \end{bmatrix} =$$

$$\begin{bmatrix} \cos\delta_1 & \dfrac{i}{\eta_1}\sin\delta_1 \\ i\eta_1\sin\delta_1 & \cos\delta_1 \end{bmatrix} \begin{bmatrix} \boldsymbol{k}\times\boldsymbol{E}_2 \\ \boldsymbol{H}_2 \end{bmatrix} \tag{1.2.4}$$

结合式(1.2.1)和 $\boldsymbol{H}_2=\eta_2(\boldsymbol{k}_0\times\boldsymbol{E}_2)$，式(1.2.4)可化为

$$(\boldsymbol{k}\times\boldsymbol{E}_0)\begin{bmatrix} 1 \\ Y \end{bmatrix} = \begin{bmatrix} \cos\delta_1 & \dfrac{1}{\eta_1}\sin\delta_1 \\ i\eta_1\sin\delta_1 & \cos\delta_1 \end{bmatrix} \begin{bmatrix} 1 \\ \eta_2 \end{bmatrix} (\boldsymbol{k}\times\boldsymbol{E}_2)$$

令

$$\begin{bmatrix} B \\ C \end{bmatrix} = \begin{bmatrix} \cos\delta_1 & \dfrac{i}{\eta_1}\sin\delta_1 \\ i\eta_1\sin\delta_1 & \cos\delta_1 \end{bmatrix} \begin{bmatrix} 1 \\ \eta_2 \end{bmatrix} \tag{1.2.5}$$

则

$$(\boldsymbol{k}_0\times\boldsymbol{E}_0)\begin{bmatrix} 1 \\ Y \end{bmatrix} = \begin{bmatrix} B \\ C \end{bmatrix} (\boldsymbol{k}_0\times\boldsymbol{E}_2)$$

解得

$$Y = C/B \tag{1.2.6}$$

1) $\begin{bmatrix} B \\ C \end{bmatrix}$是完全由膜系和基底参数决定的二阶矩阵。当膜层参数已知后，其矩阵元就确定了，由其便可以求出等效光学导纳 Y，进而可由式(1.1.16)求得单层介质膜的光学特性。因此，这个二阶矩阵被称为该膜层与基底组合的特征矩阵。

2) 矩阵

$$\begin{bmatrix} \cos\delta_1 & \dfrac{i}{\eta_1}\sin\delta_1 \\ i\eta_1\sin\delta_1 & \cos\delta_1 \end{bmatrix}$$

由膜层参数惟一确定，这个矩阵称为该膜层的特征矩阵。

3) δ_1 称做膜层的有效位相厚度，$N_1 d_1 \cos\theta_1$ 是膜层的有效光学厚度。

注意：

① 无论是 S 偏振还是 P 偏振，其位相厚度、光学厚度是相同的；

② δ_1 是波长的函数，不同的波长就有不同的 δ_1。

4) 等效光学导纳 Y 是 δ_1 的函数，也就是随波长变化的函数。因此，等效光学导纳 Y 的色散要比实际膜层折射率的色散严重得多。

1.2.2 单层介质膜的光学特性

将式(1.2.6)代入式(1.1.16)，即可得到单层介质膜的反射率计算公式

$$R=\left|\frac{\eta_0-Y}{\eta_0+Y}\right|^2=\left|\frac{\eta_0 B-C}{\eta_0 B+C}\right|^2=\frac{(\eta_0-\eta_2)^2\cos^2\delta_1+\left(\frac{\eta_0\eta_2}{\eta_1}-\eta_1\right)^2\sin^2\delta_1}{(\eta_0+\eta_2)^2\cos^2\delta_1+\left(\frac{\eta_0\eta_2}{\eta_1}+\eta_1\right)^2\sin^2\delta_1} \quad (1.2.7)$$

对式(1.2.7)进行分析可知：

(1) 因为

$$R=f(\cos^2\delta_1,\sin^2\delta_1)$$

而

$$\cos^2\delta_1=\cos^2(\delta_1\pm m\pi)$$

$$\sin^2\delta_1=\sin^2(\delta_1\pm m\pi)$$

所以

$$R(\delta_1)=R(\delta_1\pm m\pi),\quad m=0,1,2,3,\cdots$$

位相厚度相差为π的整数倍的同一材料的单层介质膜，对同一波长的反射率是相同的。换言之，光学厚度相差为$\lambda/2$的整数倍的同一材料的单层介质膜，对同一波长有相同的反射率。即

$$R(N_1 d_1\cos\theta)=R\left(N_1 d_1\cos\theta_1\pm m\frac{\lambda}{2}\right),\quad m=0,1,2,3,\cdots$$

(2) 由方程$\frac{\mathrm{d}R}{\mathrm{d}(N_1 d_1\cos\theta_1)}=0$可解得当$N_1 d_1\cos\theta_1=m\lambda/4, m=0,1,2,3,\cdots$时，$R$有极值。

1) 当m是奇数时，则有

$$R=\frac{(\eta_0\eta_2-\eta_1^2)^2}{(\eta_0\eta_2+\eta_1^2)^2}$$

所以，若$\theta_0=0, N_0=1$，则由$\frac{\mathrm{d}^2R}{(\mathrm{d}^2(N_1 d_1\cos\theta_1))}$的性质可判知：① 当$N_1<N_2$时，$R=R_{\min}$；② 当$N_1>N_2$时，$R=R_{\max}$。

2) 当m是偶数时，$R=\frac{(\eta_0-\eta_2)^2}{(\eta_0+\eta_2)^2}$与$N_1$无关。此时的膜层如同虚设，称之为虚设层。但是仍旧可以由$\frac{\mathrm{d}^2R}{\mathrm{d}^2(N_1 d_1\cos\theta_1)}$的性质判知：

a) 当$N_1<N_2$时，$R=R_{\max}$。

b) 当$N_1>N_2$时，$R=R_{\min}$。

注意：① 因为R是λ的函数，所以，这里所说的"极值"、"虚设层"都是对特定波长（满足$N_1 d_1\cos\theta_1=m\lambda/4$的波长）而言。②"极值"是同一膜层对某一波长的反射率相对其邻近波长的反射率而言。由此不难理解"虚设层"的极值。

(3) 由式(1.2.7)计算结果可得单层介质膜的反射率随其光学厚度的变化关系如图1.2.2所示。

1) 当$N_1>N_2$时，$R_F>R_2, T_F<T_2$，膜层的作用是提高了反射率；

2) 当$N_1<N_2$时，$R_F<R_2, T_F>T_2$，膜层的作用是增加了透射率。

至此，通过对式(1.2.7)进行的上述(1)、(2)、(3)点的数学分析，我们明确了单层介质膜对确定波长的反射率随膜层光学厚度的变化是呈周期性变化的。图1.2.2示意了这一周期性变化与膜层光学厚度的关系。

(4) 因为 $\delta_1 = \frac{2\pi}{\lambda} N_1 d_1 \cos\theta_1$，所以，单层介质膜反射率随膜层位相厚度的周期性变化，也有可能是波长 λ 变化所致。即波长 λ 变化时，反射率 R 也将可能出现周期性重复。

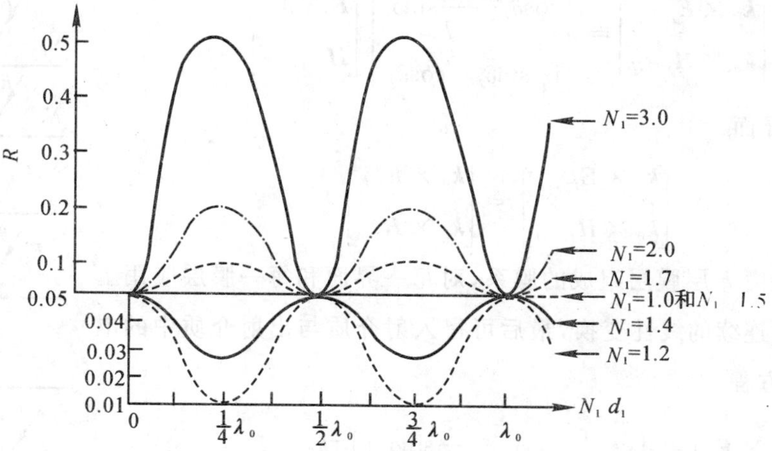

图 1.2.2　单层介质膜光学特性与膜层厚度的关系

为方便叙述，将 $\delta_1 = \frac{2\pi}{\lambda} N_1 d_1 \cos\theta_1$ 中的波长 λ 通过关系式 $\lambda = C/\nu$ 转化为频率 ν 的函数 $\delta_1 = \frac{2\pi\nu}{C} N_1 d_1 \cos\theta_1$。很明显，由于光频率 ν 与光学厚度 $N_1 d_1 P_t$ 公式中具有完全相同的数学地位，因此，如果忽略折射率色散，那么，一个确定厚度的单层介质膜的反射率将是光频率 ν 的周期性函数。即单层介质膜将在频率间隔相等的多个不同频率点具有相同的反射率。显然，频率周期为 $\Delta\nu = \frac{C}{2N_1 d_1 \cos\theta_1}$。

所以，单层介质膜层反射率的周期性具有双重性：既可以在膜层厚度增加时出现周期性的重复再现，也可以在膜层厚度一定时，对不同频率反射率出现周期性的重复再现。

1.3　多层介质膜的反射率和透射率

在没有个人计算机之前，人们为了计算反射率和透射率，采用过菲涅尔系数递推法、菲涅尔系数矩阵法，也采用过导纳递推法和导纳矩阵法。在个人计算机普及的今天，几乎所有的膜系设计软件，都采用导纳矩阵法。

采用导纳矩阵法推导多层介质膜与基底组合的等效光学导纳 Y 与介质膜层及基底结构参数之间的定量关系式，其方法与单层介质膜时等效光学导纳的求法完全相同，即基本思想仍是等效界面思想。

基本方法仍是：① 在每一界面运用电磁场边界条件公式，将同一界面两侧的电磁场联系起来；② 利用与电磁场传播相伴随的位相差，将同一膜层中上下两界面内侧的电磁场联系起来。

由此可得第 j 层膜上界面外侧场 $\boldsymbol{E}_{j-1,j}$，$\boldsymbol{H}_{j-1,j}$ 与其下界面外侧场 $\boldsymbol{E}_{j+1,j+1}$，$\boldsymbol{H}_{j+1,j+1}$ 之间的关系为

$$\begin{bmatrix}\boldsymbol{k}_0\times\boldsymbol{E}_{j-1,j}\\ \boldsymbol{k}_0\times\boldsymbol{H}_{j-1,j}\end{bmatrix}=\begin{bmatrix}\cos\delta_j & \dfrac{\mathrm{i}}{\eta}\sin\delta_j\\ \mathrm{i}\eta_j\sin\delta_j & \cos\delta_j\end{bmatrix}\begin{bmatrix}\boldsymbol{E}_{j+1,j+1}\\ \boldsymbol{H}_{j+1,j+1}\end{bmatrix}$$

而在第 j 个界面

$$\begin{bmatrix}\boldsymbol{k}_0\times\boldsymbol{E}_{j-1,j}\\ \boldsymbol{k}_0\times\boldsymbol{H}_{j-1,j}\end{bmatrix}=\begin{bmatrix}\boldsymbol{k}_0\times\boldsymbol{E}_{j,j}\\ \boldsymbol{k}_0\times\boldsymbol{H}_{j,j}\end{bmatrix}$$

所以，对由 k 层膜层组成的膜系，对每一界面和每一膜层应用上述关系，经过连续的线性变换，最后可得入射介质与出射介质中的电磁场的关系方程

$$\begin{bmatrix}\boldsymbol{k}_0\times\boldsymbol{E}_0\\ \boldsymbol{H}_0\end{bmatrix}=\left\{\prod_{j=1}^{k}\begin{bmatrix}\cos\delta_j & \dfrac{\mathrm{i}}{\eta_j}\sin\delta_j\\ \mathrm{i}\eta_j\sin\delta_j & \cos\delta_j\end{bmatrix}\right\}\begin{bmatrix}\boldsymbol{k}_0\times\boldsymbol{E}_{k+1}\\ \boldsymbol{H}_{k+1}\end{bmatrix}$$

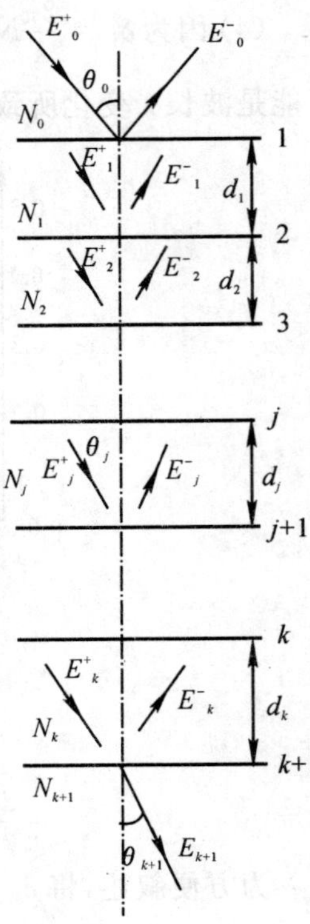

图 1.3.1 多层介质膜层中的电场

与单层介质膜时的处理方法相同，结合式(1.2.1)可知

$$\boldsymbol{H}_0=Y(\boldsymbol{k}_0\times\boldsymbol{E}_0),\quad \boldsymbol{H}_{k+1}=\eta_2(\boldsymbol{k}_0\times\boldsymbol{E}_{k+1})$$

和

$$\begin{bmatrix}B\\ C\end{bmatrix}=\prod_{j=1}^{k}\begin{bmatrix}\cos\delta_j & \dfrac{\mathrm{i}}{\eta_j}\sin\delta_j\\ \mathrm{i}\eta_j\sin\delta_j & \cos\delta_j\end{bmatrix}\begin{bmatrix}1\\ \eta_{k+1}\end{bmatrix}$$

可得

$$(\boldsymbol{k}_0\times\boldsymbol{E}_0)\begin{bmatrix}1\\ y\end{bmatrix}=\begin{bmatrix}B\\ C\end{bmatrix}(\boldsymbol{k}_0\times\boldsymbol{E}_{k+1})$$

所以

$$Y=C/B$$

该 k 层膜系的光谱特性为

$$R=\left(\frac{\eta_0B-C}{\eta_0B+C}\right)\left(\frac{\eta_0B-C}{\eta_0B+C}\right)^* \tag{1.3.1}$$

$$T=\frac{4\eta_0\eta_{k+1}}{(\eta_0B+C)(\eta_0B+C)^*} \tag{1.3.2}$$

$$\varphi=\arctan\left[\frac{\mathrm{i}\eta_0(CB^*-BC^*)}{\eta_0^2BB^*-CC^*}\right] \tag{1.3.3}$$

式中，φ 是由 $r=|r|\mathrm{e}^{\mathrm{i}\varphi}=\dfrac{\eta_0-Y}{\eta_0+Y}$ 求得的反射相移，$\varphi<0$ 表示位相滞后，$\varphi>0$ 表示位相超前。应当注意的是，式中有 η_P 和 η_S 之分，但 δ 却没有 δ_S 和 δ_P 之分。

更重要的是，式(1.3.1)、式(1.3.2)、式(1.3.3)虽然是针对介质膜系($N=n$)推导出的，但是可以证明，对于含有吸收膜层($N=n-ik$)的多层膜系，这些公式仍然适用。

考虑到当 $\theta_0 = 0$ 时，$Nd = m\frac{\lambda}{2}$ 对应于 R 或 T 的极值，在膜层制造中可以此作为膜层厚度控制的判据，所以，多层膜系设计中，以将膜层厚度取作 $\lambda_0/4$ 为设计首选。因此，在薄膜光学中，常将膜层光学厚度以 $\lambda_0/4$ 为单位来表示。例如 $G \mid M2HL \mid A$ 就表示：在玻璃基底 G 上镀有折射率分别为 N_M, N_H, H_L，光学厚度分别为 $\lambda_0/4, \lambda_0/2, \lambda_0/4$ 的三层膜层，入射介质是空气。

而当一个膜系中所有膜层的光学厚度均为 $\lambda_0/4$ 时，$\cos\delta_j = 0$，$\sin\delta_j = 1$，各层膜的特征矩阵皆为 $\begin{bmatrix} 0 & i/\eta_j \\ i\eta_j & 0 \end{bmatrix}$，所以，整个膜系对于波长 λ_0 的组合导纳（K 层膜，$\eta_{K+1} = \eta_S = \eta_G$），当膜层总数 K 为奇数时为

$$Y = \frac{\eta_1^2 \eta_3^2 \cdots \eta_K^2}{\eta_2^2 \eta_4^2 \cdots \eta_{K+1}} \tag{1.3.4}$$

当膜层总数 K 为偶数时为

$$Y = \frac{\eta_1^2 \eta_3^2 \cdots \eta_{K+1}}{\eta_2^2 \eta_4^2 \cdots \eta_K^2} \tag{1.3.5}$$

关于多层膜系光学特性的重要结论：

(1) 膜系的透射率与光的传播方向无关。而且，无论膜层有无吸收，总有 $T_L = T_R$。但是，有吸收膜系的反射率与方向有关，无吸收膜系的反射率与光的传播方向无关。

(2) 膜系性能的不变性。

1) 膜系中所有折射率（含 N_{K+1}, N_0）同乘以一个常数，其 R, T, φ 不变；

2) 膜系中所有折射率（含 N_{K+1}, N_0）用其各自的倒数取代，其 R, T 不变，但 φ 有 π 变化。

(3) 膜系等效定理。

1) 任意一个多层介质膜系都可以等效成两层膜；

2) 只有对称结构的多层介质膜系可以等效成一个单层膜。

需要说明的是，这里的等效既是物理效果的，也在数学上存在严格的等效关系。既存在等效的反射、透射光谱特性，也存在等效折射率和等效位相厚度。

1.4　金属薄膜的光学特性

金属膜层作为光学薄膜器件的组成部分之一，被广泛用做反射镜、中性分束镜、偏振分束镜和窄带滤光片膜系。在这些应用当中，金属膜层以两种不同的原理发挥作用：一种是以简单的块状金属替代者原理，将金属膜层镀制在容易获得高光洁度基底表面，起抛光金属面的高反射作用；第二种是以干涉薄膜的原理工作。前者膜层厚度以反射率达到最高为宜；后者膜层厚度影响透射率和反射率。像介质膜层一样，改变其前后匹配膜层将改变系统的透射率和反射率。含有金属膜层的膜系的反射率也使用与全介质膜系完全相同的公式(1.3.1)计算。

按照能量守恒定律，对于含有金属吸收膜层的膜系，存在关系 $T+R+A=1$，因此，对于一层确定的金属膜层，由金属膜层光学常数和厚度确定的 A 一定，$R+T$ 也就一定。但是，实践中却发现，对于同一个确定的金属膜层，当将其与不同的膜层组合成膜系时，其 $R+T$ 不但并非不变，而且变化惊人。

既然 $T+R+A=1$ 必须成立，那么 $R+T$ 的改变也就意味着吸收 A 在改变。

为了研究和描述金属膜层的吸收与其组合膜系之间的关系，1957 年，Bning 和 Turner 对吸收膜系提出了一个势透射率的概念。他们把一束透过膜层系统的光能量的透射率 T 与进入膜系的光能量 $(1-R)$ 的比定义为该膜系的势透射率 ψ，即

$$\psi = T/(1-R) \tag{1.4.1}$$

式中，T 和 R 是整个膜系的透射率和反射率。

势透射率的概念在金属-介质组合膜系统的性能最优化技术中是一个非常有用的概念。

将式(1.4.1) 代入 $T+R+A=1$ 可得

$$A = (1-R)(1-\psi) \tag{1.4.2}$$

此式表明，对于给定的 R，势透射率越大，则膜系的吸收 A 越小，实际的透射率 T 也会越高。所以，势透射率实际就是膜系的潜在的或者说是可能的透射率。对应一个确定的吸收膜系，存在一个确定的最大势透射率 ψ_{max}。

根据上述定义，金属薄膜光学的研究结果表明：

(1) 势透射率（或者膜系的可能透射率）决定于金属膜的光学常数和出射介质的导纳，而与入射介质无关。

(2) 最大势透射率仅决定于金属膜的光学常数。金属膜的光学常数确定以后，膜系最大势透射率也就确定了。实现最大势透射率的出射介质导纳，就是这种情况下的最佳匹配导纳，或称最佳负载导纳。

(3) 膜系的实际透射率不仅与势透射率有关，还和入射介质有关，也即和整个膜系的反射率相关，其值为 $(1-R)\psi$。当 $\psi=\psi_{max}$，$R=0$ 时，实际透射率达到最大势透射率，$T=\psi_{max}$。这时就说把吸收膜系潜在的最大透射率诱导出来了。

需要说明的是，最佳匹配导纳只是对有限的几个分离的波长同时存在。因此，利用最佳匹配导纳实现最大势透射率，可以实现深抑制背景的窄波段高透射窄带滤光片。

1.5 光学零件的反射率和透射率

由于光学薄膜的特征之一就是“镀制在载体（基底）上的非自持性异质薄层”，因此，光学薄膜器件必然有两个表面。对于大多数光学系统（激光系统除外），这两个表面多次反射光束之间的叠加是非相干的。

1.5.1 非相干叠加的光反射率和透射率

这里只研究无吸收光学薄膜器件前后两个表面上非相干光的叠加。采用图 1.5.1 所示的符号。光波在前后两个表面上多次反射，反射光的强度总和为

$$R = R_a^+ + T_a^+ R_b^+ T_a^- [1 + R_a^- R_b^+ + (R_a^- R_b^+)^2 + \cdots] = R_a^+ + \frac{T_a^+ T_a^+ T_a^- R_b^+}{1 - R_a^- R_b^+}$$

由于 T^+ 和 T^- 总是相等的，因此

$$R = \frac{R_a^+ + R_b^+(T - R_a^+ R_a^-)}{1 - R_a^- R_b^+}$$

在没有吸收的情况下，$R_a^+ = R_a^- = R_a$，$T_a^+ = T_a^- = T_a$，并且 $R_a + T_a = 1$，所以，上式可简化为

$$R = \frac{R_a + R_b - 2R_a R_b}{1 - R_a R_b} \tag{1.5.1}$$

同理可得

$$T = \frac{T_a T_b}{1 - R_a R_b} \tag{1.5.2}$$

或

$$T = \frac{1}{\dfrac{1}{T_a} + \dfrac{1}{T_b} - 1} \tag{1.5.3}$$

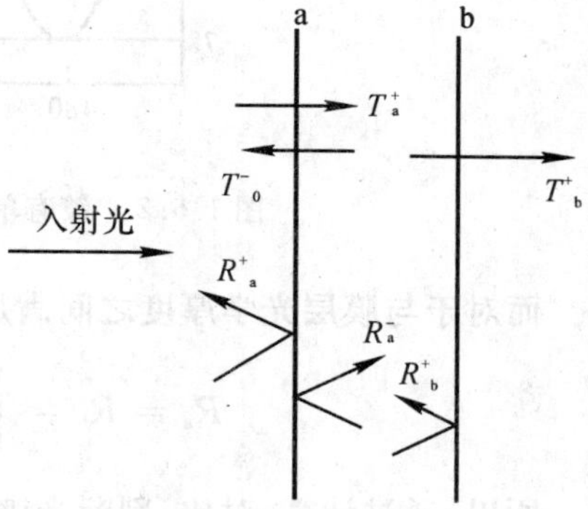

图 1.5.1　平行平板各界面的透反射

显然，T 总是大于 $T_a T_b$。

1.5.2　光学零件的实测反射率与膜层的折射率

这里的目的是提供一个利用光学零件的实测反射率计算膜层折射率的方法。

测量薄膜器件反射和透射光谱，最常用和最方便的是使用分光光度计。

图1.5.2 所示是由分光光度计测得的单面有膜平板玻璃($N_G = 1.61$) 的光谱透射率或反射率曲线。此图提供的信息有：被测零件对波长 600 nm 有极大值透射率 90%，对波长 480 nm 和800 nm 有极小值透射率 78%。

由于单面有膜平行平板玻璃的透射率是薄膜干涉和玻璃两表面间光波的非相干叠加共同所致，即在公式 $T = \dfrac{T_a T_b}{1 - R_a R_b}$ 中，如果 T_a，R_a 是有膜面的透射率和反射率，T_b，R_b 是无膜面的透射率和反射率，且若 λ_0 与膜层光学厚度之间满足关系

$$N_1 d_1 = (2m+1)\lambda_0/4, \quad m = 0,1,2,3,\cdots$$

那么

$$R_a(\lambda_0) = \left|\frac{N_0 - N_1^2/N_G}{N_0 + N_1^2/N_G}\right|^2, \quad T_a = 1 - R_a$$

$$R_b = \left|\frac{N_0 - N_G}{N_0 + N_G}\right|^2, \quad T_b = 1 - R_b$$

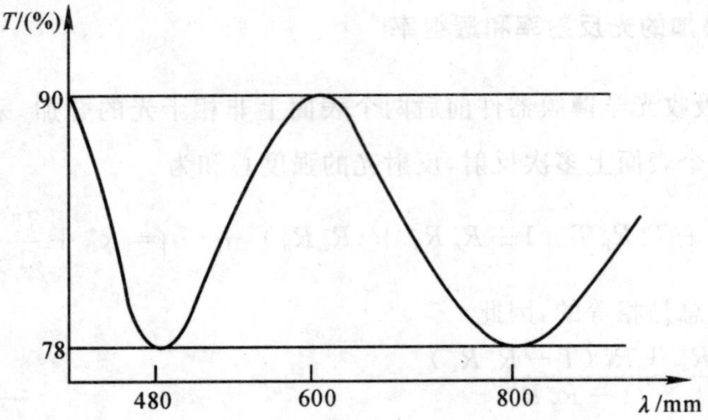

图 1.5.2 镀有单层介质膜层的平板玻璃的透射率实测曲线

而对于与膜层光学厚度之间满足关系 $N_1d_1 = m\lambda'_0/2, m = 0,1,2,3,\cdots$ 的波长 λ'_0，则有

$$R_a = R_b = \left|\frac{N_0 - N_G}{N_0 + N_G}\right|^2, \quad T_a = T_b = 1 - R_b$$

所以，通过计算、对比、判断光谱透射率曲线图中哪些极值波长对应 λ_0，哪些极值波长对应 λ'_0 可知，只有那些对应极值波长 λ_0 的透射率和反射率与膜层的折射率有关，通过上述关系式就可以求得膜层的折射率。

例 1.1 在测得上述透射率曲线后，由

$$R_b = \left|\frac{N_0 - N_G}{N_0 + N_G}\right|^2 = 0.054\ 6, \quad T_b = 1 - R_b = 0.945\ 4$$

对应 λ'_0 膜层为虚设层

$$R_a = R_b = 0.054\ 6, T_a = T_b = 0.945\ 4$$

所以

$$T(\lambda'_0) = T_aT_b/(1 - R_aR_b) = 0.896$$

显然，曲线图中对应的 $\lambda'_0 = 600$ nm，λ_0 则对应的是 480 nm 和 800 nm。将 λ_0 对应的 $T = 0.78$，无膜基底单面的 $R_b = 0.054\ 6, T_b = 0.945\ 4$ 代入公式 $T = T_aT_b/(1 - R_aR_b)$，得有膜面的反射率

$$R_a = \frac{T - T_b}{TR_b - T_b} = 0.183\ 2$$

代入

$$R_a(\lambda_0) = \left|\frac{N_0 - N_1^2/N_G}{N_0 + N_1^2/N_G}\right|$$

得

$$N_1 = \sqrt{N_G\frac{1 + \sqrt{R_a}}{1 - \sqrt{R_a}}} = 2.005$$

另外，由曲线图中的 λ_0 波长应满足 $N_1d_1 = (2m + 1)800/4 = (2m + 3)480/4$，可以解得膜

层的厚度 $N_1 d_1 = 600\ \text{nm}, d_1 \approx 300\ \text{nm}$。

图 1.5.2 给出的镀有单层介质膜层的平板玻璃的透射率实测曲线上的两个极小值同为 0.78，这说明这个膜层的折射率在这个波段没有色散。但是对于大多数薄膜材料，折射率色散是不可避免的，直接表现为如图 1.5.3 所示的测量结果，多个波长对应的极值不再相同。在这种情况下，可以对每一个极值波长采用上述方法计算出相应的折射率值。

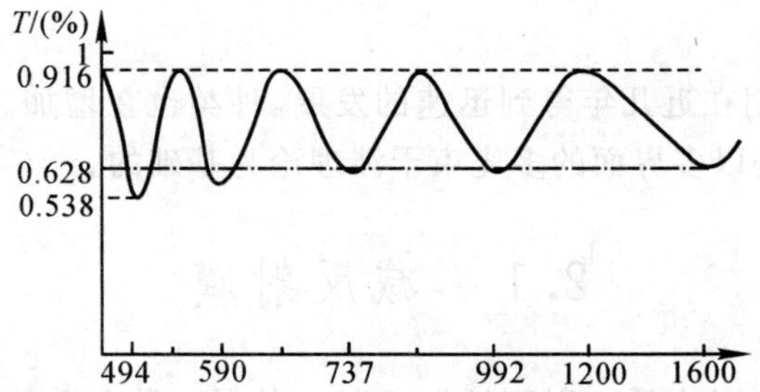

图 1.5.3　单面镀单层有色散膜层平板玻璃的光谱透射率

第二章 介质膜系及其应用

光学薄膜器件的应用在近几年得到迅速的发展，种类也在增加。但是绝大多数膜系的工作原理和设计方法仍然是以多界面的多光束干涉理论为基础的。

2.1 减反射膜

当光线从折射率为 n_0 的介质入射到折射率为 n_1 的另一种介质时，在两种介质的分界面上就会产生光的反射。如果介质没有吸收光线，界面是光学表面，光线垂直入射，则反射率 $R = (n_0 - n_1)^2/(n_0 + n_1)^2$，透射率 $T = 1 - R$。

对于光学玻璃，折射率 n_1 在 1.44 ～ 1.92 之间，单个光学玻璃表面的反射率在 3.25% ～ 10% 之间。对于红外光谱区经常使用的硅($n = 3.5$)或锗($n = 4.0$)基底材料，每个表面的光反射率分别可以达到31%或36%。这种光学零件表面的反射在光学系统中会产生两个严重的后果，第一，光能量的损失，使像的亮度降低；第二，光学系统内部各表面多次反射而造成的杂散光最后也会到达像面，造成像的衬度降低，分辨率下降。这两种效应都使得光学系统的成像质量遭到损害。特别是对于那些复杂的光学系统，这两个效应造成的后果更加严重。

在光学零件表面镀制减反射膜是克服这些缺点最有效的方法。

2.1.1 单层减反射膜

为了减小表面反射率，最简单的途径是在玻璃表面上镀一层低折射率的薄膜。

在前面讨论单层介质膜的光学特性时已得知：① 只要 $n_1 < n_2$，就有 $R_F < R_S, T_F > T_S$，这个单层介质膜就有减小表面反射率的作用，就是减反射膜；② 如果在 $n_1 < n_S$ 的同时 $n_1 d_1 \cos\theta_1 = (2m+1)\lambda_0/4$，那么，$R_{\min} = \dfrac{(\eta_0 \eta_S - \eta_1^2)^2}{(\eta_0 \eta_S + \eta_1^2)^2}$。

显然，①$R(\lambda_0) = 0$ 的条件是 $n_1 = \sqrt{n_0 n_S}$；②R-λ 曲线呈 V 形，谷底是 $R(\lambda_0)$；③$\theta_0 \neq 0$ 时，膜层的有效光学厚度为 $n_1 d_1 \cos\theta_1$。所以，θ_0 越大，$R_{\min}$ 对应的波长越短。

存在的问题是：①V 形减反射效果只能实现单一波长零反射，色中性差；② 对于常用的玻璃基底，满足 $n_1 = \sqrt{n_0 n_S}$ 的膜料并不存在，很难实现零反射。

2.1.2 双层减反射膜

为了克服单层减反射膜存在的两个问题而提出：

1. 双层 $\lambda_0/4$ 膜堆

实际中单层减反射膜不能得到 $R_{\min}$ 的原因在于不能得到满足 $n_1 = \sqrt{n_0 n_S}$ 的膜层，也就是

说 $R(n_0-Y)^2/(n_0+Y)^2$ 中的 Y 值不能接近 n_0，即 $Y(\lambda_0)=n_1^2/n_S>1$。

显然，欲使 $R=(n_0-Y)^2/(n_0+Y)^2=0$，不仅仅只能寻求满足 $n_1=\sqrt{n_0 n_S}$ 的膜料，也可以整体改变 $Y(\lambda_0)=n_1^2/n_S$ 值，使其接近 n_0。

譬如，在 n_1 与 n_S 之间增加一层膜，将减反射膜系由 $G \mid L \mid A$ 改变为 $G \mid HL \mid A$，则 $Y(\lambda_0)=n_L^2 n_S/n_H^2$，只要 $n_L^2/n_H^2=n_0/n_S$，就可以实现 $R(\lambda_0)=0$。

2. $\lambda_0/2$-$\lambda_0/4$ 膜堆

双层 $\lambda_0/4$ 膜堆虽然在 λ_0 波长实现了零反射，但是仍然不能解决 V 形减反射效果带来的色中性差的问题。

$G \mid 2HL \mid A$ 膜系可以将 V 形光谱特性变为 W 形光谱特性。其特点是：①$R(\lambda_0)$ 与 n_H 无关，$R(\lambda_0)=(n_0 n_S-n_L^2)^2/(n_0 n_S+n_L^2)^2$；② 存在 $\lambda_1<\lambda_0<\lambda_2$，$R(\lambda_1)$ 和 $R(\lambda_2)$ 同时小于或等于 $R(\lambda_0)$。

同一个 $G \mid 2HL \mid A$ 膜系的减反射效果随着基底折射率的不同而大不相同。欲获得好的减反射效果，$G \mid 2HL \mid A$ 膜系中的膜层折射率应当随着基底折射率的不同而进行调整。

同样，同一个折射率的基底，$G \mid 2HL \mid A$ 膜系中膜层折射率变化时，其减反射效果也大不相同。

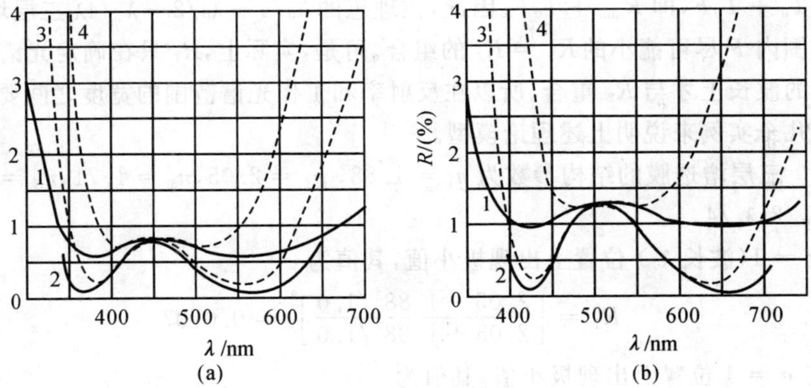

图 2.1.1　双层减反射膜 $2HL$ 的特性曲线

(a)$n_0=1.0, n_S=1.60$；　(b)$n_0=1.0, n_S=1.52$

图 2.1.1 中(a)图是折射率为 1.6 的玻璃基底上，$G \mid 2HL \mid A$ 膜系对应不同 n_H 时的减反射效果。图中曲线 1,2,3,4 分别对应 n_H 的值为 1.70,1.90,2.10,2.40。

图 2.1.1 中(b)是折射率为 1.52 的玻璃基底上，$G \mid 2HL \mid A$ 膜系对应不同 n_H 时的减反射效果。图中曲线 1,2,3,4 分别对应 n_H 的值为 1.60,1.85,2.00,2.50。

2.1.3　多层减反射膜

当单层、双层减反射膜不能满足需要时，可寻求更多层的膜堆提高减反射效果。

目前广泛采用的三层减反射膜堆是 $G \mid M2HL \mid A$。更多层的减反射膜堆大多是以此三层减反射膜为雏形改良发展而得。

1. $G \mid M2HL \mid A$ 特性分析

三层增透膜 $G \mid M2HL \mid A$ 的膜层厚度结构是 $\lambda_0/4$-$\lambda_0/2$-$\lambda_0/4$。这样一种多层组合在原

理上与物理光学中学习过的法布里-珀珞型干涉仪相似。它的外边两层膜的厚度各为$\frac{1}{4}$波长，相当于半反射镜，中间膜层则是厚度为$\frac{1}{2}$波长的间隔层。对于这种三层增透膜，应用有效界面的概念进行分析是非常方便的。可以中间层作为选定层，外层膜和入射介质以及内层膜和基片组成两个有效界面。它们的振幅反射系数和反射率分别为 r_1^-，r_2^+ 和 R_1，R_2。膜系的透射率可以按照法布里－珀珞型干涉仪的透射率表示为

$$T = T_0/(1 + F\sin^2\theta) \tag{2.1.1}$$

这里 $T_0 = (1 - R_1)(1 - R_2)/(1 - \bar{R})^2$， $F = 4\bar{R}/(1 - \bar{R})^2$， $\bar{R} = \sqrt{R_1 R_2}$

$$\theta = (\varphi_1 + \varphi_2)/2 - \frac{2\pi}{\lambda}n_2 d_2 = (\varphi_1 + \varphi_2)/2 - \frac{2\pi}{\lambda}\frac{\lambda_0}{4}\alpha = (\varphi_1 + \varphi_2)/2 - \frac{\pi}{2}\frac{\lambda_0}{\lambda}\alpha$$

式中，λ_0 为中心波长，λ 是计算波长，α 是以 $\lambda_0/4$ 为单位的间隔层光学厚度（对于 $\lambda_0/2$ 厚度，$\alpha = 2$）。

可以看到，当 $\theta = k\pi(k = 0, \pm 1, \pm 2, \cdots)$，$\sin^2\theta = 0$ 时，透射率 T 的最大值等于 T_0，而当 $R_1 = R_2$ 时，T_0 的最大值为 1。在 $F \ll T_0 = 1$ 时，T 在 $1 - F$ 之间变化，所以多层膜的反射率 R 是在 0 和 F 之间变化。当 $T_0 \neq 1$，R 则在极小值 $R_{\min}$ 和极大值 $R_{\max}$ 之间。$R_{\min}$ 值为 $1 - T_0$，而 $R_{\max}$ 值约为 $1 - T_0 + T_0 F$，即 $R_{\min} + T_0 F$。因此，在理想的 $\lambda_0/4 - \lambda_0/2 - \lambda_0/4\lambda$ 三层增透膜，是一种在宽光谱范围内 F 尽可能小的 $R_1 = R_2$ 的组合。可是，实际上，R_1 只在确定光谱范围内的极少数几个分离的波长上才与 R_2 重合。所以在反射率和工作光谱范围的宽度之间要做出折中。

下面举几个实例来说明上述理论模型。

例 2.1 三层增透膜的结构参数为 $n_1 = 1.88$，$n_2 = 2.05$，$n_3 = 1.71$，$n_S = 1.52$，厚度分别为 $\lambda_0/4$，$\lambda_0/2$，$\lambda_0/4$。

R_1 在 $g = 1$（波长 λ_0）位置上出现极小值，其值为

$$R_1 = \left[\frac{2.05 - 1.88^2/1.0}{2.05 + 1.88^2/1.0}\right]^2 = 0.0707$$

R_2 也在 $g = 1$ 位置上出现极小值，其值为

$$R_2 = \left[\frac{2.05 - 1.71^2/1.52}{2.05 + 1.71^2/1.52}\right]^2 = 0.0010$$

它们的分光反射率曲线表示在图 2.1.2 上。在整个光谱内，R_1 与 R_2 不相交，只在 $g = 1$ 处才近似相等。而且在 $g = 1$ 处，$\theta = \pi$，因此多层膜组合只有一个单一的极小值，$R_{\min} = 1 - T_0 = 2.55 \times 10^{-3}\%$。

这种仅在一个波长 λ_0 上近似地有 $R_1 = R_2$ 的多层增透膜，类似于单半波的法布里-珀珞干涉滤光片。但由于 F 值很小，这样一种滤光片的宽度是较大的。

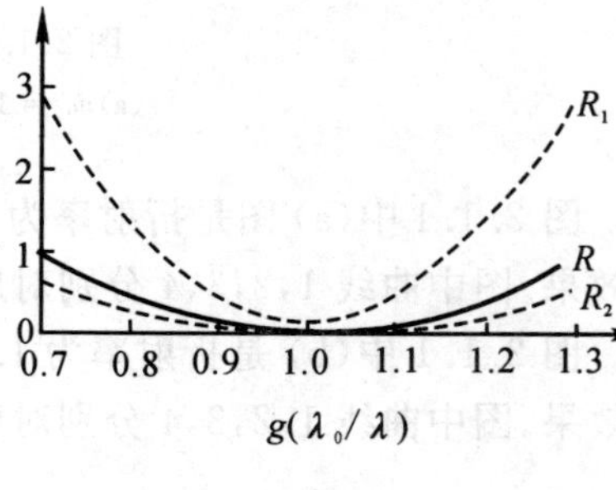

图 2.1.2 R_1，R_2 和 R 的分光曲线

例 2.2 当例 2.1 中的 n_3 由 1.71 变为 1.62，其余结构参数不变时，在 $g = 1$ 处，R_1 的极小值仍为 $R_1 = 0.00136$，而 R_2 在 $g = 1$ 处的极小值为

$$R_2 = \left[\frac{2.05 - (1.62^2/1.52)}{2.05 - (1.62^2/1.52)}\right]^2 = 0.00733$$

即 R_2 曲线向上垂直移动，与 R_1 的曲线相交于 $g_1 = 0.855$ 和 $g_2 = 1.145$ 两点。这两点对

称地分列在 $g = 1$ 的两侧。所以整个膜系的反射率极小值就出现在这两点附近。极小值之所以不刚好出现于 g_1 和 g_2 两点上，是由于这两点上 θ 并不等于 π 之故。图 2.1.3 给出了这个多层组合的 T_0 和 π。

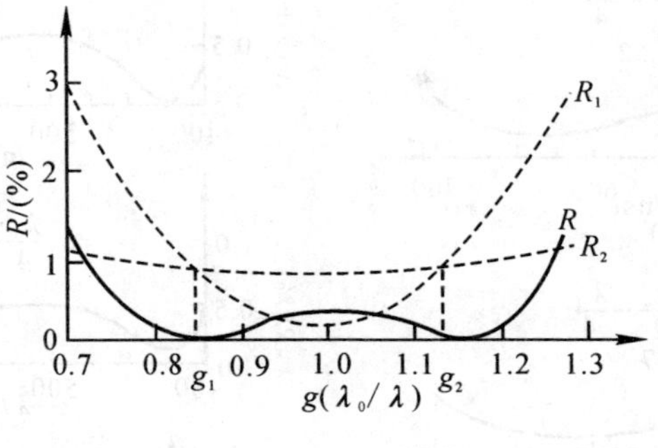

图 2.1.3　例 2.2 的 R_1，R_2 和 R 的分光曲线

在 g_1 和 g_2 两点上，由于 $R_1 = R_2$，T_0 上升至 100% 的极大值。但在这两点上，$\sin^2\theta$ 并非零值而影响到 R；在 g_1 和 g_2 的一侧，$|\pi-\theta|$ 减小，$\sin^2\theta$ 对 R 的影响也将减小，可是 T_0 也随之下降，使 R 值增加。因此反射率的两个极小值将出现在 T_0 的极大值和 $|\pi-\theta|$ 的极小值之间的区域上（见图 2.1.4）。在本例中，这里产生 $0.82 \leqslant g \leqslant 0.855$ 和这两个区域内。在 $g = 1$（即中心波长 λ_0）处，$\theta = \pi$，因而中心波长的反射率为

$$1 - T_0 = 1 - \frac{(1-0.001\,36)\times(1-0.007\,31)}{(1-\sqrt{0.001\,36\times0.007\,31})^2} = 1 - 0.997\,6 = 0.002\,6$$

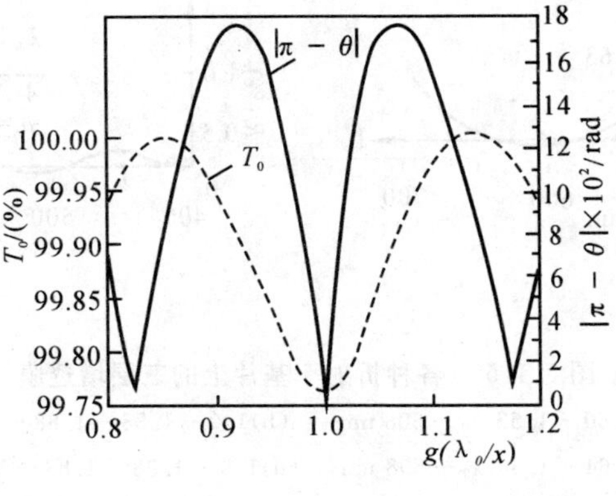

图 2.1.4　例 2.2 的 T_0 和 $|\pi-\theta|$ 曲线

总的来说，多层组合的各个参数对反射特性的影响可归纳为：调节间隔层的厚度，即变化 $|\pi-\theta|$ 曲线的位置和形状，可以使反射率极小值移到不同的波数位置上。改变第一层或第二层的厚度，可以使 R_1 曲线相对于 R_2 作水平移动，其结果就是改变低反射光谱的宽度以及反射率 R；利用不同的折射率值 n_1 和 n_3，可以使 R_1 和 R_2 曲线作相对的垂直运动，就像上面的实例所说明的那样。

显然，对于不同折射率基片，要用不同折射率的薄膜材料，通常是通过改变内层膜的折射率来实现匹配的。

图 2.1.5 列出了各种不同折射率基片的三层增透膜的反射率曲线。

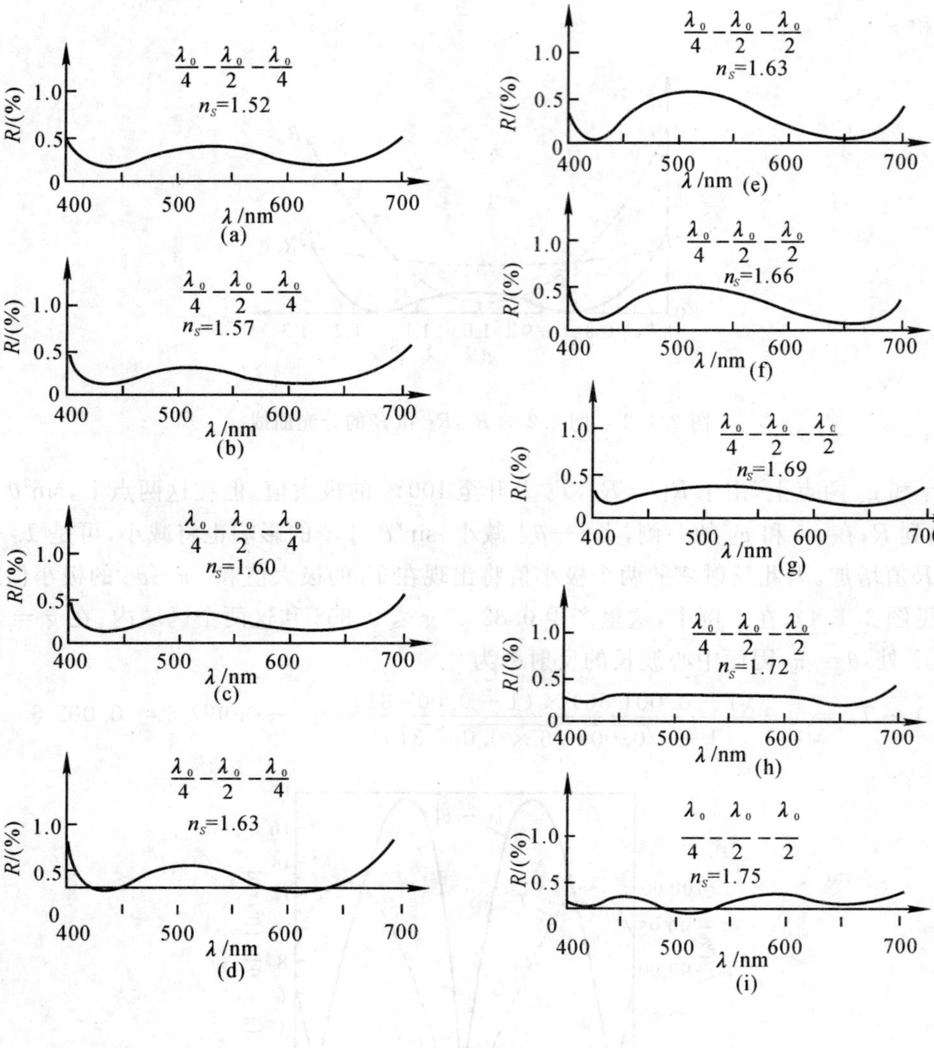

图 2.1.5　各种折射率基片上的三层增透膜

(a)1.0－1.38－1.83－1.60－1.52，λ_0－508 nm；　(b)1.0－1.38－1.88－1.03－1.57，λ_0－508 nm；

(c)1.0－1.38－1.88－1.64－1.60，λ_0－508 nm；　(d)1.0－1.38－1.88－1.85－1.63，λ_0－508 nm；

(e)1.0－1.38－1.88－1.50－1.63，λ_0－508 nm；　(f)1.0－1.38－1.83－1.61－1.66，λ_0－508 nm；

(g)1.0－1.38－1.88－1.62－1.69，λ_0－508 nm；　(h)1.0－1.88－1.88－1.64－1.72，λ_0－508 nm；

(j)1.0－1.88－1.88－1.65－1.75，λ_0－508 nm

从图 2.1.5 可以看到，随着基片折射率的增加，$\lambda_0/4-\lambda_0/2-\lambda_0/4$ 三层增透膜的两端反射率也随着增加。而当基片折射率大于 1.66 时，匹配的内层膜折射率低于基片折射率，因而在中心波长 $\lambda_0(g=1)$ 处，R_2 出现极大值。虽然 R_1 和 R_2 曲线也相交于两点，但在光谱两端 R_1 和 R_2 的差值较大(见图 2.1.6)，而且在光谱两端，位相 $\theta_0/2$ 型三层增透膜，则在中心波长 λ_0 处，R_2 将是极小值，在光谱两端 R_1 和 R_2 的差值减少(见图 2.1.7)，而且位相因子 θ 较为接近于 π，因而减反射特性显著改善。如能适当提高中间层的折射率(例如至 1.92 左右)，特性可望得到进一步的改进。图 2.1.5 表明，对于折射率低于 1.63 的基片，$\lambda_0/4-\lambda_0/2-\lambda_0/4$ 型三层增透膜是合适的。而对于折射率大于 1.66 的基片，则 $\lambda_0/4-\lambda_0/2-\lambda_0/4$ 型增透膜更为适宜。

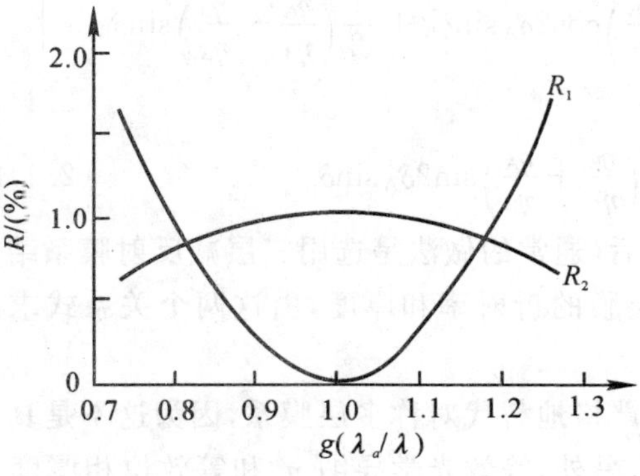

图 2.1.6　高反射率基片的 $\lambda_0/4-\lambda_0/2-\lambda_0/4$ 型三层增透膜的 R_1，R_2 曲线

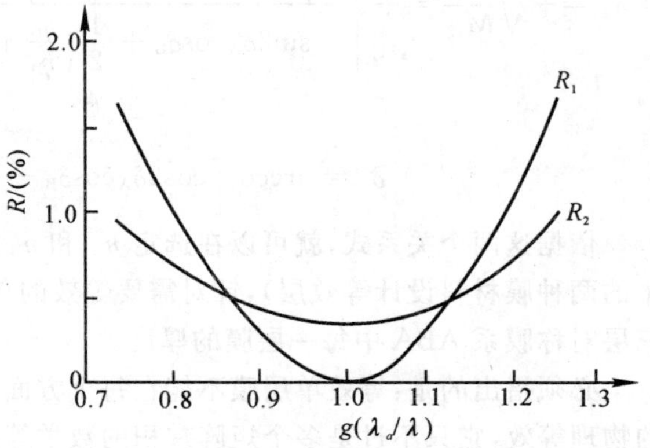

图 2.1.7　高折射率基片的 $\lambda_0/4-\lambda_0/2-\lambda_0/2$ 型三层增透膜的 R_1，R_2 曲线

2. 多层减反射膜设计

通过前面的分析可看到：$G \mid M2HL \mid A$ 三层减反射膜层可以获得低而平坦的反射率曲线，而且其中各层膜的作用都比较明显，对于宽带减反射膜的设计和制备都有指导意义。

更重要的是，通过进一步的设计还可以从这里派生出很多种类宽带减反射膜的设计，所以有人称 $G \mid M2HL \mid A$ 结构是宽带减反射膜的“母膜系”。

目前，实际中采用的宽带减反射膜设计方法不外乎两类：一种是以 $G \mid M2HL \mid A$ 作为初始膜系，将目标设计指标输入膜系设计软件，同时将膜层厚度和折射率作为可调整自变量，交由计算机自动优化设计出满足设计指标的膜系结构；另一种仍是以 $G \mid M2HL \mid A$ 作为初始膜系，将目标设计指标输入膜系设计软件，将膜层折射率设为固定值，将膜层厚度作为可调整自变量，同时允许计算机在三层结构无法满足要求时增加膜层数，直至设计出满足设计指标的膜系结构。

通常，按照第一种方法设计的膜系结构虽然表面上看只有三层膜，但是其中经常出现现有膜料无法满足膜层要求。实际中还需要针对这些膜层进行二次设计，即替代层设计。而按照第二种方法设计的膜系结构可能出现层数多、膜层厚度很薄的问题，目前正在推广使用的石英晶振膜层厚度控制仪已能控制任何厚度的膜层。

替代层目前已广泛采用的是三层对称结构，它是替代层的等效膜层。

根据等效定理：任意一个周期性对称膜系都存在一个单层膜和它等效。并且，这个等效单层膜的等效折射率就是周期性对称膜系基本周期的等效折射率 n_e，而它的等效位相厚度等于基本周期的等效位相厚度 δ_e 的周期数倍。

用做减反射膜系替代层的常见结构是三层对称膜系 ABA。

让三层膜的特征矩阵乘积等于其等效单层膜的特征矩阵（等效的数学特征）：

$$\begin{bmatrix} \cos\delta_A & \frac{i}{\eta_A}\sin\delta_A \\ i\eta_A\sin\delta_A & \cos\delta_A \end{bmatrix} \begin{bmatrix} \cos\delta_B & \frac{i}{\eta_B}\sin\delta_B \\ i\eta_B\sin\delta_B & \cos\delta_B \end{bmatrix} \begin{bmatrix} \cos\delta_A & \frac{i}{\eta_A}\sin\delta_A \\ i\eta_A\sin\delta_A & \cos\delta_A \end{bmatrix} = \begin{bmatrix} \cos\delta_e & \frac{i}{\eta_e}\sin\delta_e \\ i\eta_e\sin\delta_e & \cos\delta_e \end{bmatrix}$$

解这个矩阵方程所对应的方程组，得

$$\eta_e=+\sqrt{\frac{M_{21}}{M_{12}}}=+\left\{\frac{\eta_A^2\left[\sin2\delta_A\cos\delta_B+\frac{1}{2}\left(\frac{\eta_A}{\eta_B}+\frac{\eta_B}{\eta_A}\right)\cos2\delta_A\sin\delta_B-\frac{1}{2}\left(\frac{\eta_A}{\eta_B}-\frac{\eta_B}{\eta_A}\right)\sin\delta_B\right]}{\sin2\delta_A\cos\delta_B+\frac{1}{2}\left(\frac{\eta_A}{\eta_B}+\frac{\eta_B}{\eta_A}\right)\cos2\delta_A\sin\delta_B+\frac{1}{2}\left(\frac{\eta_A}{\eta_B}-\frac{\eta_B}{\eta_A}\right)\sin\delta_B}\right\}^{\frac{1}{2}} \tag{2.1.2}$$

$$\delta_e=\arccos\left[\cos2\delta_A\cos\delta_B-\frac{1}{2}\left(\frac{\eta_B}{\eta_A}+\frac{\eta_A}{\eta_B}\right)\sin2\delta_A\sin\delta_B\right] \tag{2.1.3}$$

依据这两个关系式，就可以在选定 n_A 和 n_B 之后（通常的做法是选用三层减反射膜系结构中的两种膜材料设计等效层），针对需要等效的单层膜的折射率和厚度，由这两个关系式求出三层对称膜系 ABA 中每一层膜的厚度。

必须指出的是：等效单层膜不能在每个方面都严格地替代对称多层膜系，因为这不是真正的物理等效，它只不过是多个矩阵乘积的数学等效。另外，等效光学导纳 η_e 和等效位相厚度 δ_e 都将依赖于真实膜系的波长 λ，不仅 η_e 有严重的色散，而且 δ_e 的"色散"也非常大。

分析如下：

(1) 如果 $\delta_A=\delta_B=\pi/2$，由式(2.1.3)可得 $\eta_e=\eta_A^2/\eta_B$，$\delta_e=(2K+1)\pi/2$，$K=0,1,2,3,\cdots$ 这表明，用三层同为 $\lambda_0/4$ 厚度的对称膜层，对波长 λ_0 既可以获得比实际膜层材料折射率高($\eta_A>\eta_B$)的等效膜，也可以获得比实际膜层材料折射率低($\eta_A<\eta_B$)的等效膜层，而且等效层的等效光学厚度也是 $\lambda_0/4$ 或 $\lambda_0/4$ 的奇数倍。

(2) $\delta_A=\delta_B=\pi$ 时，$\eta_e=\eta_A$，$\delta_e=\pi$。这表明，用三层同为 $\lambda_0/2$ 厚度的对称膜层，对波长 λ_0 形成虚设层。

(3) 如果 $2\delta_A=\delta_B$，由式(2.1.2)和式(2.1.3)可得

$$\eta_e=\eta_A\left[\frac{\cos\delta_B(\eta_A+\eta_B)^2-(\eta_A^2-\eta_B^2)}{\cos\delta_B(\eta_A+\eta_B)^2+(\eta_A^2-\eta_B^2)}\right]^{\frac{1}{2}} \tag{2.1.4}$$

$$\delta_e=\arccos\left[\cos^2\delta_B-\frac{1}{2}\left(\frac{\eta_B}{\eta_A}+\frac{\eta_A}{\eta_B}\right)\sin^2\delta_B\right] \tag{2.1.5}$$

1) 对波长 λ_0，当 $\delta_B=\pi/2$ 时，三层对称膜层(0.5AB0.5A)的等效膜层的等效光学导纳 η_e 是纯虚数，因此，三层对称膜层(0.5AB0.5A)对波长 λ_0 并不存在等效膜层。

2) 对于波长 $\lambda=\lambda_0/2$，$\delta_B=\pi$，所以，$\eta_e=\sqrt{\eta_A^3/\eta_B}$，$\delta_e=2\pi$。这表明，三层对称膜层的等效光学导纳 η_e 既可能是大于 $\eta_A(\eta_A>\eta_B)$，也可能小于 $\eta_A(\eta_A<\eta_B)$，而等效光学厚度就是三层膜层的实际光学厚度的总和。

3) 对于 $\lambda\ll\lambda_0$ 或 $\lambda_0/\lambda\to0$ 的波长 λ，$\delta_B\to0$，η_e，$\eta_e=\sqrt{\eta_A\eta_B}$，$\delta_e\approx2\delta_A+\delta_B$。即，当膜层厚度很薄时，等效光学导纳 η_e 可以是界于 η_A 和 η_B 之间的任意值。这时的等效折射率色散很小，几乎是一常数，而等效光学厚度就近似等于三层膜层的实际光学厚度的总和。

实际上，当三层膜层的实际光学厚度并不很薄时，$\eta_e=\sqrt{\eta_A\eta_B}$ 和 $\delta_e\approx2\delta_A+\delta_B$ 仍旧成立。因此可以用来替代那些在自然界中找不到折射率材料的膜层。

实际中，宽带减反射膜是用计算机自动设计程序设计完成的。设计步骤可分为：第一步，优化出一个可以达到指标的最少层数的 $\lambda/4$ 膜系结构；第二步，用三层对称膜系合成折射率不易实现的膜层；最后用计算机再次优化膜层厚度，以补偿由于合成所带来的特性下降。

例 2.3　图 2.1.8 中三条曲线是由计算机设计的规则(全 $\lambda/4$ 厚度)膜系，曲线 1 的膜系是 $K_9 \mid MH_1H_2H_3L \mid A$，曲线 3 的膜系是 $ZF_3 \mid H_1H_2H_3L \mid A$，其中，$n_M = 1.63$，$n_{H1} = 1.95$，$n_{H_2} = 2.32$，$n_{H_3} = 1.87$，$n_L = 1.38$

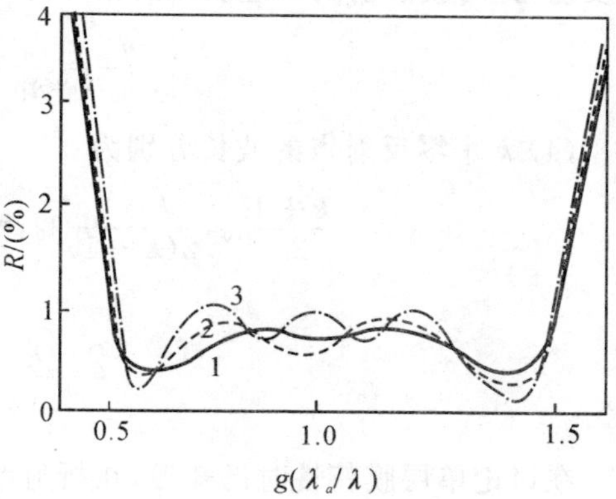

图 2.1.8　宽带减反射膜的特性曲线

其中折射率为 1.95 和 1.87 两种材料较难得到，需要用三层对称膜系合成。经过计算，折射率为 1.95 的膜层可以用 $0.379H_2 0.215L 0.379H_2$ 等效，折射率为 1.87 的膜层可以用 $0.288L 0.384H_2 0.288L$ 等效。使用三层对称膜系替代后，原曲线 1 的膜系变为七层膜堆：

$$K_9 \mid M0.379H_2 0.215L2.379H_2 0.288L0.3846H_2 1.288L \mid A$$

一般来说，经过对称等效结构替代合成的膜系，比原来规整膜厚膜系的光学性能有所下降.这是由于等效结构的等效折射率和等效位相厚度的色散造成的。需要把合成膜系作为一个初始结构，固定折射率，把膜厚作为变量，用计算机程序再优化一次，以补偿由于合成所带来的特性下降。这种设计方法在设计非规整多层减反射膜时是尤其可取的。第二次优化后膜系结构为 $K_9 \mid 1.14M0.364H_2 0.21L2.63H_2 0.253L0.368H_2 1.14L \mid A$。这个膜系可以用做可见光区和 1.06 μm 双波段的减反射膜。其平均反射率小于 0.55%，对 1.06 μm 的激光波长的反射率仅为 0.15%。

2.1.4. 高折射率基底的减反射膜

在红外光谱区中经常使用高折射率基片材料，比如硅($n = 3.5$)、锗($n = 4.0$)、碲化铅($n = 5.5$)等，由于其折射率高，表面反射率高，减反射效果非常明显。实际中，减反射后的剩余反射率有百分之几是允许的。

前面关于单层减反射膜的考虑，同样地适用于高折射率基片。硅、锗、砷化镓、砷化铟、锑化铟等基片，都可以用单层硫化锌、二氧化铈、一氧化硅有效地增透。其中，一氧化硅在 9 μm 以后有吸收峰，因此只能用做 8 μm 以前的红外第一和第二大气窗口的减反射膜；硫化锌可以用做 2～16 μm 波段中的三个大气窗口的减反射膜。近年来，更多使用的是高温氧化物材料氧化钇($n = 1.85$)、氧化钪($n = 1.85$)，其机械性能特别好，正在得到越来越广泛的应用。

红外宽带减反射膜多采用所谓遥减法设计。这种设计方法的规则如下：

(1) 选取膜层的厚度均为 $\lambda_0/4$。

(2) 规定各层膜折射率按如下规律排列：

$$n_S > n_k > n_{k-1} > \cdots > n_0$$

式中，n_S 为基片折射率，n_0 为入射介质折射率，k 为膜层数。从基片向入射介质膜层折射率应递减。

(3) 理论上可以证明，只要恰当地匹配膜层的折射率，k 层膜就可以在 k 个波长位置实现

零反射，此时膜层折射率应满足的条件为

$$\frac{n_1}{n_0}=\frac{n_2}{n_1}=\cdots=\frac{n_k}{n_{k-1}}=\frac{n_s}{n_k}$$

(4) k 个零反射点的波长分别为

$$\frac{k+1}{2k}\lambda_0,\frac{k+1}{2(k-1)}\lambda_0,\frac{k+1}{2(k-2)}\lambda_0,\cdots,\frac{k+1}{4}\lambda_0,\frac{k+1}{2}\lambda_0$$

2.2 高反射膜

在讨论单层膜特性时已知道，在折射率为 n_G 的基片上镀以光学厚度为 $\lambda_0/4$ 的高折射率(n_1)膜层后，反射率增大。对于中心波长 λ_0，单层膜和基片组合的导纳为 n_1^2/n_S，垂直入射的反射率为

$$R=(n_0-n_1^2/n_S)^2/(n_0+n_1^2/n_S)^2$$

显然 n_1^2/n_S 越大，反射率越高。但是实际中的膜层折射率(n_1)是有限的，单层膜可实现的最高反射率不会超过 50%。

2.2.1 周期性多层膜堆的反射率

如果采用每层厚度均为 $\lambda_0/4$，高、低折射率交替的介质多层膜，能够得到更高的反射率。这是因为从膜层所有界面上反射的光束，当它们回到前表面时具有相同位相，从而产生相长干涉。对这样一组介质膜系，在理论上有望得到十分接近于 100% 反射率。

如果 n_H 和 n_L 是高、低折射率层的折射率，并使介质膜系两边的最外层为高折射率层，其每层的厚度均为 $\lambda_0/4$，即 $G \mid H(LH)^S \mid A$，对于中心波长 λ_0 有：$Y(\lambda_0)=\left(\frac{n_H}{n_L}\right),\frac{n_H^2}{n_S}$，因而垂直入射时对中心波长 λ_0 的反射率，也即反射率极大值为

$$R=\left[\frac{1-(n_H/n_L)^{2S}(n_H^2/n_S)}{1+(n_H/n_L)^{2S}(n_H^2/n_S)}\right]^2 \tag{2.2.1}$$

显然，n_H/n_L 比值越大，或层数($2S+1$)越多，则反射率 R 越高。理论上，只要增加膜系的层数，反射率可无限地接近于 100%。

实际上，由于膜层中的吸收、散射损失，在膜系达到一定层数后，继续加镀两层并不能提高其反射率。有时甚至由于吸收、散射损失的增加而使反射率下降。因此，膜系中的吸收和散射损耗限制了介质膜系的最大层数。

2.2.2 $(LH)^S$ 周期性多层膜堆的高反射带

图 2.2.1 示意了一个典型的 $\lambda/4$ 介质膜系的特性：存在着一个随着层数的增加反射率稳定地增加的高反射带；这个高反射带的宽度 $2\Delta g$ 是有限的，而且随着层数的增加，高反射带的宽度 $2\Delta g$ 并不改变；在高反射带的两边，反射率陡然降落为小的振荡着的数值，继续增加层数，将增大反射带内的反射率以及带外的振荡数目。

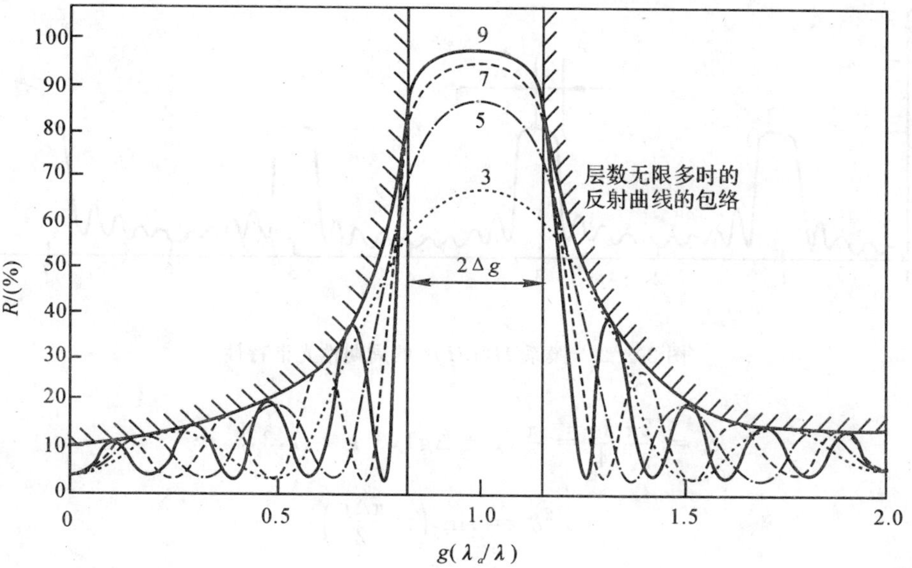

图 2.2.1 $\theta_0=0$ 时，K_9 玻璃基片上膜系 $H(LH)^S$ 的反射率与相对波数的关系（$n_H=2.35, n_L=1.38$）

高反射带的宽度可用下述方法求得：如果多层膜由 S 个重复的基本周期构成，而基本周期由两层膜组成，那么多层膜的特征矩阵为

$$\boldsymbol{\mu}=\boldsymbol{M}^S=\begin{bmatrix} m_{11} & m_{12} \\ m_{21} & m_{22}\end{bmatrix}^S=\left[\begin{bmatrix}\cos\delta_L & \frac{\mathrm{i}}{\eta_L}\sin\delta_L \\ \mathrm{i}\eta_L\sin\delta_L & \cos\delta_L\end{bmatrix}\begin{bmatrix}\cos\delta_H & \frac{\mathrm{i}}{\eta_H}\sin\delta_H \\ \mathrm{i}\eta_H\sin\delta_H & \cos\delta_H\end{bmatrix}\right]^S \tag{2.2.2}$$

经过适当数学分析可以得知：

满足 $\left|\frac{1}{2}(m_{11}+m_{22})\right|>1$ 的 λ 位于高反射带内；高反射带是以 $g=1,3,5,\cdots$ 为中心，半宽度为 $2\Delta g$ 的一系列分立的波数区间。

满足 $\left|\frac{1}{2}(m_{11}+m_{22})\right|<1$ 的 λ 位于高透射带内；高透射带是以 $g=2,4,6,\cdots$ 为中心的一系列分立的波数区间。

满足 $\left|\frac{1}{2}(m_{11}+m_{22})\right|=1$ 的 λ 是高反射带与高透射带的拐点波长，称做截止波长。

膜系 $H(LH)^S$ 的周期性光谱特性如图 2.2.2 所示。对于膜系 $(LH)^S$，$\delta_H=\delta_L=\delta$，$\frac{1}{2}(m_{11}+m_{22})=\cos^2\delta-\frac{1}{2}\left(\frac{n_H}{n_L}+\frac{n_L}{n_H}\right)\sin^2\delta$，设截止波长为 λ_e，对应的位相厚度为 δ_e，由 $\left|\frac{1}{2}(m_{11}+m_{22})\right|=1$ 可得 λ_e 满足的方程为

$$\cos^2\delta_e-\frac{1}{2}\left(\frac{n_H}{n_L}+\frac{n_L}{n_H}\right)\sin^2\delta_e=-1 \tag{2.2.3}$$

整理后得

$$\cos^2\delta_e=\left(\frac{n_H-n_L}{n_H+n_L}\right)$$

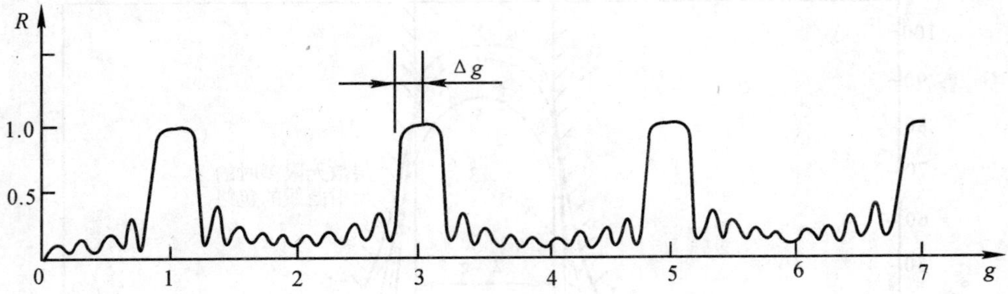

图 2.2.2　膜系 $H(LH)^S$ 的周期性光谱特性

由于
$$\delta_e = \frac{2\pi}{\lambda_e}\frac{\lambda_0}{4} = \frac{\pi}{2}(g \pm \Delta g), \quad g = 1,3,5,\cdots$$

所以
$$\cos^2\delta_e = \sin^2\left(\pm\frac{\pi\Delta g}{2}\right)$$

由此解得
$$\Delta g = \frac{2}{\pi}\arcsin\left(\frac{n_H - n_L}{n_H + n_L}\right) \tag{2.2.4}$$

这表明，高反射带的波数宽度仅仅与构成多层膜的两种膜料的折射率有关。两种膜料的折射率差值愈大，高反射带愈宽。

这样，用相对波数 g 表示的高反射区域为

$$1-\Delta g \sim 1+\Delta g, 3-\Delta g \sim 3+\Delta g, 5-\Delta g \sim 5+\Delta g, \cdots$$

相应的高反射区域波长范围为

$$\lambda_0/(1+\Delta g) \sim \lambda_0/(1-\Delta g)$$
$$\lambda_0/(3+\Delta g) \sim \lambda_0/(3-\Delta g)$$
$$\lambda_0/(5+\Delta g) \sim \lambda_0/(5-\Delta g)$$

高反射区域波长宽度为

$$\Delta\lambda = \lambda_0/(g-\Delta g) - \lambda_0/(g+\Delta g) = 2\lambda_0\Delta g/(g^2 - \Delta g^2) \approx 2\lambda_0\Delta g/g^2 \tag{2.2.5}$$

对比分析式(2.2.4) 和式(2.2.5)，可以得知，对于膜系 $(LH)^S$ 有如下特点：

(1) 所有高反射带的波数宽度均相等；

(2) 各高反射带的波长宽度并不相等，波数越大对应的高反射带波长宽度越窄。

注意：式(2.2.5) 中的 λ_0 是满足、或对应 $n_H d_H = n_L d_L = \lambda_0/4$ 的。

2.2.3　高反射带的展宽

$\lambda/4$ 膜堆所能得到的高反射区仅决定于膜层折射率。目前，在可见光区域能找到的有实用价值的材料中，折射率最大的不超过 2.6，而最小者不小于 1.35，在红外区域中，最大折射率也不超过 6.0，因此单个 $\lambda/4$ 多层膜的高反射带宽度是有限的。很多应用中，高反射带不够宽广，不能满足使用要求。因而高反射带的宽度需要展宽。

展宽高反射带宽度的方法之一是：使膜系各层的厚度形成规则递增或递减。其目的在于确

保对十分宽的波段区域内的任何波长 λ，膜系中都有足够多的膜层，其光学厚度十分接近 $\lambda/4$，以给出对 λ 的高反射率。

膜层厚度既可以按算术级数递增，也可以按几何级数递增。即，对于一个有 q 层的膜堆，膜层厚度可以是算术级数 $t, t(1+k), t(1+2k), \cdots, t[1+(q-2)k], t[1+(q-1)k]$，也可以是几何级数 $t, kt, k^2t, \cdots, k^{q-2}t, k^{q-1}t$。

展宽高反射带的另一个更广泛采用的方法，是将两个、甚至多个中心波长不同的 $\lambda/4$ 多层膜堆联合叠加使用，例如：$G \mid 0.8(LH)^7 1.2(LH)^7 \mid A$。

需要强调的是，如果用于联合叠加使用的两个高反射膜堆都是奇数层，致使叠加后相邻两层膜合二为一，例如：$G \mid 0.8[H(LH)^7]1.2[H(LH)^7] \mid A$ 中，$0.8H + 1.2H = 2H$，则必然导致该叠加膜系对 λ_0 的作用等同于 GA，即对 λ_0 是高透的，结果造成两个膜堆的高反射带连接区出现很窄的透射带。图 2.2.3 中的实线是膜系 $G \mid 0.8(HL)^7H \mid A$ 和膜系 $G1.2(HL)^7H \mid A$ 的反射率曲线；虚线是这两个膜系叠加后的 $G \mid 0.8[H(LH)^7]1.2[H(LH)^7] \mid A$ 的反射率曲线，在两个膜系重叠的波段出现了很窄的透射带；点线是在膜系 $G \mid 0.8[H(LH)^7]1.2[H(LH)^7] \mid A$ 中增加 L 层于两个高反射膜堆之间后 $G \mid 0.8[H(LH)^7]L1.2[H(LH)^7] \mid A$ 的反射率曲线。

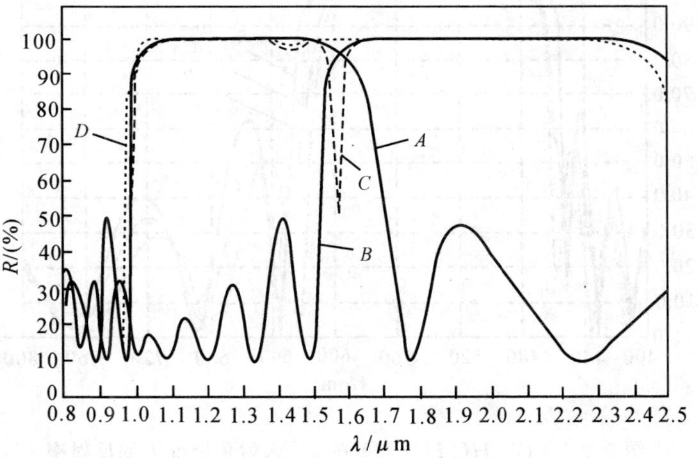

图 2.2.3　两个高反射膜堆叠加后的反射率曲线

2.2.4　倾斜入射时的高反射带

需要特别指出，全介质高反射膜系用于斜入射时，其反射带将有所变化。这种变化主要表现在反射带的波形和反射带的宽度两方面。当然，高反射波段和反射率也有所变化。

首先，由于斜入射，S 偏振和 P 偏振的反射带宽度不再相等，即

$$\Delta g_S = \frac{2}{\pi}\arcsin\left(\frac{\eta_{HS} - \eta_{LS}}{\eta_{HS} + \eta_{LS}}\right) \tag{2.2.6}$$

$$\Delta g_P = \frac{2}{\pi}\arcsin\left(\frac{\eta_{HP} - \eta_{LP}}{\eta_{HP} + \eta_{LP}}\right) \tag{2.2.7}$$

显然，由于 $\eta_H \neq \eta_L$，所以，$\Delta g_P \neq \Delta g_S$。

其次，由于 $\Delta g_P \neq \Delta g_S$，对于自然光而言，$R = \frac{1}{2}(R_P + R_S)$，所以，高反射带的波形将有较大变化。图 2.2.4 和图 2.2.5 分别示意了 $G \mid H(LH)^8 \mid A$ 在 0° 和 30° 入射角情况下测得的反射率曲线。

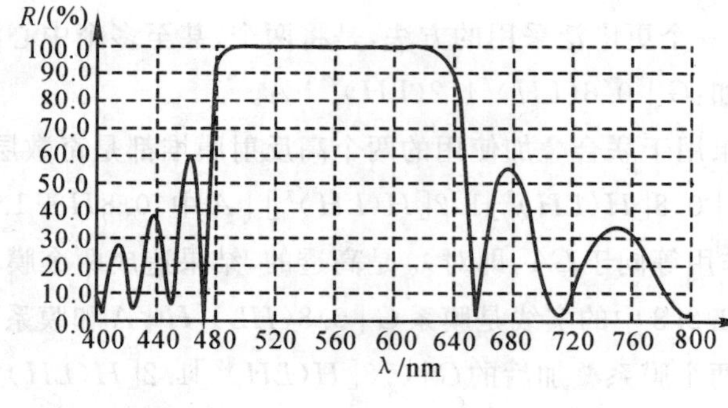

图 2.2.4 $G \mid H(LH)^8 \mid A$ 在 0° 入射角情况下的反射率

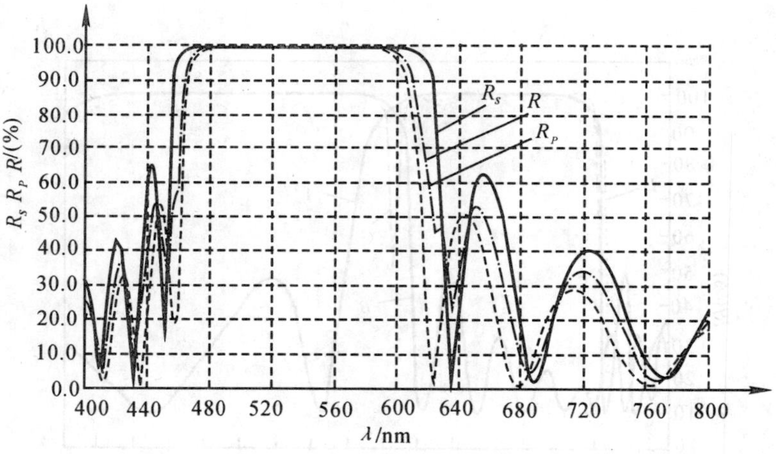

图 2.2.5 $G \mid H(LH)^8 \mid A$ 在 30° 入射角情况下的反射率

显然，反射带整体向短波方向移动，总反射带宽度改变，总反射曲线两端陡度变差，都是很明显的。

2.2.5 金属反射膜

上述全介质高反射膜，以其几乎为零的光吸收和接近 100% 的高反射率特征，广泛地应用于激光系统中。但是在一些简单的光学系统，特别是在目视光学系统中，大多采用廉价简单的金属高反射膜作为反射镜。

由于金属抛光表面对光波有非常高的反射率，所以，在光学工程中，人们先将比金属更容易获得高光洁度的玻璃抛光，再将金属镀制在抛光玻璃表面形成金属高反射镜。

1. 金属高反射膜特性

图 2.2.6 所示是几种常用金属反射膜的反射率光谱，经过长期工程实践，人们对常用金属反射膜的反射特性有了全面深入的了解。总体来说，金属反射膜有以下四点特性：

(1) 高反射波段非常宽阔，已经可以覆盖几乎全部光频范围。当然，就每一种具体的金属而言，它都有自己最佳的反射波段。

(2) 各种金属膜层与基底的附着能力有较大差距。如，Al，Cr，Ni 与玻璃附着牢固；而 Au，Ag 与玻璃附着能力很差。

(3) 金属膜层的化学稳定性较差，易被环境气体腐蚀。

(4) 膜层软，易划伤。

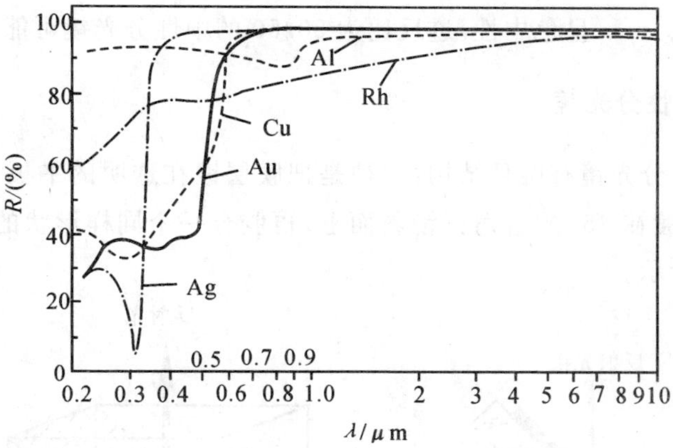

图 2.2.6　常用金属反射膜的反射率

2. 金属-介质高反射膜

采用金属-介质组合膜系做高反射膜通常有两个目的：

(1) 对金属膜层的保护作用。有两种形式：

1) 在金属膜层与基底之间增加与基底和金属膜层都有较好附着能力的过渡层。

例 2.4　$G \mid Al_2O_3 - Ag, G \mid Cr - Au$。

2) 在金属膜层表面加镀高硬度透明膜层。

例 2.5　$G \mid Al - SiO_x \mid A, G \mid Al_2O_3 - Ag - Al_2O_3 - SiO_2 - Al_2O_3 \mid A$。

(2) 提高金属膜层的反射率。常用的方案是在金属膜层表面加镀 $(LH)^S$ 膜堆。

如果金属膜层的折射率是 $n - ik$，单层金属膜的反射率是

$$R = \left| \frac{1 - (n - ik)}{1 + (n - ik)} \right|^2$$

加镀 $(LH)^S$ 膜堆后，在 $(LH)^S$ 膜堆的反射带中心的反射率是

$$R = \left| \frac{1 - \left(\frac{n_H}{n_L}\right)^{2S} (n - ik)}{1 + \left(\frac{n_H}{n_L}\right)^{2S} (n - ik)} \right|^2$$

后者的反射率正比于$\frac{n_H}{n_L}$和$(LH)^2$膜堆的周期数S。同时应当注意到，在$(LH)^S$膜堆的反射带内的反射率是提高了，但在$(LH)^S$膜堆的反射带之外的波段，反射率反倒下降了。

金属-介质高反射膜的优点是结构简单，制造容易，但其缺点是无法实现接近100%的反射率。在大功率激光系统中，金属膜层的吸收将导致膜层的烧伤而无法使用。

2.3 中性分束膜

中性分束镜能够在一定波段内把一束光分成光谱成分相同的两束光，也即它在一定的波长区域内，如可见区内，对各波长具有相同的透射率和反射率之比值——透反比。因而反射光和透射光不带有颜色——呈色中性。透反比为50/50的中性分光镜可能是最常用的。

2.3.1 介质中性分光镜

常用的介质中性分光镜有两种结构：一种是把膜层镀在透明的平板上，如图2.3.1(a)所示；另一种是把膜层镀在45°的直角棱镜斜面上，再胶合一个同样形状的棱镜，构成胶合立方体，如图2.3.1(b)所示。

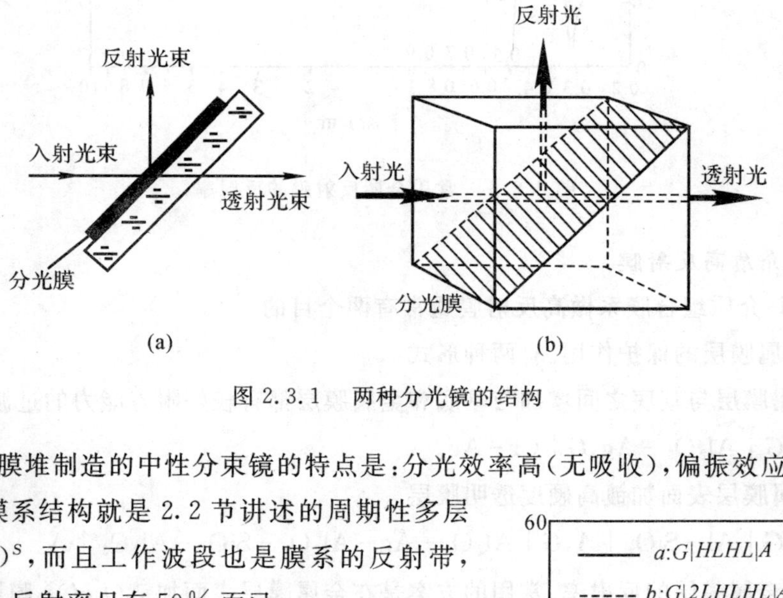

图2.3.1 两种分光镜的结构

采用介质膜堆制造的中性分束镜的特点是：分光效率高（无吸收），偏振效应明显，分光特性色散明显。膜系结构就是2.2节讲述的周期性多层介质膜系$(LH)^S$，而且工作波段也是膜系的反射带，只不过层数少，反射率只有50%而已。

图2.3.2所示是平板分束镜的膜系及其分光光谱特性曲线。

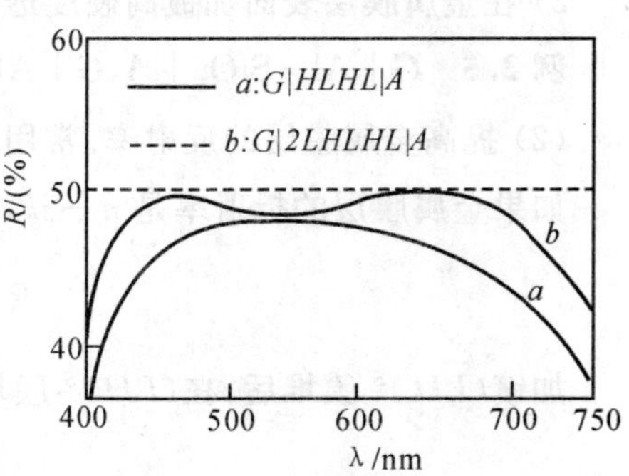

图2.3.2 平板分束镜分光光谱曲线

图2.3.3所示是棱镜分束镜的膜系及其分光光谱特性曲线。其中图2.3.3(a)是简单的全$\lambda/4$膜堆，其光谱中性较差，反射光为绿色，透射光呈粉红色。图2.3.3(b)是在图2.3.3(a)膜系的基础上，增加了$2L$膜层，结果导致了透射色和反射色同时变淡，即色中

性有所好转。图 2.3.3(c) 是在图 2.3.3(a) 膜系的基础上增加了 $2H$ 膜层，结果使色中性大幅度好转。显然，要想获得好的色中性分束效果，可以通过 $2H$，$2L$，甚至 $2M$ 层来提高分光曲线的平坦程度。而要使透反比接近 50/50，既可以将图 2.3.3(c) 膜系中的 H 层换成中等折射率的 M 膜层，也可以整体调整 H，L 膜层材料，改变 n_H 与 n_L 的比值，还可以通过改变膜层厚度来改变 n_H 与 n_L 的比值。

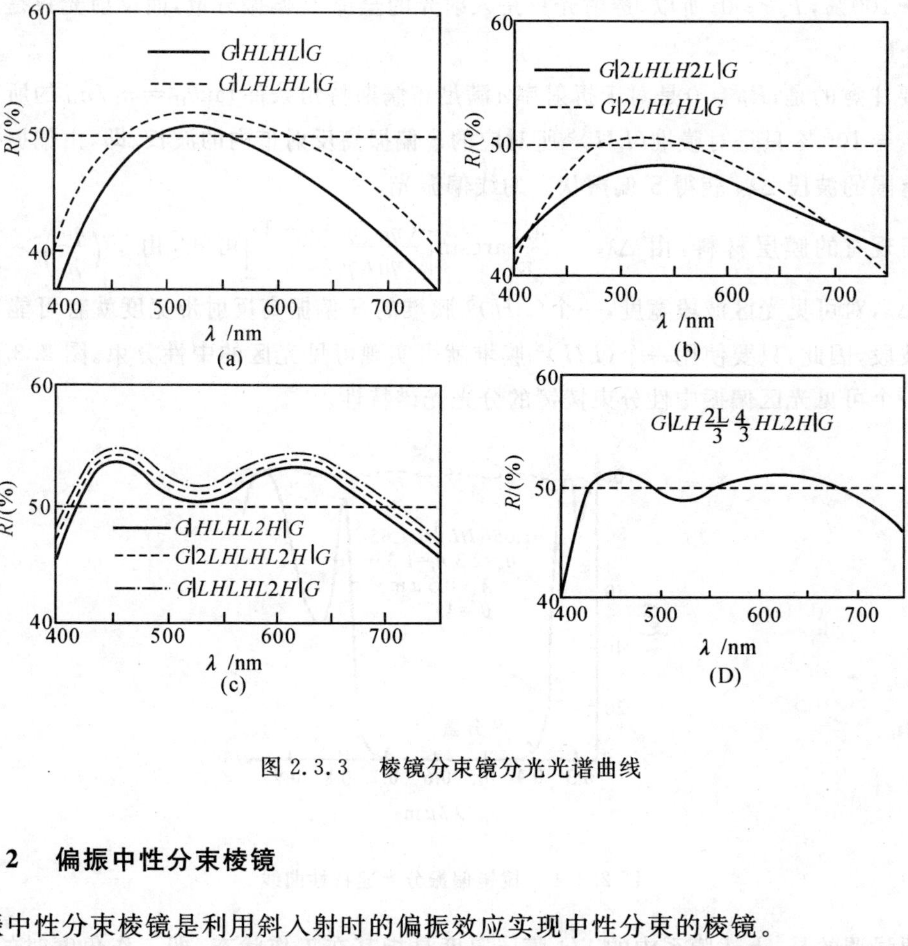

图 2.3.3　棱镜分束镜分光光谱曲线

2.3.2　偏振中性分束棱镜

偏振中性分束棱镜是利用斜入射时的偏振效应实现中性分束的棱镜。

要说明的是：第一，偏振中性分束棱镜只适应于对自然光或圆偏振光的中性分束；第二，偏振中性分束棱镜分出的两束光可以是光强相等，但其偏振状态不同，是两束振动方向互相垂直的两束线偏振光。所以，它也被称做偏振分束棱镜。

偏振分束棱镜的原理是：如果所选膜层材料的折射率 n_H 和 n_L 满足布儒斯特角条件 $\tan\theta_H = n_L/n_H$，再结合折射定律 $n_H\sin\theta_H = n_L\sin\theta_L = n_G\sin\theta_G$，选定棱镜折射率 n_G 和光束入射角 θ_G，那么，由菲涅尔振幅反射系数计算公式可得 $r_P = 0$。反射光将只是入射光的 S 偏振分量。但是，透射光仍然是由入射光的全部 P 偏振分量和部分 S 偏振分量组成。即，仅仅满足布儒斯特角条件时，虽然反射光只是入射光的 S 偏振分量，但只是入射光中 S 偏振分量的一部分，透射光既有全部 P 偏振分量，也还包含有一部分 S 偏振分量。此时，并没有获得 50/50 的中性分束，获得的只是 S 偏振方向的反射光线偏振光。

就是说，满足布儒斯特角条件 $\tan\theta_H = n_L/n_H$，只是偏振中性分束的必要条件，而非充分条件。

利用布儒斯特角条件实现50/50的中性分束的充分条件是，膜堆应当对 S 偏振分量有近乎100%的反射率，即 $R_S \to 100\%$。

显然，由于 $R_S = |(\eta_{0S} - Y_S)/(\eta_{0S} + Y_S)|^2$，所以，可以采用膜堆 $(LH)^S$，当膜层数足够多时，$R_S \to 100\%$，$T_S \approx 0$。所以，透射光只是入射光的全部 P 偏振分量，而反射光只是入射光的 S 偏振分量。

需要注意的是，$R_P = 0$ 是对于折射率 n 满足布儒斯特角条件 $\tan\theta_H = n_L/n_H$ 的所有波段成立，而 $R_S = 100\%$ 只是对膜堆 $(LH)^S$ 所对应的 S 偏振高反射带内的波长。即，由偏振分束棱镜只能在有限的波段 $\Delta\lambda_S$ 获得 S 偏振状态的线偏振光。

对于现有的膜层材料，由 $\Delta\lambda_S = \dfrac{4\lambda_0}{\pi}\arcsin\left[\dfrac{(\eta_H/\eta_L)_S - 1}{(\eta_H/\eta_L)_S + 1}\right]$ 可知，由于 $\left(\dfrac{\eta_H}{\eta_L}\right) > \dfrac{n_H}{n_L}$，所以 $\Delta\lambda_S > \Delta\lambda$，对可见光区波段宽度，一个 $(LH)^S$ 膜堆的 S 偏振高反射带宽度就有可能覆盖全部可见光波段，因此，只要使用一个 $(LH)^S$ 膜堆就可实现可见光区的中性分束。图2.3.4就示意了这样一个可见光区偏振中性分束棱镜的分光光谱特性。

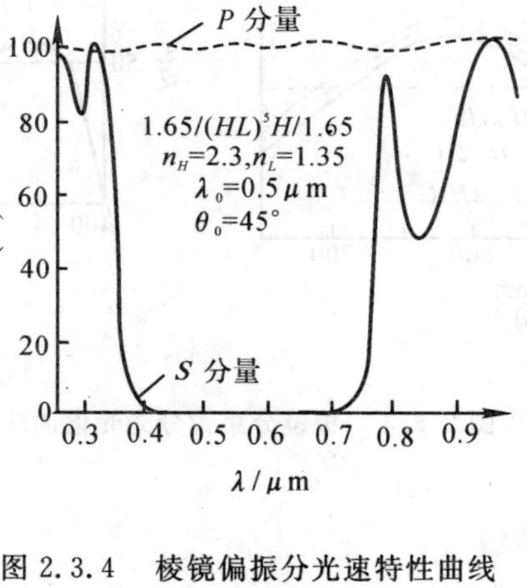

图2.3.4 棱镜偏振分光速特性曲线

必须强调的是，上述膜系中的 $\lambda/4$ 膜层厚度是指其在工作状态，即工作角度时的厚度。据此，膜层的实际厚度 $(\theta_0 = 0)$ 是 $n_H d_H = \lambda_0/4\cos\theta_H$，$n_L d_L = \lambda_0/4\cos\theta_L$，显然，$n_H d_H < n_L d_L$。

2.3.3 金属中性分光镜

用于制备分光镜的最常用的金属材料是镍铬合金。这种分光镜在一个很宽的光谱范围内分出的光都是中性的，而且机械性能和化学稳定性都非常好。此外，银、铝、锗、铀等金属材料也可以根据不同的需要，制作各种用途的分光镜。

金属材料的折射率是一个复数，所以膜层将产生对光的吸收。这种吸收薄膜分光镜的透射率与光线的入射方向无关，但是分光镜的反射率与入射光的方向有关。通常，光线从空气侧入射时，分光镜的反射率高，所以，在使用分光镜时，一定要注意正确的使用方向。

金属膜分光镜的吸收是严重的，一般来说，可能有接近 $\dfrac{1}{3}$ 的入射光能要被吸收掉。但是，根据金属薄膜光学理论，金属膜层的吸收是可以通过改善金属膜周围介质的匹配状况来减少的。表 2.1.1 给出了单层铬膜分光镜与在铬层和玻璃之间插入一层 $\lambda_0/4$ 厚的硫化锌膜的金属-介质分光镜的比较。

表 2.3.1　Cr 膜与 Cr + $\frac{\lambda}{4}$(ZnS) 膜堆性能的比较

R/T	膜　系	d/nm	R	T	A	A/T
1 : 2	Cr	7.2	0.22	0.44	0.34	0.77
	Cr + $\frac{\lambda}{4}$ZnS	2.5	0.33	0.66	0.02	0.03
1 : 1	Cr	12.4	0.31	0.31	0.38	1.22
	Cr + $\frac{\lambda}{4}$ZnS	7.4	0.435	0.435	0.130	0.247
2 : 1	Cr	18.3	0.405	0.202	0.393	1.94
	Cr + $\frac{\lambda}{4}$ZnS	16.2	0.530	0.265	0.205	0.773

2.4　截止滤光片

所谓截止滤光片，是指要求某一波长范围的光束高透射，而偏离这一波长的光束骤然变化为高反射(或称抑制）的波段选择截止滤光片。通常把抑制短波区、透射长波区的滤光片称为长波通滤光片。相反，抑制长波区、透射短波区的截止滤光片就称为短波通滤光片。

截止滤光片分吸收型、薄膜干涉型和吸收与干涉组合型。吸收截止滤光片应用最广泛，可以由颜色玻璃、晶体、烧结多孔明胶、无机和有机液体以及吸收薄膜制成。其主要优点是使用简单，对入射角不敏感，造价便宜或适中。但是吸收型截止滤光片的截止波长不是随便可以移动的。现有的吸收型滤光片和吸收光谱材料常用图谱可以在有关的参考书和技术手册中查到。

本节主要介绍薄膜干涉型截止滤光片。

图 2.4.1(a) 和(b) 表示长波通和短波通滤光片的典型特性。

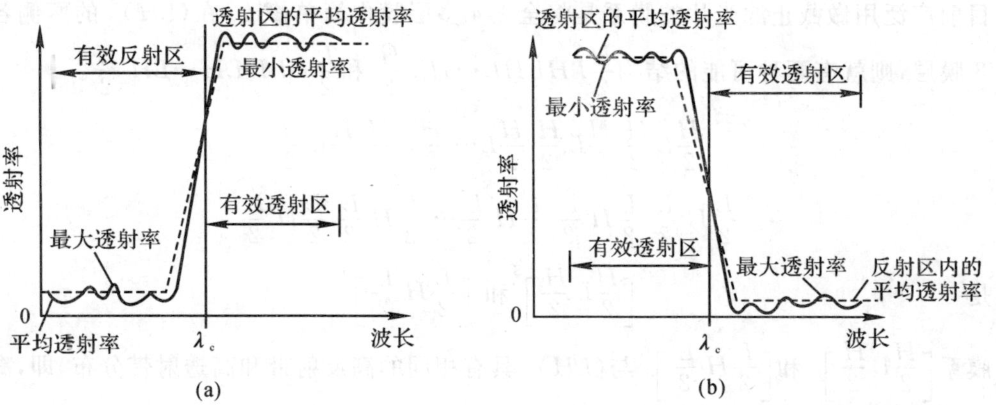

图 2.4.1　截止滤光片典型特性曲线

截止滤光片的特性参数：

(1) 透射曲线开始上升(或下降)时的波长以及此曲线上升(或下降)的许可斜率；

(2) 高透射带的光谱宽度、平均透射率以及在此透射带内许可的最小透射率；

(3) 具有低透射率的反射带(抑制带)的光谱宽度以及在此范围内所许可的最大透射率。

干涉型截止滤光片的基本膜系类型是 $\lambda/4$ 周期性膜堆 $(LH)^S$。

由于这类膜系的透反射光谱曲线的主要特征是一连串的高反射带间隔以高透射带，所以，① 这类膜系的截止滤光片，并非以某一波长为界，一侧高透另一侧高反的理想模式，而只是在某一有限波段，实现以某一波长为界，一侧高透另一侧高反的波段截止滤光、分光膜堆；② 即便是同一个周期性膜堆 $(LH)^S$，也是既可以用做截止长波的短波通滤光片，也可以用做截止短波的长波通滤光片。

周期性膜堆 $(LH)^S$ 在用做高反射镜和中性分束镜时，工作波段都是位于膜系的反射带，我们所关心和研究的也只是周期性膜堆 $(LH)^S$ 的反射带特性。当将膜堆 $(LH)^S$ 用于截止滤光片时，我们既关心其反射带的抑制特性，也关心其通带的透射特性。

图 2.4.2 所示为膜系 $(LH)^S$ 的透射率曲线，其明显的特点是通带透射率的既深又多的波纹。

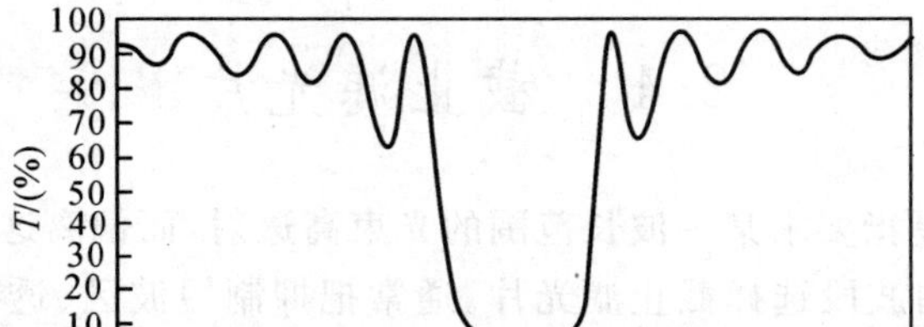

图 2.4.2 膜系 $(LH)^S$ 一级高反带及其两侧通带的光谱特性

干涉截止滤光膜系设计的主要任务就是消除和减小通带波纹。

2.4.1 多层膜堆的通带透射率

目前广泛用做截止滤光片的膜系是将全 $\lambda/4$ 多层膜作简单修改，在 $(LH)^S$ 的两侧各加一个 $\lambda/8$ 膜层，则就有两种可能的结构 $\frac{H}{2}LHLHL\cdots HL\frac{H}{2}$ 和 $\frac{L}{2}HLHLH\cdots LH\frac{L}{2}$。

即
$$\frac{H}{2}L\frac{H}{2}\frac{H}{2}L\frac{H}{2}\frac{H}{2}L\cdots\frac{H}{2}L\frac{H}{2}\frac{H}{2}L\frac{H}{2}$$

和
$$\frac{L}{2}H\frac{L}{2}\frac{L}{2}H\frac{L}{2}\frac{L}{2}H\frac{L}{2}\cdots\frac{L}{2}H\frac{L}{2}\frac{L}{2}H\frac{L}{2}$$

也就是
$$\left[\frac{H}{2}L\frac{H}{2}\right]^S \text{和} \left[\frac{L}{2}H\frac{L}{2}\right]^S$$

膜系 $\left[\frac{H}{2}L\frac{H}{2}\right]^S$ 和 $\left[\frac{L}{2}H\frac{L}{2}\right]^S$ 与 $(LH)^S$ 具有相同的高反射带和高透射带分布。即，高反射带出现在以 $g=1,3,5,\cdots$ 为中心的波段，高透射带出现在以 $g=2,4,6$ 为中心的波段。而且，高反射带的宽度也与 $(LH)^S$ 的相同。

多层膜系$(LH)^S$改造成以$\left[\frac{H}{2}L\frac{H}{2}\right]$和$\left[\frac{L}{2}H\frac{L}{2}\right]$为基本周期的对称周期性多层膜系之后，就可以直接应用等效折射率概念进行分析。

1. 对称膜系的等效折射率

若单层膜的干涉矩阵为

$$\boldsymbol{M}_{单}=\begin{bmatrix}\cos\delta & \frac{\mathrm{i}}{\eta}\sin\delta\\ \mathrm{i}\eta\sin\delta & \cos\delta\end{bmatrix}$$

式中，$\delta=\pi\frac{2\pi}{\lambda}nd\cos\theta$（$d$为膜层实际厚度，$\theta$为膜层内的折射角）。若用$M_{11},M_{12},M_{21},M_{22}$表示矩阵元，则$\boldsymbol{M}=\begin{bmatrix}M_{11} & M_{12}\\ M_{21} & M_{22}\end{bmatrix}$。

分析单层膜的特征矩阵可知：

(1) 对于无吸收介质膜，矩阵元M_{11},M_{22}为纯实数，且M_{11}和M_{22}相等；

(2) M_{12},M_{21}为纯虚数；

(3) 矩阵的行列式值为1，即$M_{11}M_{22}-M_{12}M_{21}=1$。

若对多层膜的干涉矩阵$\boldsymbol{M}$，有

$$\boldsymbol{M}=\begin{bmatrix}M_{11} & M_{12}\\ M_{21} & M_{22}\end{bmatrix}\tag{2.4.1}$$

对于无吸收介质膜系，M_{11}和M_{22}为实数，M_{12}和M_{21}为虚数，但式中的$M_{11}\neq M_{22}$，因此不能为单层膜等效，只能等效于一个两层膜。对于以中间一层为中心，两边对称安置的多层膜，在数学上可以证明，其矩阵(2.4.1)具有单层膜特征矩阵的全部特点，它在数学上可以等效于一个单层膜。

例如，对于对称膜系(pqp)，其特征矩阵为

$$\boldsymbol{M}_{pqp}=\begin{bmatrix}M_{11} & M_{12}\\ M_{21} & M_{22}\end{bmatrix}=\begin{bmatrix}\cos\delta_p & \frac{\mathrm{i}}{\eta_p}\sin\delta_p\\ \mathrm{i}\eta_p\sin\delta_p & \cos\delta_p\end{bmatrix}\begin{bmatrix}\cos\delta_p & \frac{\mathrm{i}}{\eta_q}\sin\delta_q\\ \mathrm{i}\eta_q\sin\delta_q & \cos\delta_q\end{bmatrix}\begin{bmatrix}\cos\delta_p & \frac{\mathrm{i}}{\eta_p}\sin\delta_p\\ \mathrm{i}\eta_p\sin\delta_p & \cos\delta_p\end{bmatrix}$$

由此可得

$$\left.\begin{aligned}M_{11}&=\cos2\delta_p\cos\delta_q-\frac{1}{2}\left(\frac{\eta_q}{\eta_p}+\frac{\eta_p}{\eta_q}\right)\sin2\delta_p\sin\delta_q\\ M_{12}&=\frac{\mathrm{i}}{\eta_p}\left[\sin2\delta_p\cos\delta_q+\frac{1}{2}\left(\frac{\eta_q}{\eta_p}+\frac{\eta_p}{\eta_q}\right)\cos2\delta_p\sin\delta_q+\frac{1}{2}\left(\frac{\eta_p}{\eta_q}-\frac{\eta_q}{\eta_p}\right)\sin\delta_q\right]\\ M_{21}&=\mathrm{i}\eta_p\left[\sin2\delta_p\cos\delta_q+\frac{1}{2}\left(\frac{\eta_q}{\eta_p}+\frac{\eta_p}{\eta_q}\right)\cos2\delta_p\sin\delta_q+\frac{1}{2}\left(\frac{\eta_q}{\eta_p}-\frac{\eta_p}{\eta_q}\right)\sin\delta_q\right]\end{aligned}\right\}\tag{2.4.2}$$

显然，$M_{11}=M_{22}$，M_{11}和M_{22}都是实数，M_{12},M_{21}都是纯虚数，而且$M_{11}M_{22}-M_{12}M_{21}=1$，所以，$\boldsymbol{M}_{pqp}$的特征矩阵与单层膜的特征矩阵具有相同的性质，则$\boldsymbol{M}$可表示为

$$\boldsymbol{M}=\begin{bmatrix}M_{11} & M_{12}\\ M_{21} & M_{22}\end{bmatrix}=\begin{bmatrix}\cos\Gamma & \frac{\mathrm{i}}{E}\sin\Gamma\\ \mathrm{i}E\sin\Gamma & \cos\Gamma\end{bmatrix}$$

由此矩阵方程可得

$$M_{11}=M_{22}=\cos\Gamma$$

$$M_{12}=\frac{\mathrm{i}}{E}\sin\Gamma$$

$$M_{21}=\mathrm{i}E\sin\Gamma$$

结合式(2.4.2)可得

$$E=\left\{\eta_p^2\left[\sin2\delta_p\cos\delta_q+\frac{1}{2}\left(\frac{\eta_p}{\eta_q}+\frac{\eta_q}{\eta_p}\right)\cos2\delta_q\sin\delta_q-\frac{1}{2}\left(\frac{\eta_p}{\eta_q}-\frac{\eta_q}{\eta_p}\right)\right]\sin\delta_q\right]\right\}\Big/$$

$$\left[\sin2\delta_p\cos\delta_q+\frac{1}{2}\left(\frac{\eta_p}{\eta_q}+\frac{\eta_q}{\eta_p}\right)\cos2\delta_p\sin\delta_q+\frac{1}{2}\left(\frac{\eta_p}{\eta_q}-\frac{\eta_q}{\eta_p}\right)\sin\delta_q\right]^{\frac{1}{2}} \tag{2.4.3}$$

$$\Gamma=\arccos\left[\cos2\delta_p\cos\delta_q-\frac{1}{2}\left(\frac{\eta_q}{\eta_p}+\frac{\eta_p}{\eta_q}\right)\sin2\delta_p\sin\delta_q\right] \tag{2.4.4}$$

式中，Γ 的解不是惟一的，通常取最接近对称膜系实际位相厚度的那个解。

以上结果可推广到由任意多层膜组成的对称膜系，但是等效多层膜不能在每方面都替代对称多层膜，它只是数学上的等效。

对于以(pqp)为基本周期的周期性对称膜系(pqp)，可以很容易地得出其特征矩阵为

$$\boldsymbol{M}^S=\begin{bmatrix}\cos S\Gamma & \frac{\mathrm{i}}{E}\sin S\Gamma\\ \mathrm{i}E\sin S\Gamma & \cos S\Gamma\end{bmatrix}$$

由此特征矩阵可知，周期性对称膜系$(pqp)^S$ 的透射带中存在一个等效折射率 E，它和基本周期的等效折射率完全相同，并且它的等效位相厚度等于基本周期的等效位相厚度的 S 倍，即 $\Gamma_S=S\Gamma$。

2. 对称膜系的通带透射率

由于对称周期性多层膜系$\left[\frac{H}{2}L\frac{H}{2}\right]^S$ 和$\left[\frac{L}{2}H\frac{L}{2}\right]^S$ 的基本周期满足 $2\delta_p=\delta_q$，按照上述分析，由式(2.4.3)和式(2.4.4)可知

$$E=\eta_p\left[\frac{(\eta_p+\eta_p)^2\cos\delta_q-(\eta_p^2-\eta_q^2)}{(\eta_p+\eta_q)^2\cos\delta_q+(\eta_p^2-\eta_q^2)}\right]^{\frac{1}{2}} \tag{2.4.5}$$

$$\Gamma_S=S\arccos\left[\cos^2\delta_q-\frac{1}{2}\left(\frac{\eta_p}{\eta_q}+\frac{\eta_q}{\eta_p}\right)\sin^2\delta_q\right] \tag{2.4.6}$$

(1) 对波长 λ_0，$\delta_q=\pi/2$，三层对称膜层($0.5pq0.5p$)的等效膜层的等效折射率 E 是纯虚数，因此，三层对称膜层($0.5pq0.5p$)对波长 λ_0 并不存在等效膜层。

进一步分析可以表明，在整个高反射带，对称膜层($0.5pq0.5p$)的等效膜层的等效光学导纳 E 都是纯虚数，因此，在整个反射带都不存在等效膜层。

(2) 对于波长 $\lambda=\lambda_0/2$，$\delta_q=\pi$，所以，$\eta_e=\sqrt{\eta_p^3/\eta_q}$，$\delta_e=2\pi$。这表明，三层对称膜层的等效光学导纳 η_e 是实数，而且，既可能是大于 $\eta_p(\eta_p>\eta_q)$，也可能小于 $\eta_p(\eta_p<\eta_q)$，而等效光学厚度就是三层膜层的实际光学厚度的总和。

同样通过数学分析得知，在整个透射带，对称膜层($0.5pq0.5p$)可以等效成一个具有确定折射率 E 和位相厚度 Γ 的单层膜。

图 2.4.3(a)是$\left[\frac{H}{2}L\frac{H}{2}\right]$和$\left[\frac{L}{2}H\frac{L}{2}\right]$的等效折射率随相对波数的变化曲线。图中表明：①

在每一个高透射带，对称膜系都有有限确切的等效折射率；② 通过 n_H，n_L 两种折射率材料组成的对称膜堆，在不同的通带波段有相差很大的等效折射率；③ 即便是在同一高透射率波段，等效折射率的色散也是非常大的。

因此，以 $\left[\frac{H}{2}L\frac{H}{2}\right]$ 和 $\left[\frac{L}{2}H\frac{L}{2}\right]$ 为基本周期的对称周期性多层膜系 $\left[\frac{H}{2}L\frac{H}{2}\right]^S$ 和 $\left[\frac{L}{2}H\frac{L}{2}\right]^S$ 的通带透射特性，就是其等效单层膜的透射特性。

图 2.4.3(b)，(c) 分别是膜系 $\left[\frac{H}{2}L\frac{H}{2}\right]^S$ 和 $\left[\frac{L}{2}H\frac{L}{2}\right]^S$ 的光谱特性。从图中可看出：① 两个不同结构的对称周期性多层膜系在相同的高透射波段有不同的透射曲线；② 同一结构的对称周期性多层膜系在不同的高透射波段也有不同的透射曲线。

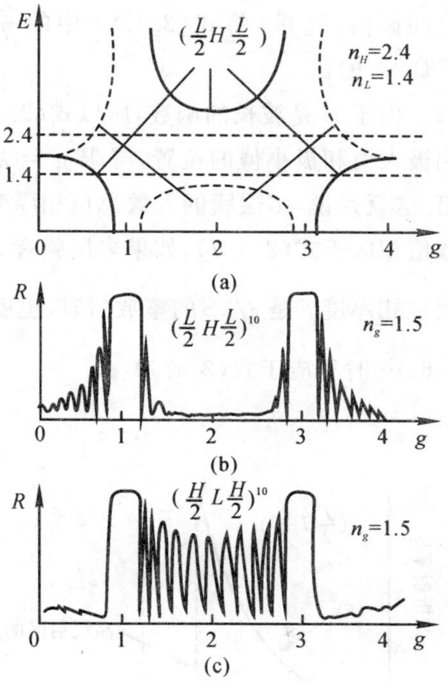

图 2.4.3　对称周期膜系的等效折射率及反射光谱

进一步分析计算还表明，即便是两个相同结构的对称周期性多层膜系，如果其膜层数不同，它们在相同的高透射波段也有不同的透射曲线。

实际上，图 2.4.3 中膜系 $\left[\frac{H}{2}L\frac{H}{2}\right]^S$ 和 $\left[\frac{L}{2}H\frac{L}{2}\right]^S$ 的通带透射特性，只需要通过分析计算具有折射率 E 和位相厚度 Γ 的等效单层膜的透射特性就可以得到。

在无吸收的基片上镀以实际的单层介质膜时，其反射率在两个极值之间振荡。这两个极限值相应于膜厚等于 $\lambda/4$ 的整数倍：当膜厚等于 $\lambda/4$ 偶数倍，即 $\lambda/2$ 的整数倍时，膜是一个虚设层，好像存在一样，因此反射率就是光洁基片的反射率；当膜厚等于 $\lambda/4$ 奇数倍时，取决于薄膜的折射率是高于或是低于基片折射率，反射率将出现极大值或者极小值。因此，如果 η_1 是薄膜的有效折射率，η_g 和 η_0 分别是基片和入射介质的有效折射率，那么相对应于膜厚为 $\lambda/4$ 的偶数倍的反射率为 $(\eta_0-\eta_g)^2/(\eta_0+\eta_g)^2$，而相对于膜厚为 $\lambda/4$ 奇数倍时的反射率为 $(\eta_0-\eta_1^2/\eta_g)^2/(\eta_0+\eta_1^2/\eta_g)^2$。

抛开实际膜层的厚度，绘制出两条曲线

$$R_1=(\eta_0-\eta_g)^2/(\eta_0+\eta_g)^2 \tag{2.4.7}$$

和

$$R_0=(\eta_0-\eta_1^2/\eta_g)^2/(\eta_0+\eta_1^2/\eta_g)^2 \tag{2.4.8}$$

它们是极大值和极小值的轨迹，也就是单层膜组合的反射率曲线的包络。如果膜层的有效光学厚度是 $nd\cos\theta$，那么满足式(2.4.7) 的那些极值的波长位置由下式决定：

$$nd\cos\theta=2k\lambda/4,\quad k=1,2,\cdots$$

即

$$\lambda=2nd\cos\theta/k$$

而满足式(2.4.8) 的那些极值的波长位置将满足

$$nd\cos\theta = (2k+1)\frac{\lambda}{4}, \quad k = 1,2,\cdots$$

即

$$\lambda = 4nd\cos\theta/(2k+1)$$

现在回过头来研究多层膜系。由于对称多层膜在透射带内能够代换成一个单层膜，所以膜系的反射率将在两个数值之间振荡，即在式(2.4.7)给定的光洁基片的反射率 R_1 和下式给定的反射率

$$R_2 = (\eta_0 - E^2/\eta_g)^2/(\eta_0 + E^2/\eta_g)^2 \tag{2.4.9}$$

之间振荡。这里，将式(2.4.8)中的 η_1 直接代换成对称周期膜系的等效折射率 E，就得到式(2.4.9)。

由于 E 是波长的函数，所以式(2.4.9)表示的是一条曲线。如图 2.4.4(b) 所示。为了要找到极大值和极小值的位置，寻求 $g = \lambda_0/\lambda$ 的这些值，它们使多层膜的总厚度等于 $\lambda/4$ 的整数倍。这就是说，多层膜的等效总位相厚度应当是 $\pi/2$ 的整数倍，奇数倍相应于式(2.4.9)，而偶数倍相应于式(2.4.7)。如果多层膜有 S 个周期，那么等效总位相厚度将是 $S\Gamma$。当单个周期等效位相厚度 Γ 是 $\pi/2S$ 的整数倍时，也就是 $\Gamma = \frac{m\pi}{2S}$，$m = 1,3,5,\cdots$ 时相应于式(2.4.8)；$m = 2,4,6,\cdots$ 时相应于式(2.4.7)。

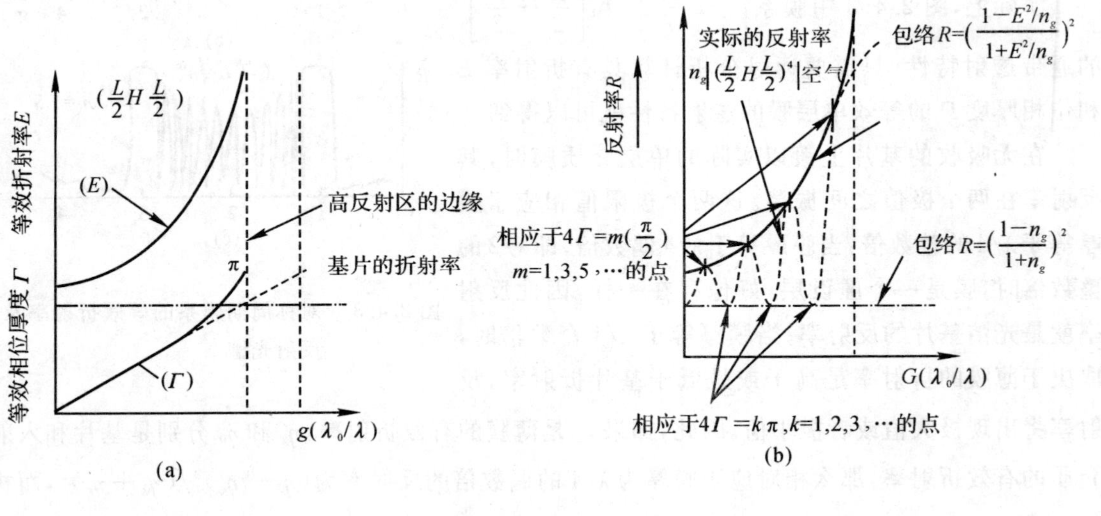

图 2.4.4 截止滤光片的通带波纹

图 2.4.4 中取四个周期的对称膜作为例子，但是反射曲线的包络并不随周期数而改变，只是反射次峰的个数随层数的增加而增加。

至此，已初步弄清楚了通带内出现振荡着的波纹的原因，为压缩通带内波纹指明了途径。

2.4.2 通带波纹的压缩

知道了通带波纹的形成原因是位相条件 $\Gamma = (2k+1)\lambda/2$ 和导纳失配 $E^2/\eta_g - \eta_0 \neq 0$ 共同所致，压缩通带波纹的途径，就是破坏通带波纹生成的条件。具体设计时只须破坏这两个条件

之一就可以了。

压缩通带波纹有许多不同的途径，最简单的是选取一个组合膜，使其通带内的等效折射率与基片折射率相接近，也即使 R_1 接近于 R_2。如果基片表面的反射损失不太大，那么这种方法必将产生足够好的结果。

图 2.4.5 显示了制作在 K_9 玻璃上的膜系 $\left[\frac{H}{2}L\frac{H}{2}\right]^S$ 和 $\left[\frac{L}{2}H\frac{L}{2}\right]^S$ 的特性。显然 $\left[\frac{H}{2}L\frac{H}{2}\right]^S$ 有比较好的长波通特性，而 $\left[\frac{L}{2}H\frac{L}{2}\right]^S$ 则有比较好的短波通特性。结合图 2.4.3 给出的膜系 $\left[\frac{H}{2}L\frac{H}{2}\right]^S$ 和 $\left[\frac{L}{2}H\frac{L}{2}\right]^S$ 的通带等效折射率曲线图，不难发现，$\left[\frac{H}{2}L\frac{H}{2}\right]^S$ 有比较好的长波通特性，而 $\left[\frac{L}{2}H\frac{L}{2}\right]^S$ 有比较好的短波通特性的原因在于：它们分别在不同的通带有好的折射率匹配。再结合对比图 2.2.1、图 2.4.3 与图 2.4.5，可以看到，基本周期中膜层厚度的改变导致了通带特性的改变。

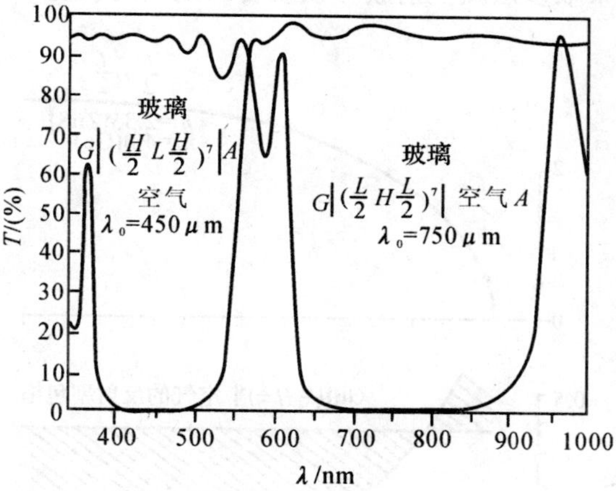

图 2.4.5 15 层长波通和短波通膜系的光谱特性

因此，压缩波纹的简单方法就是改变基本周期内的膜层厚度，使其等效折射率变到更接近预期值。要使这种方法有成效，则要求光洁基片保持低的反射率，即基片应有低的折射率。在可见光区，玻璃是令人十分满意的基片材料，但是这种方法不能不加修改就用于红外区，例如用于硅板和锗板。

更常用的方法是在多层膜的每一侧加镀匹配层，使它同基片以及入射介质匹配。在多层膜与基片之间插入一个修正导纳为 η_3 的 $\lambda/4$ 层，而在多层膜与入射介质之间插入一个导纳为 η_1 的 $\lambda/4$ 层，$\eta_3 = \sqrt{\eta_g E}$，$\eta_1 = \sqrt{\eta_0 E}$。插入层就相当于多层膜边界的减反射膜，能够有效地提高通带的透射率。只要计算多层膜系在某些特定波长的特性，便可迅速地检验膜系是否具有要求的性能。

在这些特定波长处，多层膜的等效厚度或者为 $\lambda/4$ 的奇数倍，或者为 $\lambda/4$ 的偶数倍。在多层膜表现如同一个 $\lambda/4$ 层的那些波长处，膜系的组合导纳恰好为

$$Y = \eta_1^2 \eta_3^2 / E^2 \eta_g$$

因此，反射率为

$$R = [\eta_0 - (\eta_1^2 \eta_3^2 / E^2 \eta_g)]^2 / [\eta_0 + (\eta_1^2 \eta_3^2 / E^2 \eta_g)]^2 \tag{2.4.10}$$

当

$$\eta_1^2 \eta_3^2 = E^2 \eta_g \eta_0 \tag{2.4.11}$$

时，反射率 R 将为零；

当多层膜表现如同一个 $\lambda/2$ 层时，它是虚设的，其反射率为

$$R = [\eta_0 - (\eta_1^2 \eta_g / \eta_3^2)]^2 / [\eta_0 + (\eta_1^2 \eta_g / \eta_3^2)]^2 \tag{2.4.12}$$

如果

$$\eta_1^2 / \eta_3^2 = \eta_0 / \eta_g \tag{2.4.13}$$

那么反射率 R 也将为零。解式(2.4.11)和式(2.4.13)，便得到匹配层预期的导纳值 $\eta_3 = \sqrt{\eta_g E}$ 和 $\eta_1 = \sqrt{\eta_0 E}$。

图 2.4.6 表示一个短波通滤光片在加镀匹配层前后的特性。

由于对称周期的等效折射率随着波长而变化，对一个波长的任何最佳化只有在窄的波段内才是严格正确的。因而采取多层减反射膜可以改善匹配层的效能。

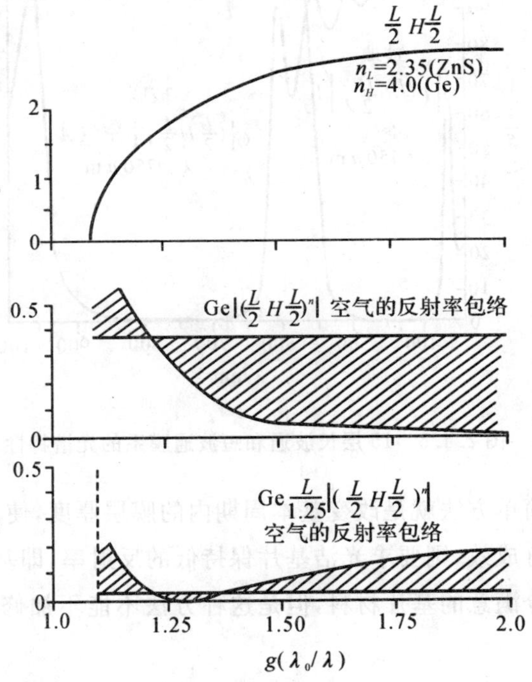

图 2.4.6　加镀匹配层前后短波通滤光片的通带特性

综上所述，通常使等效折射率曲线的水平部分与基片和入射介质匹配是没有多大困难的。在等效层的折射率与基片和入射介质的折射率差别颇大时，其间必须加镀增透层。但等效折射率在滤光片截止限附近急剧变化，要实现等效折射率曲线陡变处的匹配而又不破坏水平部分的匹配则要困难得多。

图 2.4.7 和图 2.4.8 是分别由两个基本周期相同但中心波长略有差异的等效层构成的长

波通滤光片和短波通滤光片的特性曲线。两膜系等效折射率曲线的水平部分保持一致，至于曲线陡变处，则使 $E_1=\sqrt{E_2\eta_g}$ 成立，式中 E_1 是等效层 E_2 和基片 η_g 之间的对称周期的等效折射率。适当选择 E_1 的周期数，该多层膜在陡变处的厚度等于 $\lambda/4$ 的奇数倍，从而满足完全减反射条件。

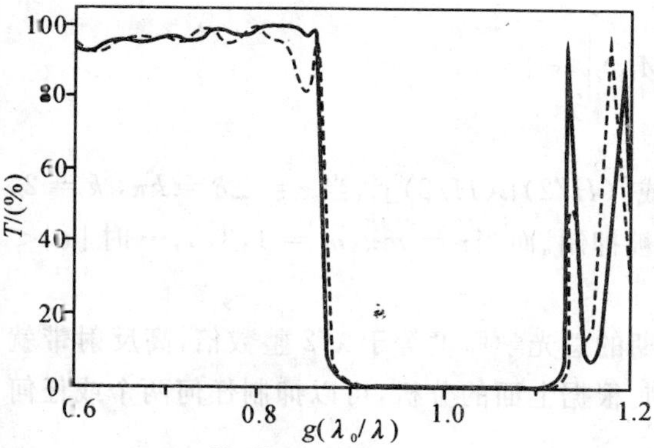

----- $1.52\ (\frac{H}{2}L\frac{H}{2})^{15}\ 1.0$

—— $1.52\,[1.05(\frac{H}{2}L\frac{H}{2})^2](\frac{H}{2}L\frac{H}{2})^{15}\ 1.0$ $\Big\}\ n_H=2.3, n_L=1.56$

图 2.4.7　两个长波通滤光片的计算透射率

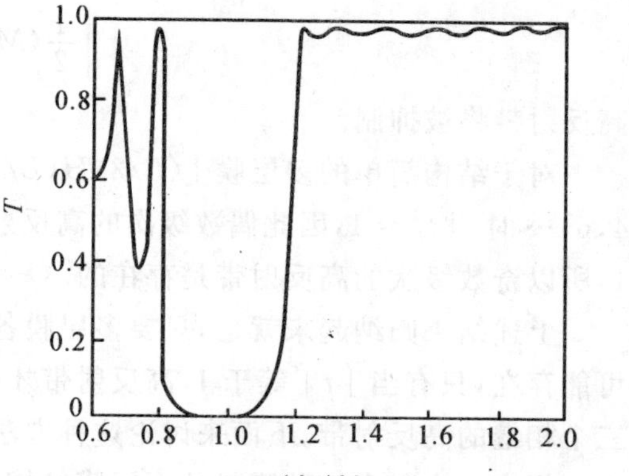

图 2.4.8　改进设计的短波通滤光片的计算透射率

2.4.3　通带的展宽和压缩

$\lambda/4$ 种形式的长波通滤光片，其长波通带可以一直延伸至膜料和基片的吸收限，宽度是足够的。但短波通滤光片因为有更高级次的截止区，所以它的通带宽度是有限的。在有些情况下，例如某些类型的热反光镜，就要求宽得多的短波通带，现在讨论短波通滤光片通带的展宽问题。

假设多膜层由 S 个周期表示，每个周期的形式为

$$\boldsymbol{M}=\begin{bmatrix}M_{11} & M_{12}\\ M_{21} & M_{22}\end{bmatrix}$$

如果单个周期被看成好像浸没在一种导纳为 η 的介质中，那么这个周期的透射率系数便为

$$t=\frac{2\eta}{\eta\{(M_{11}+M_{22})+[\eta M_{12}+(M_{21}/\eta)]\}} \tag{2.4.14}$$

令 $t=|t|e^{i\tau}$（τ 即为透射光的位相变化），则有

$$\frac{1}{2}\{(M_{11}+M_{12})+[\eta M_{12}+(M_{21}/\eta)]\}=\frac{\cos\tau-\mathrm{i}\sin\tau}{|\tau|} \tag{2.4.15}$$

对于无吸收介质，M_{11}，M_{22} 是实数，M_{12}，M_{21} 为纯虚数。令实部相等，即给出

$$\frac{1}{2}(M_{11}+M_{12})=\frac{\cos\tau}{|\tau|} \tag{2.4.16}$$

如果略去周期内反射两次以上的光束，那么

$$\tau\approx\Sigma\delta$$

也就是周期的总位相厚度。

当 $$\Sigma\delta = m\pi, \quad \cos\tau = \pm 1$$

并且如果 $|t|$ 小于1,那么

$$\left|\frac{1}{2}(M_{11}+M_{12})\right| > 1$$

结果出现高反射带,然而如果 $|t|$ 等于1,则

$$\left|\frac{1}{2}(M_{11}+M_{12})\right| = 1$$

高反射带将被抑制。

对于结构简单的多层膜 $[(L/2)H(L/2)]^S$ 或 $[(H/2)L(H/2)]^S$,当 $\tau=\Sigma\delta=k\pi$, $k=2,4,6,\cdots$ 时,$|t|=1$,因此偶数级次的高反射带将被抑制。而当 $\tau=m\pi, m=1,3,5,\cdots$ 时 $|t|<1$,所以奇数级次的高反射带是存在的。

上述结果归纳起来就是,只要多层膜各个周期的总光学厚度等于 $\lambda/2$ 整数倍,高反射带就可能存在,只有当 $|t|$ 等于1,高反射带才被抑制。根据上面的分析,可以抑制任何两个或任何三个相继的高反射带。下面来讨论这种方法。

假定一个包含三种膜料的五层膜结构 $ABCBA$,作为多层膜系的基本周期。如果周期被设想为浸没在介质 M 中,为了在给定波长处满足 $|t|=1$ 以抑制高反射带,组合 AB 必须是 C 在 M 中的减反射膜。在构造最终的膜系时,首先可以认为介质 M 存在于相继周期之间,然后使其厚度递减直至正好消失。厚度递减过程并不改变预定的高反射带的抑制,因此在后面提出的设计程序中,M 的选取是十分任意的。

膜层的各个参数用带有下标 S,B,C 和 M 的通常的符号表示。减反射膜系的特征矩阵为

$$\begin{bmatrix}B\\C\end{bmatrix}=\begin{bmatrix}\cos\delta_A & \frac{\mathrm{i}}{\eta_A}\sin\delta_A\\ \mathrm{i}\eta_A\sin\delta_A & \cos\delta_A\end{bmatrix}\begin{bmatrix}\cos\delta_B & \frac{\mathrm{i}}{\eta_B}\sin\delta_B\\ \mathrm{i}\eta_B\sin\delta_B & \cos\delta_B\end{bmatrix}\begin{bmatrix}1\\ \eta_C\end{bmatrix}=$$

$$\begin{bmatrix}\cos\delta_A & \frac{\mathrm{i}}{\eta_A}\sin\delta_A\\ \mathrm{i}\eta_A\sin\delta_A & \cos\delta_A\end{bmatrix}\begin{bmatrix}\cos\delta_B+\mathrm{i}\frac{\eta_C}{\eta_B}\sin\delta_B\\ \eta_C\cos\delta_B+\mathrm{i}\eta_B\sin\delta_B\end{bmatrix}=$$

$$\begin{bmatrix}\cos\delta_A\left(\cos\delta_B+\mathrm{i}\frac{\eta_C}{\eta_B}\sin\delta_B\right)+\frac{\mathrm{i}}{\eta_A}\sin\delta_A(\eta_C\cos\delta_B+\mathrm{i}\eta_B\sin\delta_B)\\ \mathrm{i}\eta_A\sin\delta_A\left(\cos\delta_B+\mathrm{i}\frac{\eta_C}{\eta_B}\sin\delta_B\right)+\cos\delta_A(\eta_C\cos\delta_B+\mathrm{i}\eta_B\sin\delta_B)\end{bmatrix}$$

因而

$$Y=\frac{\eta_C\cos\delta_A\cos\delta_B-\frac{\eta_C\eta_A}{\eta_B}\sin\delta_A\sin\delta_B+\mathrm{i}(\eta_A\sin\delta_A\cos\delta_B+\eta_B\cos\delta_A\sin\delta_B)}{\cos\delta_A\cos\delta_B-\frac{\eta_B}{\eta_A}\sin\delta_A\sin\delta_B+\mathrm{i}\left(\frac{\eta_C}{\eta_B}\cos\delta_A\sin\delta_B+\frac{\eta_C}{\eta_A}\sin\delta_A\cos_B\right)}$$

若要使反射率为零,即 $|t|=1$,则导纳 Y 应等于 η_M,即

$$\eta_C\cos\delta_A\cos\delta_B-\frac{\eta_C\eta_A}{\eta_B}\sin\delta_A\delta_B+\mathrm{i}(\eta_A\sin\delta_A\cos\delta_B+\eta_B\cos\delta_A\sin\delta_B)=$$

$$\eta_M\left[\cos\delta_A\cos_B-\frac{\eta_B}{\eta_A}\sin\delta_A\sin\delta_B\right]+\mathrm{i}\left(\frac{\eta_C}{\eta_B}\cos\delta_A\sin\delta_B+\frac{\eta_C}{\eta_A}\sin\delta_A\cos\delta_B\right)$$

等式两边的实部和虚部应分别相等，得到

$$\eta_C\cos\delta_A\cos\delta_B - \frac{\eta_A\eta_C}{\eta_B}\sin\delta_A\sin_B = \eta_M\cos_A\cos\delta_B - \frac{\eta_M\eta_B}{\eta_A}\sin\delta_A\sin\delta_B$$

$$\eta_A\sin\delta_A\cos\delta_B + \eta_B\cos\delta_A\sin\delta_B = \frac{\eta_M\eta_C}{\eta_B}\cos\delta_A\sin\delta_B + \frac{\eta_M\eta_C}{\eta_A}\sin\delta_A\cos\delta_B$$

由这两个方程可求得

$$\tan\delta_A\tan\delta_B = \frac{\eta_C - \eta_M}{\dfrac{\eta_A\eta_C}{\eta_B} - \dfrac{\eta_M\eta_B}{\eta_A}} = \frac{\eta_A\eta_B(\eta_C - \eta_M)}{\eta_A^2\eta_C - \eta_M\eta_B^2} \tag{2.4.17}$$

$$\frac{\tan\delta_B}{\tan\delta_A} = \frac{\eta_M\eta_C/\eta_A - \eta_A}{\eta_B - (\eta_M\eta_C/\eta_B)} = \frac{\eta_B(\eta_M\eta_C - \eta_A^2)}{\eta_A(\eta_B^2 - \eta_M\eta_C)} \tag{2.4.18}$$

令 A 和 B 的有效光学厚度相等，即

$$\delta_A = \delta_B$$

由式(2.4.18)得

$$\eta_A\eta_B = \eta_M\eta_C \tag{2.4.19}$$

于是从方程(2.4.17)得

$$\tan^2\delta_A = \frac{\eta_A\eta_B - \eta_C^2}{\eta_B^2 - (\eta_A\eta_C^2/\eta_B)} \tag{2.4.20}$$

方程(2.4.20)给出的两个解 δ_A 和 $(\pi-\delta_A)$ 都是可能的。指定 δ_A 相应于 λ_1，而 $(\pi-\delta_A)$ 相应于 λ_2，在这里 λ_1 和 λ_2 是被抑制的高反射区的两个波长。

$$\delta_A = \frac{2\pi}{\lambda_1}(nd\cos\theta)_A \tag{2.4.21}$$

$$\pi - \delta_A = \frac{2\pi}{\lambda_2}(nd\cos\theta)_A \tag{2.4.22}$$

由式(2.4.21)和式(2.4.22)给出

$$\delta_A = \frac{\pi}{1+\lambda_1/\lambda_2} \tag{2.4.23}$$

代入式(2.4.20)，因此

$$\tan^2\frac{\pi}{1+\lambda_1/\lambda_2} = \frac{\eta_A\eta_B - \eta_C^2}{\eta_B^2 - \eta_A\eta_C^2/\eta_B} \tag{2.4.24}$$

这就确定了膜系的全部设计。膜层 A 和 B 的有效光学厚度可以从式(2.4.23)求得，即为

$$\delta_A = \delta_B = \frac{\lambda_1\lambda_2}{2(\lambda_1+\lambda_2)} \tag{2.4.25}$$

还须求出的另一个量是膜层 C 的光学厚度。首先注意到，周期的总光学厚度是 $\lambda_0/2$，这里 λ_0 是第一级次高反射带的中心波长，膜层 A 和 B 的光学厚度已经规定相等，所以膜层 C 的有效光学厚度为

$$\delta_C = \frac{\lambda_0}{2} - \frac{2\lambda_1\lambda_2}{\lambda_1+\lambda_2} \tag{2.4.26}$$

为了帮助分析，人为引入的介质 M 在最终结果中完全消失，因而没有任何影响。三种膜层材料的折射率可以随意地选定其中两种，然后由式(2.4.24)给出第三个的值。

根据上述设计思想，已经给出了大量的多层膜系实例。这些膜系具有不同的抑制区，而最主要的是第二级次和第三级次高反射带受到抑制的多层膜系，抑制区的波长为

$$\lambda_1 = \lambda_0/2, \quad \lambda_2 = \lambda_0/3$$

由式(2.4.25)和式(2.4.26)可知，所有膜层的有效光学厚度都等于$\lambda_0/10$。选定膜层的两种折射率值，第三个折射率值从方程(2.4.24)中解出。第二级次和第三级次高反射带被抑制的多层膜系其透射率曲线如图2.4.9所示。

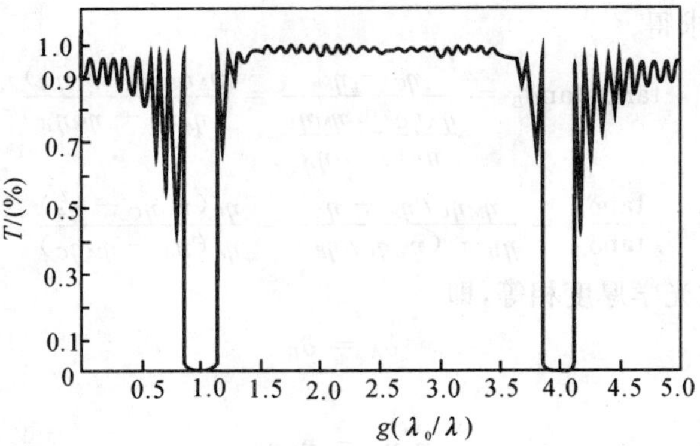

图2.4.9　滤光片$G|A(ABCBA)^{10}|M$的计算透射率曲线

$n_G=1.50, n_A=1.38, n_B=1.90, n_C=2.30, n_M=1.0$

同样可以设计一个第二级次、第三级次和第四级次高反射带全被抑制的多层膜，它成立的条件是厚度分别为

$$A = \lambda_0/12$$
$$B = \lambda_0/12$$
$$C = \lambda_0/6$$

而折射率为

$$\eta_B = (\eta_A\eta_C)^{1/2}$$

现在转而讨论通带的压缩。单纯的$\lambda/4$多层膜不存在偶数级次的高反射带，有时为了压缩通带，需要让这些反射带出现，应用2.3节所讲的方法，可以比较简单地使偶数级次反射带的反射率得到提高。

为了使分析更简单起见，假定基本周期的形式是AB而不是$(A/2)B(A/2)$。基本结构一经确定，如果需要的话，可以很容易地变换为$(A/2)B(A/2)$的形式。在通常的$\lambda/4$多层膜中，偶数级次的高反射带被抑制的原因是每层膜的厚度是$\lambda/2$的整数倍，因而基本周期的$|t|=1$，所以，要求高反射带出现，就必须破坏这两个条件。为此应该增加一层膜的厚度，相应地减小另一层膜的厚度，以使总的光学厚度保持不变。偏离半波长条件越远，反射率峰值就越明显。

下面讨论这种情况：要求反射带出现在λ_0、$\lambda_0/2$和$\lambda_0/3$处，而不能出现在$\lambda_0/4$处。这只需使

$$n_A d_A = \frac{1}{3} n_B d_B = \lambda_0/8$$

这个条件得到满足。因此基本的多层膜系的形式就为

$$\frac{H}{2}\,\frac{3L}{2}\,\frac{H}{2}\,\frac{3L}{2}\cdots\frac{3L}{2}$$

或者

$$\frac{L}{2}\,\frac{3H}{2}\,\frac{L}{2}\,\frac{3H}{2}\cdots\frac{3H}{2}$$

在波长 $\lambda = \lambda_0/4$ 的反射率峰值受到抑制，因而对于这个波长，各层膜的厚度是 $\lambda/2$ 的整数倍。

这种方法可以用来产生任何多个高反射带，不过应当注意，膜层厚度偏离理想的 $\lambda_0/4$ 越远，多层膜的第一级高反射带就越窄。

2.4.4　截止波长和截止带中心的透射率

对称周期膜系 $\left[\frac{H}{2}L\frac{H}{2}\right]^S$ 和 $\left[\frac{L}{2}H\frac{L}{2}\right]^S$ 的截止带出现的位置和宽度都与非对称周期膜系 $(LH)^S$ 相同。

高反射带或截止带的透射率是截止滤光片的一个重要参数。由于等效折射率的概念在截止带中已不复存在，所以截止带的透射率只能直接由特征矩阵计算。对于截止波长，虽说等效折射率趋近于零或无穷大，但等效厚度趋近于 π 的整数倍，其透射率也是不确定的，只能由特征矩阵分析和计算。

1. 截止波长的透射率

设多层膜由 S 个基本周期组成，因此膜系的特征矩阵为

$$\boldsymbol{M}^S = \begin{bmatrix} \cos\Gamma & \frac{\mathrm{i}}{E}\sin\Gamma \\ \mathrm{i}E\sin\Gamma & \cos\Gamma \end{bmatrix}^S = \begin{bmatrix} \cos S\Gamma & \frac{\mathrm{i}}{E}\sin S\Gamma \\ \mathrm{i}E\sin S\Gamma & \cos S\Gamma \end{bmatrix}$$

在截止带的边缘（即截止波长 λ_0），$\cos S\Gamma \to 1$，$\sin S\Gamma \to 0$，并且 $E \to 0$ 或 ∞（依膜系的具体组合而定），当 $\sin\Gamma \to 0$ 时，则

$$\frac{\sin S\Gamma}{\sin\Gamma} \to S$$

因此在截止波长，矩阵趋近于

$$\begin{bmatrix} 1 & \frac{\mathrm{i}}{E}S\sin\Gamma \\ \mathrm{i}ES\sin\Gamma & 1 \end{bmatrix} = \begin{bmatrix} 1 & SM_{12} \\ SM_{21} & 1 \end{bmatrix}$$

时．因为 $M_{11}M_{22} - M_{12}M_{21} = 1$，所以 M_{12} 或 M_{21} 趋近于零。则矩阵或者为

$$\begin{bmatrix} 1 & SM_{12} \\ 0 & 1 \end{bmatrix}$$

或者是

$$\begin{bmatrix} 1 & 0 \\ SM_{21} & 1 \end{bmatrix}$$

如果 η_0 是入射介质的导纳，η_g 是基片的导纳，那么多层膜在截止波长的透射率由下式给出：

$$T = \frac{4\eta_0\eta_g}{(\eta_0 B + C)(\eta_0 B + C)^*}$$

如果 $M_{21} = 0$，则

$$\begin{bmatrix} B \\ C \end{bmatrix} = \begin{bmatrix} 1 & SM_{12} \\ 0 & 1 \end{bmatrix}\begin{bmatrix} 1 \\ \eta_g \end{bmatrix}$$

或者 $M_{12} = 0$，则

$$\begin{bmatrix} B \\ C \end{bmatrix} = \begin{bmatrix} 1 & 0 \\ SM_{21} & 1 \end{bmatrix}\begin{bmatrix} 1 \\ \eta_g \end{bmatrix}$$

即

$$\begin{bmatrix} B \\ C \end{bmatrix} = \begin{bmatrix} 1 + S\eta_g M_{12} \\ \eta_g \end{bmatrix} \text{或} \begin{bmatrix} 1 \\ \eta_g + SM_{21} \end{bmatrix}$$

所以，如果没有吸收，则当 $M_{21} = 0$ 时，有

$$T = \frac{4\eta_0 \eta_g}{(\eta_0 + \eta_g)^2 + (S\eta_0 \eta_g \mid M_{12} \mid)^2} \tag{2.4.27}$$

或者当 $M_{12} = 0$ 时，有

$$T = \frac{4\eta_0 \eta_g}{(\eta_0 + \eta_g)^2 + (S \mid M_{21} \mid)^2} \tag{2.4.28}$$

由式(2.4.2)可以知道，M_{12} 或 M_{21} 为零时，有

$$\sin 2\delta_p \cos\delta_q + \frac{1}{2}\left(\frac{\eta_p}{\eta_q} + \frac{\eta_q}{\eta_p}\right)\cos 2\delta_p \sin\delta_q = \mp \frac{1}{2}\left(\frac{\eta_p}{\eta_q} - \frac{\eta_q}{\eta_p}\right)\sin\delta_q$$

如果 $M_{12} = 0$，能导出

$$\mid M_{21} \mid = \left| \eta_p \left(\frac{\eta_p}{\eta_q} - \frac{\eta_q}{\eta_p}\right)\sin\delta_p \right| \tag{2.4.29}$$

或者当 $M_{21} = 0$ 时有

$$\mid M_{12} \mid = \left| \frac{1}{\eta_p} \left(\frac{\eta_p}{\eta_q} - \frac{\eta_q}{\eta_p}\right)\sin\delta_q \right| \tag{2.4.30}$$

已经知道，在截止波长处有

$$\cos^2\delta = \left(\frac{\eta_p - \eta_q}{\eta_p + \eta_q}\right)^2$$

也即

$$\sin^2\delta = 1 - \cos^2\delta = \frac{4\eta_p\eta_q}{(\eta_p + \eta_q)^2}$$

代入式(2.4.29)和式(2.4.30)，得到

对于 $M_{12} = 0$

$$\mid M_{21} \mid = 2(\eta_p - \eta_q)\sqrt{\eta_p/\eta_q} \tag{2.4.31}$$

对于 $M_{21} = 0$

$$\mid M_{12} \mid = 2(\eta_p - \eta_q)\sqrt{1/(\eta_p^3 + \eta_q)} \mid \tag{2.4.32}$$

可见，随着折射率差（$\eta_p - \eta_q$）的增加和周期数 S 的增加，截止波长的透射率减小，过渡特性也随之变陡。

2. 截止带中心的透射率

对于单纯的 $\lambda/4$ 多层膜，第一章已给出它在高反射带中心的透射率表示式。现在讨论的多层膜，其透射率量值具有相同的数量级，但是膜系最外边的 $\lambda/8$ 层使表达式稍稍复杂化了。这种多层膜可以表示为

$$\frac{p}{2}qpqp\cdots pq\frac{p}{2} = \left(\frac{p}{2}q\frac{p}{2}\right)^S$$

如果有 S 个周期，那么在多层膜中膜层 q 将出现 S 次。在截止带的中心，矩阵乘积为

$$\begin{bmatrix} 1/\sqrt{2} & \mathrm{i}/\sqrt{2}\eta_p \\ \mathrm{i}\eta_p/\sqrt{2} & 1/\sqrt{2} \end{bmatrix} \begin{bmatrix} 0 & \mathrm{i}/\eta_q \\ \mathrm{i}\eta_q & 0 \end{bmatrix} \begin{bmatrix} 0 & \mathrm{i}/\eta_p \\ \mathrm{i}\eta_p & 0 \end{bmatrix} \cdots \begin{bmatrix} 0 & \mathrm{i}/\eta_q \\ \mathrm{i}\eta_q & 0 \end{bmatrix} \begin{bmatrix} 1/\sqrt{2} & \mathrm{i}/\sqrt{2}\eta_p \\ \mathrm{i}\eta_p/\sqrt{2} & 1/\sqrt{2} \end{bmatrix} =$$

$$\begin{bmatrix}1/\sqrt{2} & \mathrm{i}/\sqrt{2}\eta_p \\ \mathrm{i}\eta_p/\sqrt{2} & 1/\sqrt{2}\end{bmatrix}\begin{bmatrix}0 & \mathrm{i}/\eta_q \\ \mathrm{i}\eta_q & 0\end{bmatrix}\begin{bmatrix}-\eta_q/\eta_p & 0 \\ 0 & -\eta_p\eta_q\end{bmatrix}^{S-1}\begin{bmatrix}1/\sqrt{2} & \mathrm{i}/\sqrt{2}\eta_p \\ \mathrm{i}\eta_p/\sqrt{2} & 1/\sqrt{2}\end{bmatrix}=$$
$$\frac{1}{2}\begin{bmatrix}(-\eta_q/\eta_p)^S+(-\eta_p/\eta_q)^S & (\mathrm{i}/\eta_p)\{(-\eta_q/\eta_p)^S-(-\eta_p/\eta_q)^S\} \\ \mathrm{i}\eta_p\{(-\eta_p/\eta_q)^S-(-\eta_q/\eta_p)^S\} & (-\eta_q/\eta_p)^S+(-\eta_p/\eta_q)^S\end{bmatrix} \tag{2.4.33}$$

令 η_g 表示基片导纳，那么

$$\begin{bmatrix}B \\ C\end{bmatrix}=\frac{1}{2}\begin{bmatrix}\left(-\frac{\eta_p}{\eta_q}\right)^S+\left(-\frac{\eta_q}{\eta_p}\right)^S+\frac{\mathrm{i}\eta_g}{\eta_p}\left\{\left(-\frac{\eta_q}{\eta_p}\right)^S-\left(-\frac{\eta_p}{\eta_q}\right)^S\right\} \\ \eta_g\left\{\left(-\frac{\eta_p}{\eta_q}\right)^S+\left(-\frac{\eta_q}{\eta_p}\right)^S\right\}+\mathrm{i}\eta_p\left\{\left(-\frac{\eta_p}{\eta_q}\right)^S-\left(-\frac{\eta_q}{\eta_p}\right)^S\right\}\end{bmatrix} \tag{2.4.34}$$

于是

$$T=\frac{4\eta_0\eta_p}{(\eta_0B+C)(\eta_0B+C)^*}=\frac{16\eta_0\eta_q}{\left\{\begin{array}{l}\{(\eta_0+\eta_q)[(-\eta_q/\eta_p)^S+(\eta_p/\eta_q)^S]\}^2+ \\ \left\{\left(\frac{\eta_0\eta_g}{\eta_p}-\eta_p\right)\left[\left(-\frac{\eta_q}{\eta_p}\right)^S-\left(-\frac{\eta_p}{\eta_q}\right)^S\right]\right\}^2\end{array}\right\}} \tag{2.4.35}$$

如果 S 足够大(通常正是这种情况)，以致

$$(\eta_H/\eta_L)^S \gg (\eta_L/\eta_H)^S$$

那么透射率表达式可简化为

$$T=\frac{16\eta_0\eta_g}{(\eta_H/\eta_L)^{2S}\{(\eta_0+\eta_g)^2+[(\eta_0\eta_g/\eta_p)-\eta_p]^2\}} \tag{2.4.36}$$

现在可以归纳一下截止滤光片的简单的设计步骤，设计滤光片就是要决定选择怎样的膜系结构，以满足所要求的光学特性。具体地说就是选择合适的膜层材料，构造一定的多层膜系，然后计算这个膜系组合的截止波长 λ_C、通带或截止带的宽度、通带中的透射率以及截止和过渡特性，校验这些参数能否满足要求，并且可进一步修改设计或得出适当的结论。

从前面的讨论中可以看出，各种类型的对称膜系都存在有效折射率和等效位相厚度 Γ 为虚数的波段，这些波段具有构成一个截止带的条件，而对于那些和它相邻的 E 和 Γ 都为实数的波段，又都具有构成透射带的基本条件。因此，原则上任意一种对称膜系都可以用来构成一个具有一定性能的截止滤光片。

最简单也是最常用的构成截止滤光片的周期性对称膜系是结构为 $\left(\frac{L}{2}H\frac{L}{2}\right)^S$ 或者 $\left(\frac{H}{2}L\frac{H}{2}\right)^S$ 的多层膜。首先选取折射率不同的两种膜料，一般是选取两种折射率之比值尽可能大的膜料，以便用给定的周期数得到最宽的截止带和最深的截止度。截止带的宽度由式(2.2.4)或式(2.2.5)确定，截止带边缘的截止度由式(2.4.27)～式(2.4.32)给出，而截止带中心的透射率则由式(2.4.36)确定。其次计算膜系的等效折射率，然后用式(2.4.7)和式(2.4.9)绘制反射率曲线的包络，从而即可得到通带内波纹的大致概念，必要的话，也可计算等效厚度 Γ，从而找到波纹的“峰”和“谷”的位置。如果波纹足够小，设计即告完成。如果波纹不满足要求，那么在多层膜与基片之间以及多层膜与入射介质之间，应当插入匹配层。匹配层对于最重要的波长应是 $\lambda/4$ 膜，其折射率必须尽可能接近下式给定值：

$$\eta_1 = \sqrt{\eta_0 E}, \quad \eta_3 = \sqrt{\eta_g E}$$

式中，η_1 为多层膜与入射介质之间的匹配导纳；η_3 为多层膜与基片之间的匹配导纳。

一般来说，导纳值刚好满足需要的膜料实际上往往是没有的，因而必须作一个近似选择。为了检验这种近似选择的有效性，可以用式(2.4.10)和式(2.4.12)计算出新的反射率曲线的包络。如果情况是令人满意的，那么下一步需用电子计算机计算膜系实际特性，根据算得的曲线，便可推算各层膜的监控厚度和波长，使膜系的特性曲线位于正确的波长位置。

2.4.5 截止滤光片倾斜使用时的偏振效应

干涉截止滤光片在很多情况下是倾斜使用的，这时薄膜的有效厚度变为 $n_j d_j \cos\theta_j$，θ_j 是第 j 层膜中的折射角，因此膜系的中心波长将向短波方向移动。为了使各层薄膜的有效厚度为 $\lambda_0/4$，则薄膜的实际厚度 $n_j d_j$ 应是 $\lambda_0/4\cos\theta_j$。因此对于高、低折射率层的多层膜而言，在制备时(测量光束垂直于基片表面)的控制波长将分别为 $\lambda_0/\cos\theta_H$ 和 $\lambda_0/\cos\theta_L$。

光束斜入射时，不仅薄膜的有效厚度发生了变化，而且它们的有效折射率也发生变化。当光束垂直入射时，电矢量垂直于入射面的振动分量(S-分量)和平行于入射面的振动分量(P-分量)，对于薄膜截面来说是完全相同的。而当光束倾斜入射时，这两种入射分量对于薄膜界面的情况就不同了，因此它们的有效折射率也不相同。对于 S-分量的有效折射率为为 $\eta_S = n\cos\theta$，对于 P-分量的有效折射率为 $\eta_P = n/\cos\theta$。前面已经说明，多层膜 $\left(\frac{H}{2}L\frac{H}{2}\right)^S$ 的截止带的半宽度为

$$\Delta g = \frac{2}{\pi}\arcsin\left(\frac{\eta_H - \eta_L}{\eta_H + \eta_L}\right) = \frac{2}{\pi}\arcsin\left(\frac{\eta_H/\eta_L - 1}{\eta_H/\eta_L + 1}\right)$$

由于通常 S-分量的有效折射率比值 η_H/η_L 比 P-分量的值大，所以前者的反射带宽度比后者来得宽，这就不可避免地产生偏振，同时使截止带边缘的陡度降低。偏振效应对一般的长波通、短波通滤光片没有重大影响，但对用于彩色工作的色膜或其他一定要求的截止滤光片，往往要求消除或减少薄膜系统中的偏振效应。

考虑结构为 $n_0 \mid (\alpha H\beta L)^m \mid n_G$ 或 $n_0 \mid (\beta L\alpha H)^m \mid n_G$ 的滤光片的偏振效应。这里 α,β 是以 $\lambda_0/4$ 为单位的有效光学厚度。基本周期的特征矩阵为

$$\boldsymbol{M} = \begin{bmatrix} \cos\frac{\pi}{2}g\alpha & \frac{\mathrm{i}}{\eta_H}\sin\frac{\pi}{2}g\alpha \\ \mathrm{i}\eta_H\sin\frac{\pi}{2}g\alpha & \cos\frac{\pi}{2}g\alpha \end{bmatrix}\begin{bmatrix} \cos\frac{\pi}{2}g\beta & \frac{\mathrm{i}}{\eta_L}\sin\frac{\pi}{2}g\beta \\ \mathrm{i}\eta_L\sin\frac{\pi}{2}g\beta & \cos\frac{\pi}{2}g\beta \end{bmatrix} = \begin{bmatrix} M_{11} & M_{12} \\ M_{21} & M_{22} \end{bmatrix}$$

令

$$\xi = \frac{M_{11}+M_{22}}{2} = \cos\left(\frac{\pi}{2}g\alpha\right)\cos\left(\frac{\pi}{2}g\beta\right) - \frac{1}{2}\left(\frac{\eta_H}{\eta_L}+\frac{\eta_L}{\eta_H}\right)\sin\left(\frac{\pi}{2}g\pi\alpha\right)\sin\left(\frac{\pi}{2}g\beta\right) \tag{2.4.37}$$

正如第一章所介绍的，截止带边缘由 $|\xi| = 1$ 所决定。用 k 表示 η_H/η_L，并令 $\xi = -1$，代入式(2.4.37)得

$$\frac{k+\frac{1}{k}-2}{k+\frac{1}{k}+2} = \frac{\cos^2\left[\frac{\pi}{2}g\left(\frac{\alpha+\beta}{2}\right)\right]}{\cos^2\left[\frac{\pi}{2}g\left(\frac{\alpha-\beta}{2}\right)\right]} \tag{2.4.38}$$

对于给定的设计和入射角，根据式(2.4.38)可计算得到 S 偏振和 P 偏振的截止波长的位置 g_S 和 g_P。它们的差值 $g_S - g_P = \delta_g$ 用于衡量偏振效应。

因为

$$k_P = \left(\frac{\eta_H}{\eta_L}\right)_P = \frac{n_H\cos\theta_L}{n_L\cos\theta_H}$$

$$k_S = \left(\frac{\eta_H}{\eta_L}\right)_P = \frac{n_H\cos\theta_H}{n_L\cos\theta_L}$$

这表明只有当 $n_H = n_L$ 时，$k_P = k_S$，δ_g 才能为零。因此以两层膜为周期的多层膜，其偏振效应不可能完全消除，只能适当减小。

当 $\alpha = \beta = 1$ 时，由式(2.4.37)得

$$\cos^2\left(\frac{\pi}{2}g\right) = \cos^2\left[\frac{\pi}{2}(1+\Delta g)\right] = \frac{k+1/k-2}{k+1/k+2}$$

$$\sin^2\frac{\pi}{2}\Delta g = \left(\frac{\eta_H - \eta_L}{\eta_H + \eta_L}\right)$$

$$\Delta g = \frac{2}{\pi}\arcsin\left(\frac{\eta_H - \eta_L}{\eta_H + \eta_L}\right)$$

当 $\alpha \neq \beta$ 时，例如 $\beta = 1, \alpha = 2j+1, j = 0,1,2,\cdots$，式(2.4.37)成为

$$\frac{k+1/k-2}{k+1/k+2} = \frac{\cos^2\left[\frac{\pi}{2}g(1+j)\right]}{\cos^2\frac{\pi}{2}gj}$$

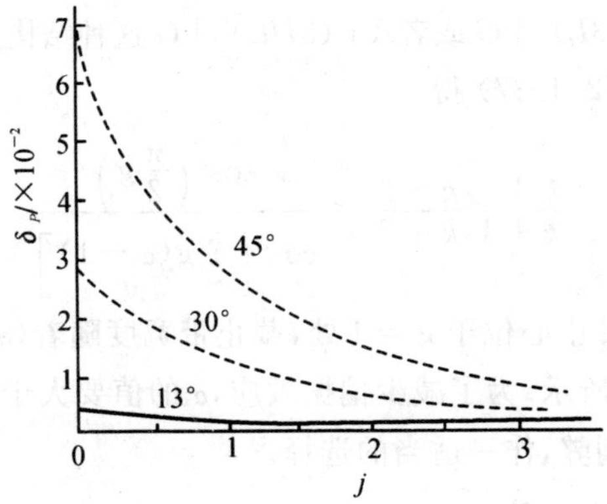

图 2.4.10　组合 $A(\alpha H\beta L)^m G$ 的偏振效应和 j 的关系

$n_G = 1.52,\ n_L = 1.35,\ n_H = 2.3,\ \alpha = 2j+1,\ \beta = 1$

对于给定的基本周期和入射角，可以计算 g_P 和 g_S 以及 δ_g。图 2.4.10 表示 δ_g 与 j 的关系曲线。图中 $n_A = 1, n_H = 2.3, n_L = 1.35$，入射角分别是 13°，30° 和 45°。从图 2.4.10 可以看到，随着 j 的增加，偏振效应 δ_g 相应地减小，但是 H 层的厚度变厚，截止带的宽度随之变窄。然而第一级次高反射带中心移至 $g = 1/(1+j)$ 左右，这适当补偿了截止带宽度的变窄和 H 厚度的变厚，因而提高了 j 值仍然是实际可行的。

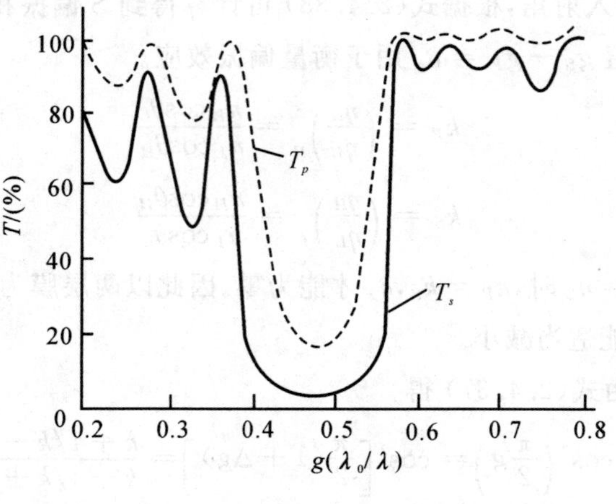

图 2.4.11　组合 $A\mid(3HL)^5\mid G$ 的透射率曲线

$\theta_0=45°, n_G=1.52, n_H=2.3, n_L=1.35$

图 2.4.11 所示为膜系 $A\mid(3HL)^5\mid G$ 的透射率曲线。这时 $j=1, 2j+1=3$，第一级次高反射带中心移至 $g=0.485$，近似于 $1/(1+j)$，因而如果 $\lambda_0=291$ nm，第一级次中心将是 600 nm。对于 $j=1$ 和 $j=0$ 两种情况，H 层厚度的比例为 $3\lambda_0/600=1.455$；而 L 层厚度的比例为 $\lambda_0/600=0.485$。总的光学厚度，前者略小于后者。而对于 $T=50\%$ 处的偏振效应 Δg，两者相应为 0.025 和 0.075。如果用波长单位度量的话，两者的偏振宽度分别为 23nm 和 30nm，因此偏振效应确是减少了。从图上还可以看到，$A\mid(3HL)^5\mid G$ 这种结构，短波通带的波纹较少，适宜作为短波通滤光片。而 $A\mid(H3L)^5\mid G$ 或者 $A\mid(3HL)^5\mid G$ 这种结构适宜于作为长波通滤光片。

当 $\alpha+\beta=2$ 时，由式(2.4.37) 得

$$\frac{k+1/k-2}{k+1/k+2}=\frac{\cos^2\left(\dfrac{\pi}{2}g\right)}{\cos^2\left[\dfrac{\pi}{2}g(\alpha-1)\right]}$$

这时第一级次高反射带中心位于 $g=1$ 处，截止带宽度随着 $(\alpha-1)$ 的增加而减少。偏振效应和 α 的关系如图 2.4.12 所示。为了减少偏振效应，α 的值要大于 1，从而截止带宽度也变小，因此必须在两者之间权衡利弊，作一适当的选择。

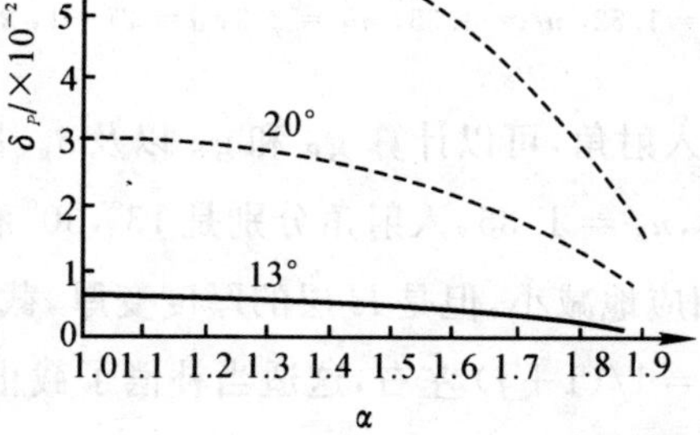

图 2.4.12　组合 $A\mid(\alpha H\beta L)^m\mid G$ 的偏振效应与 α 的关系

2.4.6　截止滤光片的应用

从数量上讲，干涉型截止滤光片的应用数量仅次于减反射膜；从种类上讲，干涉型截止滤光片的应用类型是所有光学薄膜器件中最多的。

1. 彩色分光膜

在彩色印刷技术、彩色电视、纺织品检验以及彩色扩放等彩色技术中，都要用到彩色分光元件，它们的作用是将一束光分离为不同颜色的几个部分。对各种技术的不同应用场合，彩色分光元件可以设计为平板型和棱镜型。图 2.4.13 中给出了两个典型的彩色分光元件系统。一般情况下彩色分光元件都是倾斜使用的，这就不可避免地带来偏振影响。

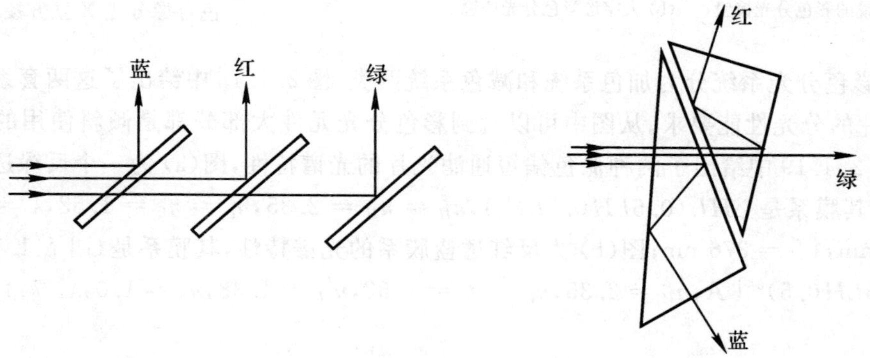

图 2.4.13　彩色分光系统

图 2.4.14 说明了平板分光镜在 0°和 45°入射时两种偏振分量的特征，图 2.4.15 表示了相同滤光片胶合在棱镜内的偏振特性。由于棱镜的折射率大于空气的折射率，相应的膜层中的折射率增加，因此偏振效应更加显著。一个解决棱镜式分光元件偏振效应的方法是合理设计分光棱镜的形式，尽可能地减小光束在膜面上的入射角。一般说来光束在膜面上的入射角降到 22.5°，再结合其他减偏振手段，就可以设计出低色偏的棱镜分光元件。图 2.4.16 给出了两种彩色分光棱镜的新结构。图 2.4.17 示意了近几年用于背投电视系统中的三色像分光 X 棱镜。

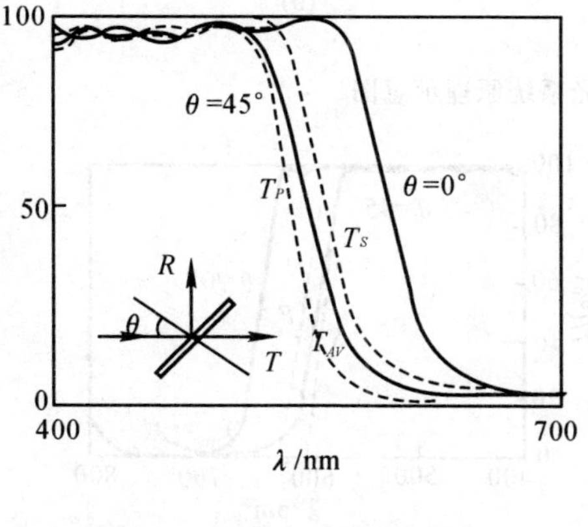

图 2.4.14　平板分光镜的偏振效应

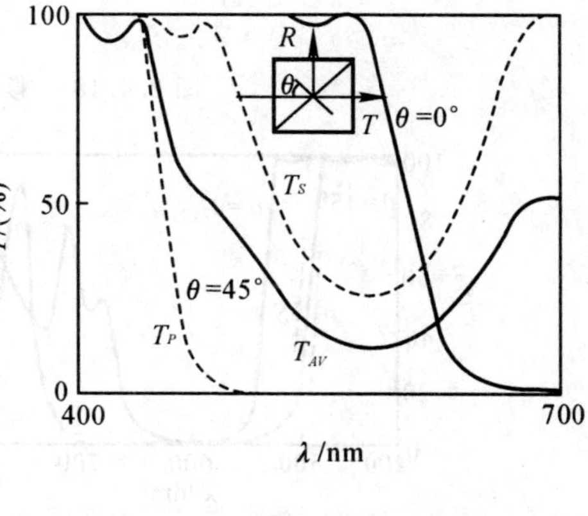

图 2.4.15　胶合立方棱镜分色的偏振效应

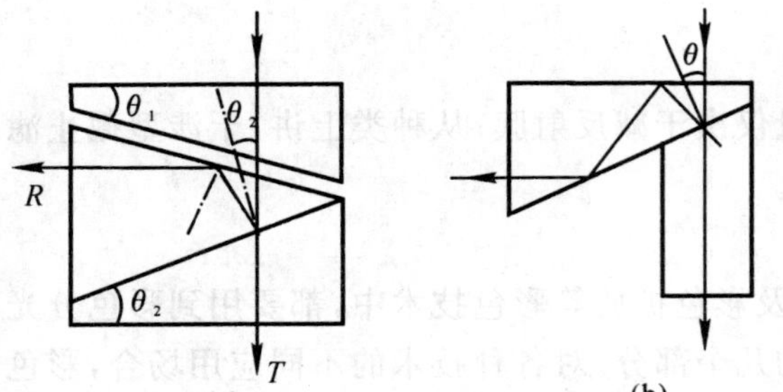

(a)　　　　(b)

图 2.4.16　两种低偏振分光棱镜系统

(a) 带有补偿镜的彩色分光棱镜；　(b) 人字形彩色分光棱镜

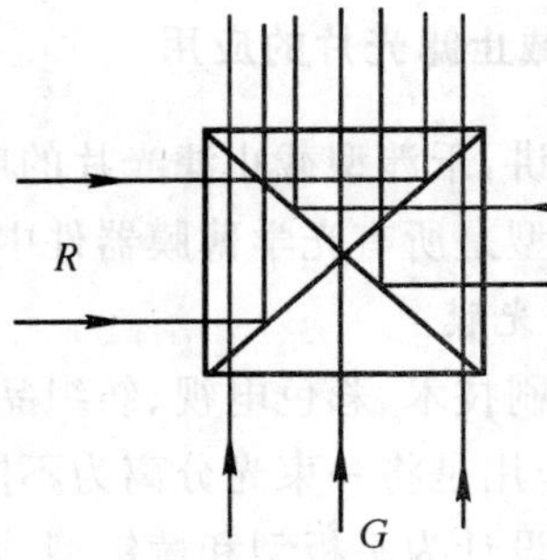

图 2.4.17　用于背投电视系统中的三色合像分光 X 立方棱镜

通常彩色分光系统分为加色系统和减色系统两类，图 2.4.18 中给出了这两套系统的配置和对滤光片的分光性能要求。从图中可以看到彩色分光元件大部分都是倾斜使用的干涉截止滤光片。图 2.4.19 中给出了两种低色偏短通滤光片的光谱特性，图(a) 为一个反绿透蓝膜系的光谱特性，其膜系是 $GHL(0.5LH0.5L)^7A$，$n_H = n_H = 2.35$，$n_L = n_L = 1.52$，$\lambda_0 = 612$ nm，$\lambda_0{}' = 732$ nm，$\lambda_0{}'' = 376$ nm；图(b) 为反红透蓝膜系的光谱特性，其膜系是 $G \mid L'1.15(0.5LH0.5L)(0.5LH0.5)^6 \mid A$，$n_H = 2.35$，$n_L = n_G = 1.52$，$n'_L = 1.38$，$n_A = 1.0$，$\lambda_= 744$ nm，$\lambda'_0 = 548$ nm。

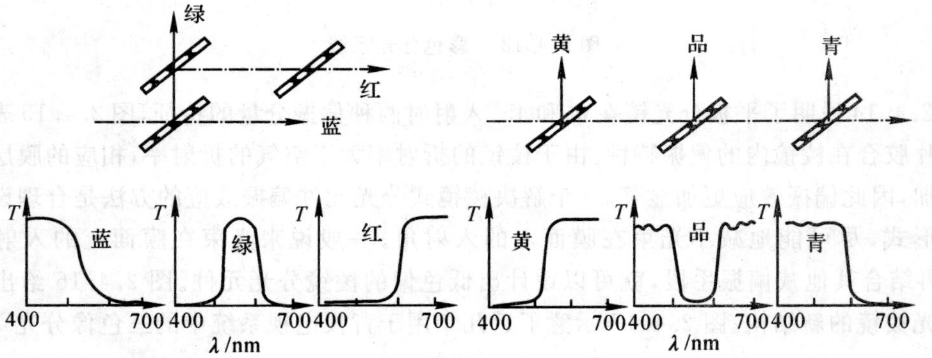

(a)　　　　(b)

图 2.4.18　彩色分光系统原理示意图

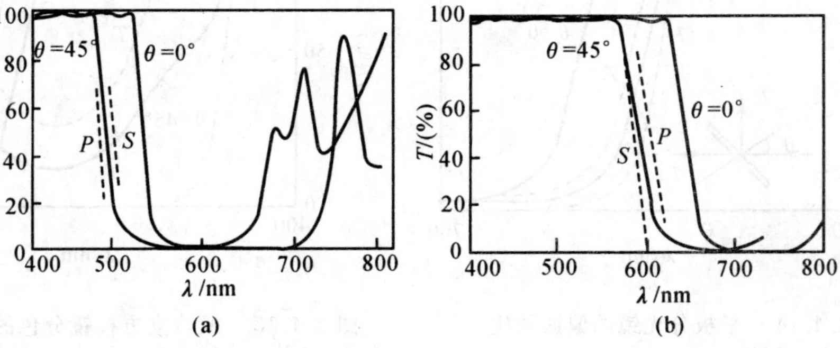

(a)　　　　(b)

图 2.4.19　短波通低色偏分光膜的光谱特性

图 2.4.20 所示为两种低色偏的长波通滤光片的光谱特性，图(a)为一个反蓝透红膜系的光谱特性，其膜系是 $G \mid \left(\frac{2H}{3}\frac{2L}{3}\frac{2H}{3}\right)^8 \mid A$，$n_H = 2.35$，$n_L = 1.52$，$n'_L = 1.52$，$n'_L = 1.38$，$n_g = 1.52$，$n_A = 1.0$，$\lambda_0 = 468\ \text{nm}$，$\lambda'_0 = 868\ \text{nm}$；图(b)为反绿透红膜系的光谱特性，膜系是 $G \mid \left(\frac{2H}{3}\frac{2L}{3}\frac{2H}{3}\right)^8 \mid A$，$n_H = 2.35$，$n_L = 1.52$，$n_G = 1.52$，$n_A = 1.0$，$\lambda_0 = 572\ \text{nm}$。

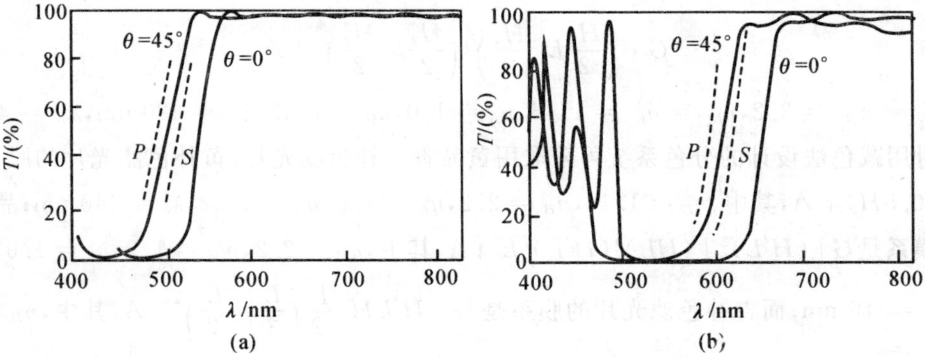

图 2.4.20　长波通低色偏分光膜的光谱特性

以上分光膜都是在 $\theta_0 = 45°$ 时使用。

彩色扩印机及彩色放大机的彩色头中使用的分光元件是在 $\theta_0 = 0°$ 时使用的，图 2.4.21 给出了一套红、绿、蓝三原色滤光片的设计光谱特性，它们的膜系分别是对透蓝反红绿滤光片、膜系为

$$G \mid H'_1 L_1 H'_1 \frac{L_1}{2}\left(\frac{L_1}{2}H_2\frac{L_1}{2}\right)^7\left(\frac{L_2}{2}H_2\frac{L_2}{2}\right)^2\left(\frac{L_2}{2}H_2\frac{L_2}{2}\right)^6\left(\frac{L_2}{2}H''_2\frac{L_2}{2}\right)^2 \mid^2 A$$

其中，$n_{H'_1} = 1.8$，$n_{H_1} = n_{H_2} = 2.2$，$n_{H'_2} = 1.95$，$n_{H''_2} = 2.05$，$n_{L_1} = n_{L_2} = 1.46$，$\lambda_{01} = 640\ \text{nm}$，$\lambda_{02} = 580\ \text{nm}$。

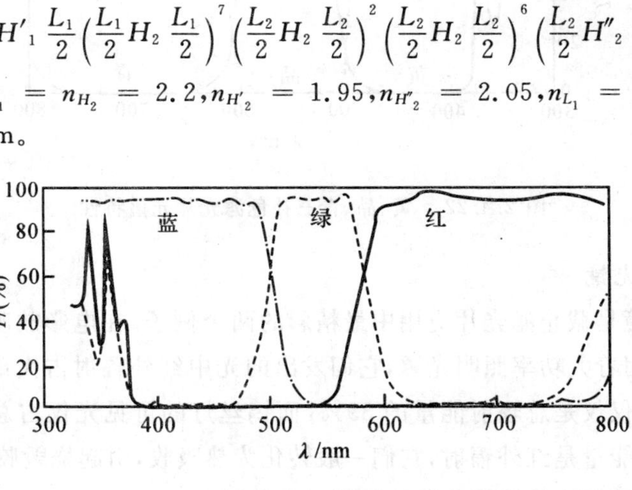

图 2.4.21　红、绿、蓝三基色滤光片光谱特性

对透绿反红蓝滤光片，膜系为

$$G \mid H'_1 L_1 H'_1 \frac{L_1}{2}\left(\frac{L_1}{2}H_1\frac{L_1}{2}\right)^5\left(\frac{L_1}{2}H_1\frac{L_1}{2}\right)^2\left(\frac{H_2}{2}L_2\frac{H_2}{2}\right)^8 \mid A$$

其中，$n_{H_1} = n_{H_2} = 2.2$，$n_{L_1} = n_{L_2} = 1.46$，$n_{H'_1} = 1.9$，$n_A = 1.0$，$n_G = 1.52$，$\lambda_{01} = 676\ \text{nm}$，$\lambda_{02} = 495\ \text{nm}$。

对透红反蓝绿滤光片，膜系是

$$G\mid\left(\frac{H_1}{2}L_1\frac{H_1}{2}\right)^8\left(\frac{H_2}{2}L_2\frac{H_2}{2}\right)^8\mid A$$

其中，$n_{H_1}=n_{H_2}=2.2, n_{L_1}=n_{L_2}=1.46, n_{H'_1}=1.9, n_A=1.0, n_g=1.52, \lambda_{01}=676\ \text{nm}, \lambda_{02}=430\ \text{nm}$。

对透红反蓝绿滤光片，膜系为

$$G\mid\left(\frac{H_1}{2}L_1\frac{H_1}{2}\right)^8\left(\frac{H_2}{2}l_2\frac{H_2}{2}\right)^8\mid A$$

其中，$n_{H_1}=n_{H_2}=2.2, n_{L_1}=n_{L_2}=1.46, n_A=1.0, n_G=1.52, \lambda_{01}=420\ \text{nm}, \lambda_{02}=495\ \text{nm}$。

而对用减色法设计的分色系统可采取用黄品青三补色滤光片。黄补色滤光片的膜系的$G\mid(0.5HL0.5H)\mid^8A$，其中，$n_L=1.46, n_H=2.2, n_A=1.0, n_G=1.52, \lambda_0=440\ \text{nm}$；品补色滤光片的膜系是$G\mid(H'L)^2\mid(HL)^9(H'L)^2L'\mid A$，其中，$n_H=2.2, n_{'H}=1.9, n_L=1.63, n'_L=1.46, \lambda_0=546\ \text{nm}$；而青补色滤光片的膜系是$G\mid H'LH'\frac{L}{2}\left(\frac{L}{2}H\frac{L}{2}\right)'\mid A$，其中，$n_H=2.2, n'_H=1.8, n_L=1.46, n=1.0, n_M=1.9, \lambda_0=680\ \text{nm}$。这三个膜系的光谱特性如图2.4.22所示。

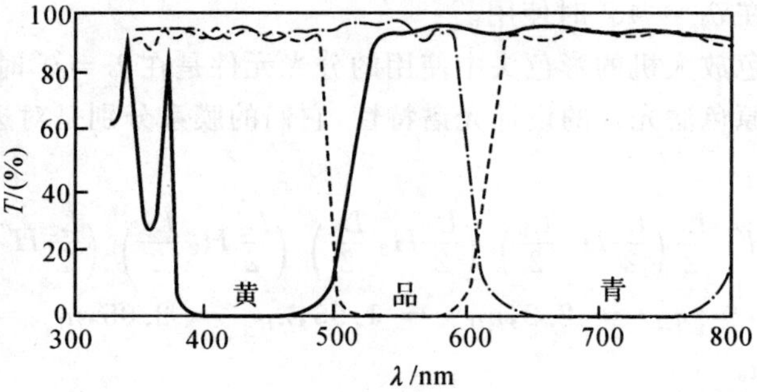

图 2.4.22 黄、品、青三补色滤光片光谱特性

2. 反热镜和冷光镜

反热镜和冷光镜是截止滤光片应用中最精彩的两个例子。在电影放映机、舞台，摄影棚和某些光学仪器中使用着大功率照明光源，它们发出的光中红外辐射占大部分能量。比如，碳弧灯，它发出的可见光仅仅是总辐射能量的39%，而钨丝灯的可见光仅占总辐射能量的百分之十几；剩下的大部分能量是红外辐射，它们一般转化为热吸收，引起烧毁胶片，被照人物受热出汗等不良后果。反热镜和冷光镜能使这些无用的能量减少。

反热镜是一种特殊的短波通滤光片，它抑制红外光，透射可见光，截止波长在0.7 μm。透射光不影响彩色平衡。反射镜常常用吸热玻璃加镀膜系制造。图2.4.23中给出了两种常用吸热玻璃的透射率曲线。需要加镀的膜系基本上是短波通结构。具体膜系按使用光源、基板材料和具体技术要求而定。不使用吸热玻璃的全介质型反热镜，一般需要很多层数，工艺复杂，成本较高。图2.4.24给出了一些设计实例，其中曲线1的膜系为

$$G\left|\frac{L}{2}\left[1.125\left(\frac{L}{2}H\frac{L}{2}\right)\right]\left(\frac{L}{2}H\frac{L}{2}\right)^5\left[1.1\left(\frac{L}{2}H\frac{L}{2}\right)\right]\right|A$$

其中，$n_G=1.50$，$n_A=1.0$，$n_L=1.38$，$n_H=2.30$，$\lambda_0=860$ nm。

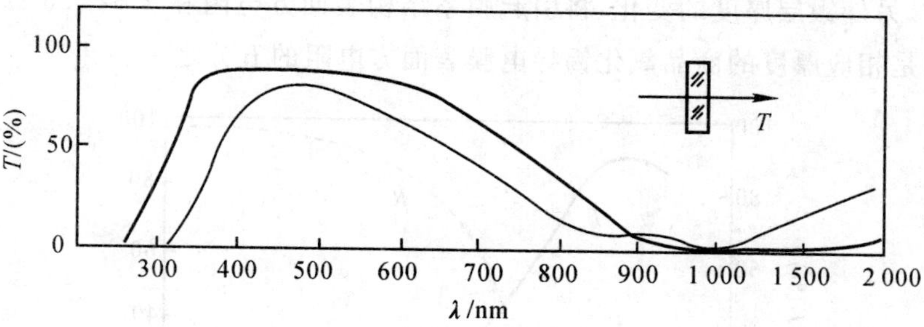

图 2.4.23　两种常用吸热玻璃的透射率曲线

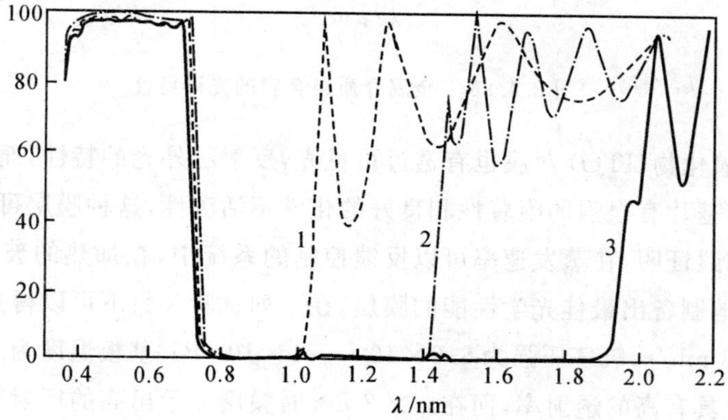

图 2.4.24　三种全介质反热膜的光谱特性

曲线 2 的膜系为

$$G\left|\frac{L}{2}[0.57(LMHML)]^8\left[1.125\left(\frac{L}{2}H\frac{L}{2}\right)\right]\left(\frac{L}{2}H\frac{L}{2}\right)^5\left[1.1\left(\frac{L}{2}H\frac{L}{2}\right)\right]\right|A$$

其中，$n_G=1.50$，$n_A=1.0$，$n_L=1.38$，$n_M=1.90$，$n_H=2.30$，$\lambda_0=860$ nm。

曲线 3 的膜系为

$$G\left|\frac{L}{2}[0.642(LM2HML)]^8[0.57(LDHDL)]^8\left[1.25\left(\frac{L}{2}H\frac{L}{2}\right)\right]\left(\frac{L}{2}H\frac{L}{2}\right)^5\left[1.1\left(\frac{L}{2}H\frac{L}{2}\right)\right]\right|A$$

其中，$n_G=1.50$，$n_L=1.38$，$n_M=1.781$，$n_D=1.90$，$\lambda_0=860$ nm。

这些膜系是全介质的，虽然光学特性很好，但由于层数很多，实际制造工艺非常复杂，或目前还只停留在理论设计上。如果用金属膜来制造反热镜，采用诱导透射滤光片的设计原理，膜层层数将大为减少。一种 TiO_2 | Ag | TiO_2 的组合薄膜就是很好的导电反热膜。图 2.4.25 给出了这种结构宽带截止滤光片的光谱特性。其膜系为

$$G\left|\begin{matrix}TiO_2 & Ag & TiO_2\\ 21.7\text{ nm} & 12.5\text{ nm} & 30.5\text{ nm}\end{matrix}\right|A$$

如果将膜系胶合在玻璃中，这时膜系可采用对称结构，即 G | 18 nm TiO_2 18 nm Ag 18 nm TiO_2 | G，膜系在可见光区的透射率主要决定于银层的厚度，当银层的厚度从 12 nm 变化到 19 nm 时，可见区的透射率从 85% 下降到 60%，但在红外区，比如 $\lambda = 10\ \mu m$ 处的反射率几乎维持常数。另外银层厚度的变化，将引起膜系结构表面方电阻在 2 ～ 5.3 Ω 之间变化。这些数值近似的是相应厚度的商品氧化锡导电膜表面方电阻的五分之一。

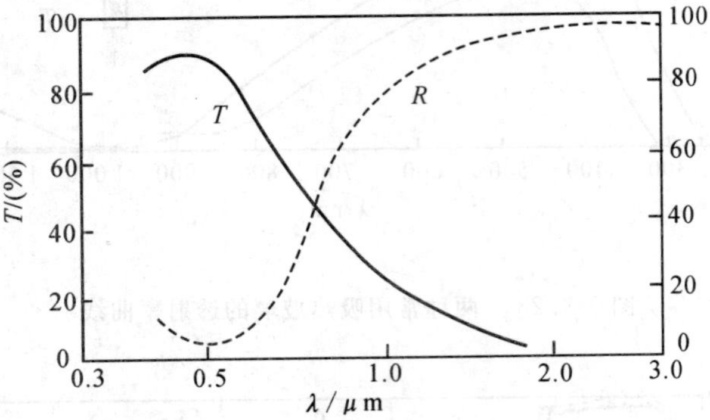

图 2.4.25 金属介质组合膜的光谱特性

透明的铟锡氧化物(ITO) 薄膜也有透过可见光，反射红外光的特性，而且这种铟锡氧化物薄膜导电，对玻璃基片有很强的附着性和良好的化学不活泼性，这种膜层可以用各种不同的试验技术来制备。实践证明，在蒸发速率可以反馈控制的系统中，在加热的玻璃上用反应电子束沉积法可以方便地制备出最佳光学性能的膜层。在下列试验参数下可以得到最好的结果：蒸发速率为 0.2 ～ 0.3 nm/s，氧气压强为 $6.6 \times 10^{-2} \sim 1 \times 10^{-1}$ Pa，基板温度为 300 ℃，蒸发源与基板在 $\lambda \leqslant 1\ \mu m$ 时具有高的透射率，而在 $\lambda > 2\ \mu m$ 时膜层显示出高的反射率。由于铟锡氧化物的折射率比较高，因此可以利用镀上减反膜增加可见光的透射性能。图 2.4.26 给出了厚度为 0.36 μm 的铟锡氧化物薄膜的光谱放射率和光谱透射率。它的上面覆盖一层 0.1 μm 厚的氧化镁当做可见区的减反射膜，减反射膜可减小单独一层铟锡氧化物薄膜因干涉效应而产生的彩虹现象。铟锡氧化物薄膜具有各种应用，如用于光源、太阳能收集器、炉门等处做热反镜，亦可用于太阳能电池及其显示器件上做低发射膜层，还可以用于光电子器件、玻璃、塑料上除霜和做去静电的覆盖层。

这种膜层用于各种光学窗口是非常合适的，它可以有 95% 的可见光透射率，10% 的热反射率以及不易察觉到的颜色。

把铟锡氧化物薄膜与氧化钨膜层相结合，可以设计出一种可调窗口，这种膜层结构在外加一个低电压时，对太阳的透射率可以在一定范围内调节，并且这种调节是可逆的。

与反热镜相反，冷光镜是尽可能地反射入射到它上面的可见光，透射近红外光，因此冷光镜实际上是一种长波通截止滤光片。图 2.4.27 给出了一个冷光镜设计的光谱特性，其膜系是两个不同中心波长的长波通滤光片耦合而成，即

$$G \mid \left(\frac{H}{2} L \frac{H}{2}\right)^6 \left(\frac{H'}{2} L' \frac{H'}{2}\right)^6 \mid A$$

其中，$n_G=1.52$，$n_A=1.0$，$n_H=n_{H'}=2.35$，$n_L=n_{L'}=1.38$，$\lambda_0=630\ \text{nm}$，$\lambda'_0=490\ \text{nm}$。

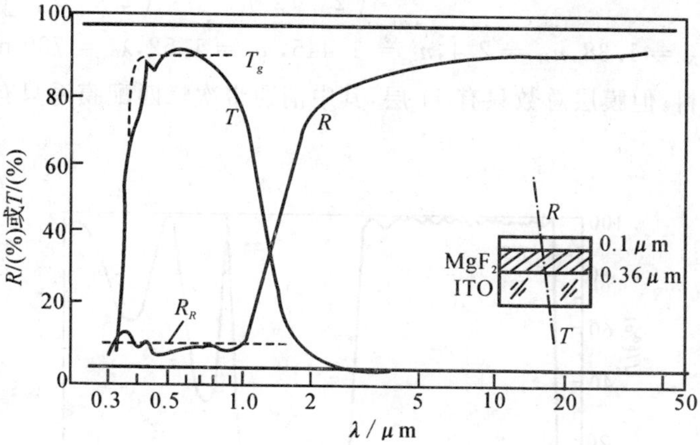

图 2.4.26　ITO 膜的光谱特性

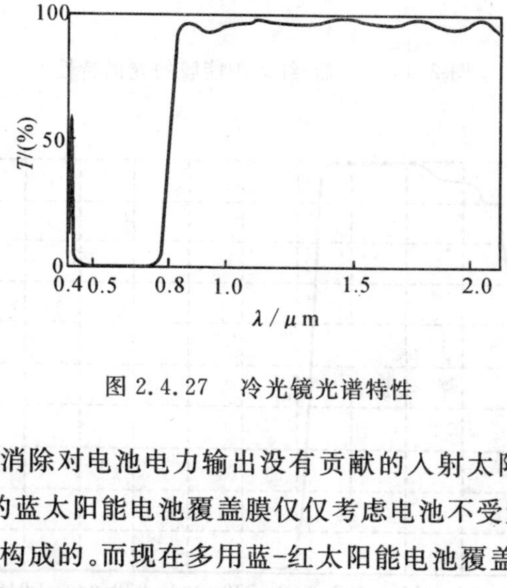

图 2.4.27　冷光镜光谱特性

太阳能电池覆盖要求消除对电池电力输出没有贡献的入射太阳能量，而且要保护电池免受紫外辐射的损害，最早的蓝太阳能电池覆盖膜仅仅考虑电池不受紫外辐射的不良影响，它是由一个长波通截止滤光片构成的。而现在多用蓝-红太阳能电池覆盖膜。图 2.4.28 给出了一个这种蓝-红太阳能电池覆盖膜的光谱特性，其膜系为

$$G\mid\left[0.565\left(\frac{H}{2}L\frac{H}{2}\right)\right]^2\left[0.628\left(\frac{H}{2}L\frac{H}{2}\right)^6 0.55L[1.15(LMHML)](LMHML)^6\right.$$
$$\left.[1.05(LMHML)]\right]\mid A$$

其中，$n_G=1.50$，$n_A=1.0$，$n_H=2.30$，$n_L=1.38$，$n_M=1.9$。

太阳能的利用涉及人类的能源问题，太阳能薄膜必定会在今后有更大的发展。

3. CCD 摄像系统中的红外截止滤光片

在采用 CCD 作为图像光电转换器件的数码摄像机中，红外截止滤光片作为隔离红外噪声的器件，对提高数字图像的信噪比，保证数字图像的质量起着无可替代的作用。

图 2.4.29 给出了使用于 CCD 数码摄相机中的一个截止滤光片的设计光谱特性。膜系结构为

$$G\left|0.12M0.24N1.52M0.72N\left(\frac{L}{2}H\frac{L}{2}\right)^9\left[1.27\left(\frac{L}{2}H\frac{L}{2}\right)^9\right]\right|A$$

其中，$n_M=2.08$，$n_N=1.38$，$n_H=2.4$，$n_L=1.445$，$n_G=1.52$，$\lambda_0=730\text{ nm}$。在这一设计中，使用了多达 4 种材料，但膜层总数只有 41 层，其中消通带次峰匹配膜系只有 4 层，设计结果比较理想。

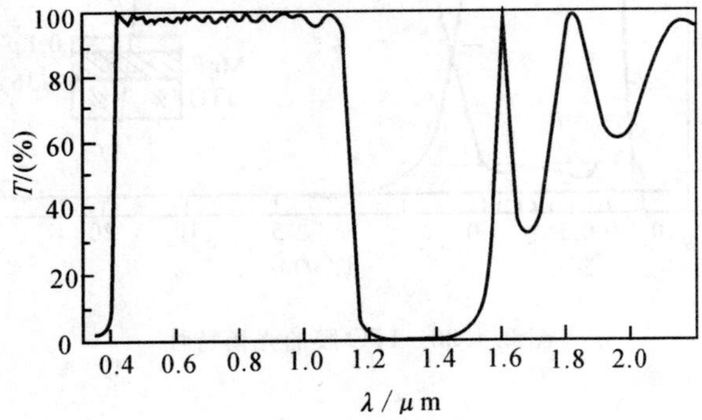

图 2.4.28　蓝-红太阳能膜的光谱特性

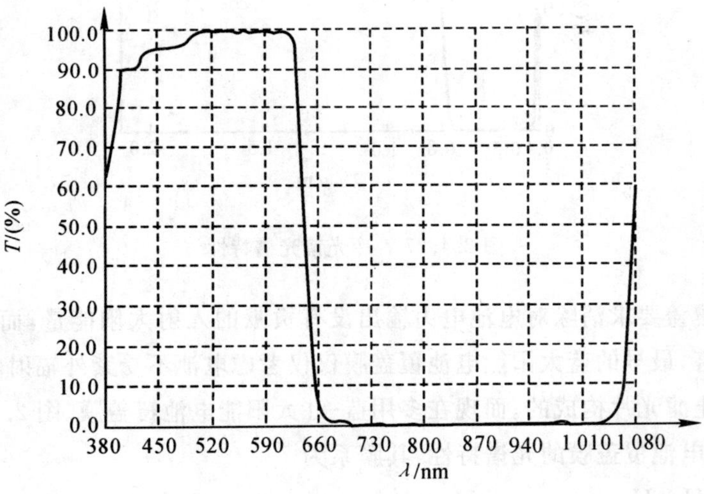

图 2.4.29　使用于 CCD 数码摄像机中的截止滤光片的光谱特性

2.5　带通滤光片

带通滤光片是指在一定的波段内，只有中间一小段是高透射率的通带，而在通带的两侧，是高反射率的截止带，如图 2.5.1 所示。表征滤光片特性的主要参数有：

λ_0—— 中心波长或称峰值波长；

T_{max}—— 中心波长的透射率，也即峰值透射率

$2\Delta\lambda_0$—— 透射率为降值透射率一半的波长宽度，也即通半宽度，或用 $2\Delta\lambda/\lambda_0$ 表示相对半宽度。

通常，带通滤光片可有两种结构形式，一种是由一个长波通膜系和一个短波通膜系的重叠通带波段形成带通滤光片的通带。这种结构得到的光谱特性是：可以获得较宽的截止带和较深的截止度，但不容易获得很窄的通带，所以常用于获得宽带通滤光片。第二种是 Fabry-Perot 干涉仪形式的滤光膜系，这种结构得到的光谱特性是：可以获得很窄的通带，但截止带宽度通常也比较窄，截止度也不深，所以大多数情况下都需要配合使用截止滤光片来拓宽截止带和增加截止深度。

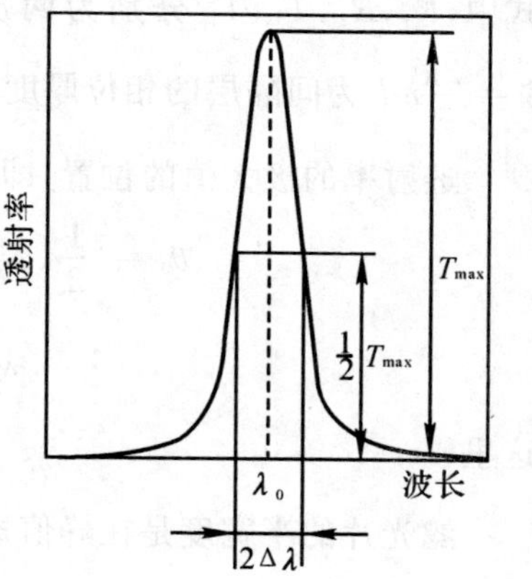

图 2.5.1 带通滤光片主要特性参数

2.5.1 法布里-珀珞滤光片特性

最简单的薄膜窄带滤光片是根据法布里-珀珞多光束干涉仪制成的干涉膜系。按最初的形式，法布里-珀珞干涉仪是由两块相同的、间距为 d 的平行反射板组成(见图 2.5.2)。对于平行光线，除了一系列按相等波数间隔分开的很窄的透射带而外，其余所有波长的透射率都很低。这个标准具可以代换成一个完全的薄膜组合 —— 两个金属反射层夹一个介质层。介质层取代间距 d 的位置，因而称之为间隔层。除了间隔层具有大于 1 的折射率以外，这种薄膜滤光片的特性分析与常用的标准具是完全相同的，但是在其他方面存在着一些重要差别。

虽然基片的表面应当高度抛光，但不必加工到标准具平板所需要的精密公差。如果在镀膜机中蒸气流是均匀的，那么薄膜将是基片的完善的临摹品，而不呈现任何厚度变化。这意味着法布里-珀珞滤光片可以用于比标准具低很多的干涉级次(实践证明也必须用在较低的级次)，因为薄膜间隔层的厚度超过第四级之后，膜层就开始显得粗糙。间隔层表面的这种粗糙度展宽了通带，压低了峰值透射率，使得更高级次完全失去其任何优越性。这种简单类型的滤光片称为金属-介质法布里-珀珞滤光片，以便与后面将要介绍的全介质滤光片相区别。

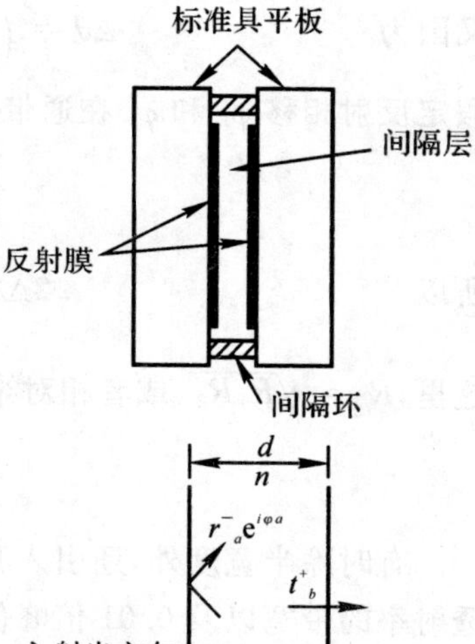

图 2.5.2 法布里-珀珞标准具

下面简要地分析一下法布里-珀珞滤光片的特性，根据方程式(1.0.2)，透射率

$$T = I_t/I_i = T_0/(1 + F\sin^2\theta) \tag{2.5.1}$$

这里

$$T_0 = \frac{T_1 T_2}{(1-\sqrt{R_1 R_2})^2},\quad F = \frac{4\sqrt{R_1 R_2}}{(1-\sqrt{R_1 R_2})^2}$$

$$\theta = \frac{1}{2}(\varphi_1 + \varphi_2 - 2\delta)$$

式中，R_1,R_2,T_1,T_2 分别为两反射膜的反射率和透射率；φ_1,φ_2 为反射膜的反射相移，而 $\delta=\frac{2\pi}{\lambda}nd$ 为间隔层的相位厚度。

透射率的极大值的位置，即中心波长由下式确定：

$$\theta_0=\frac{1}{2}(\varphi_1+\varphi_2-2\frac{2\pi}{\lambda_0}nd)=-k\pi,\quad k=0,1,2,\cdots$$

$$\lambda_0=\frac{2nd}{k+[(\varphi_1+\varphi_2)/2\pi]}=\frac{2nd}{m}\tag{2.5.2}$$

这里

$$m=k+(\varphi_1+\varphi_2)/2\pi$$

滤光片的半宽度是在峰值透射率的 $\frac{1}{2}$ 处量得的通带宽度。根据式(2.5.1)有

$$\frac{1}{2}T_0=T_0/[1+F\sin^2(\theta_0+\Delta\theta)]$$

$$\sin^2(\theta_0+\Delta\theta)=1/F,\quad \sin(\theta_0+\Delta\theta)=1/\sqrt{F}$$

由于 $\theta_0=-k\pi$，因而 $\sin\Delta\theta=1/\sqrt{F}$，$\Delta\theta=\arcsin(1/\sqrt{F})$。

又因为

$$\Delta\theta=\left(\frac{\partial\theta}{\partial\lambda}\right)_0\Delta\lambda=\frac{\partial\left[\frac{1}{2}\left(\varphi_1+\varphi_2-2\frac{2\pi}{\lambda}nd\right)\right]}{\partial\lambda_0}\Delta\lambda$$

假定反射相移 φ_1 和 φ_2 在通带内是常数，则

$$\Delta\theta\approx\frac{\delta_0}{\lambda_0}\Delta\lambda=\frac{m\pi}{\lambda_0}\Delta\lambda$$

所以

$$2\Delta\lambda=\frac{2\lambda_0}{m\pi}\arcsin\frac{1}{\sqrt{F}}=\frac{2\lambda_0}{m\pi}\arcsin\frac{1-\bar{R}}{2\sqrt{\bar{R}}}\tag{2.5.3}$$

这里，$\bar{R}=\sqrt{R_1R_2}$，或者相对半宽度表示为

$$\frac{2\Delta\lambda}{\lambda_0}=\frac{2}{m\pi}\arcsin\frac{1-\bar{R}}{2\sqrt{\bar{R}}}\tag{2.5.4}$$

有时除半宽度外，还引入其他的带宽参量，如0.9倍峰值透射率处测得的带宽，0.1倍峰值透射率的带宽以及0.01倍峰值透射率的带宽等。对于法布里-珀珞滤光片，如果在通带内来自反射膜的相位变化实际是常数的话，那么上述带宽量度分别为：$\frac{1}{2}\times2\Delta\lambda,3\times2\Delta\lambda,10\times2\Delta\lambda$。这些量常用来说明任一给定类型的滤光片的通带以及接近于矩形的程度。

由式(2.5.1)可以知道，中心波长的峰值透射率为

$$T_{\max}=\frac{T_1T_2}{(1-\bar{R})^2}\tag{2.5.5}$$

当反射膜没有吸收、散射损失，而且反射膜完全对称时，即

$$R_1=R_2,\quad T_1=T_2=1-R_1=1-R_2$$

则 $T_{\max}=1$，滤光片峰值透射率和裸露基片一样高。如果反射膜有吸收、散射损失，假定反射膜仍是完全对称的，用 R_{12},T_{12} 和 A_{12} 分别表示两反射膜的反射率、透射率和吸收、散射损失。由于 $R_{12}+T_{12}+A_{12}=1$，峰值透射率可以写为

$$T_{\max}=\frac{T_{12}^2}{(1-R_{12})^2}=\frac{T_{12}^2}{(T_{12}+A_{12})^2}=\frac{1}{(1+A_{12}/T_{12})^2}\tag{2.5.6}$$

可见，在实际上存在吸收、散射的情况下，反射膜的透射率愈低，吸收、散射愈大，则峰值透射率愈低．例如 $T_{12}=0.012$，$A_{12}=0.005$，$T_{\max}=50\%$ 左右。这时如果 A_{12} 增加至 0.01，则 $T_{\max}$ 降至 30% 左右。这足以说明法布里-珀珞滤光片对膜层的吸收、散射损失是极其敏感的。对于金属-介质法布里-珀珞滤光片，由于金属反射膜的固有吸收，这种滤光片的峰值反射率不可能做得太高，一般以 35% ～ 40% 为宜。

为了估计两个反射膜的不对称性对峰值透射率的影响，假定吸收、散射损耗为零，则峰值透射率为

$$T_{\max}\frac{T_1T_2}{(1-\sqrt{R_1R_2})^2} \tag{2.5.7}$$

令 $R_2=R_1-\Delta$，式中，Δ 是不对称误差，所以 $T_2=T_1+\Delta$，而式(2.5.7) 可以写为

$$T_{\max}=\frac{T_1(T_1+\Delta)}{(1-\sqrt{R_1(R_1-\Delta)})^2}=\frac{T_1(T_1+\Delta)}{(1-R_1\sqrt{1-\Delta/R_1})^2}=\frac{T_1(T_1+\Delta)}{\left\{1-R_1\left[1-\frac{1}{2}(\Delta/R_1)+\cdots\right]\right\}^2}$$

如果 Δ/R_1 足够小，则可以只取展开式的前两项，稍加整理，即得

$$T_{\max}=\frac{T_1^2}{(1-R_1)^2}\,\frac{1+\Delta/T_1}{(1+\frac{1}{2}\Delta/T_1)^2} \tag{2.5.8}$$

方程式(2.5.8) 的第一部分是两个反射膜没有任何不对称误差时的峰值透射率的表示式，而第二部分则表明不对称误差的影响。图 2.5.3 表示了这个影响的情况，图中横坐标是 $T_2/T_1=1+\dfrac{\Delta}{T_1}$。显然，不对称影响法布里-珀珞滤光片的峰值透射率，但是极不敏感，甚至在两个反射膜的透射率相差两倍时，仍然可以看到 75% 的峰值透射率。

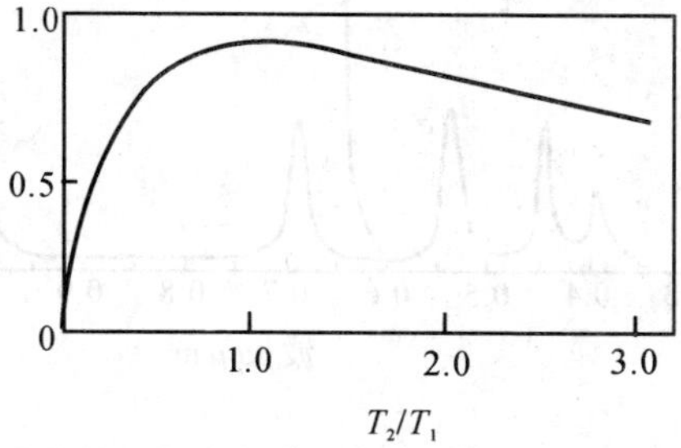

图 2.5.3　两个反射膜不对称时的透射率

由式(2.5.4) 可以看到，滤光片通带的半宽度决定于干涉级次和反射膜的反射率。反射膜的反射率愈高，干涉级次愈高(即间隔层愈厚)，则半宽度愈小，滤光片透射光的单色性愈好。

提高干涉级次 m，可以减小通带宽度，但在主峰的长波侧会出现低级次的透射峰。如取 $\lambda_0=500$ nm，$m=3$(即 $nd=3\lambda_0/2$) 为简单起见，又不考虑反射相移 φ_1 和 φ_2，则在 $\lambda_1=3\lambda_0/2=750$ nm 和 $\lambda_2=3\lambda_0=1.5\mu$m 处会出现 $m=2$ 和 $m=1$ 的透射峰。可惜截止长波区的颜色玻璃还不多见，限制了更高级次滤光片的使用。不仅如此，当间隔层厚度超过第四级次时，膜层就开始显得粗糙，使得更高级次完全失去其使用价值。在通常情况下，最高使用到第三级次。但是，在现代光纤通讯技术中，将间隔层厚度提高到数百上千，改用石英玻璃或硅片作为间隔层，制成了通带宽度窄(0.4 nm)、通带间隔小的梳状交错滤波器，成功地用于密集波分复

用器中，解决了密集信道信号的隔离提取问题。

提高反射膜的反射率也可压缩带宽，但对于金属-介质滤光片而言，过于减小带宽将使峰值透射率显著下降，因此在可见区，它们的半宽度在 5 ～ 10 nm 为佳。即使是下面将要讨论的全介质滤光片，增加反射膜层数，提高反射膜的反射率以压缩带宽也是有一定限制的。

制备金属-介质滤光片是并不困难的，主要在于金属应尽可能快地蒸镀在冷基片上。在可见区和近红外区，用银和冰晶石可以获得最好的结果，而在紫外区，最好的组合则是铝和氟化镁或冰晶石。在蒸镀之后膜层应尽快地与盖片胶合，并用环氧树脂封边，使任何可能的地方都被保护起来，避免潮气的侵蚀。在超过波长 300 nm 的紫外区，有少数几种适用的胶合剂，而在波长短于 200 nm 之外一种也没有。因而滤光片不可能胶以盖片。这时可用一层极薄的氟化镁来保护最外边的金属膜。选择这层膜的特定厚度，使它成为金属膜的增透层。

图 2.5.4 所示是用于可见区的金属-介质滤光片的典型特性曲线。所要用的特定的透射峰值是在 0.69 μm 处的第三级次峰值。对于由更高级次峰值所引起的短波通带，叠加一块玻璃吸收滤光片便容易抑制掉。吸收滤光片可与滤光片胶合，作为一块玻璃盖片。这种玻璃吸收滤光片的特性也表示在图上，它是用于可见区和近红外区，具有长波通特性的一系列吸收玻璃的一种。可惜的是，适用于抑制长波通带的吸收玻璃并不多。如果所用的检测器对较长的波长不灵敏，那就不存在这个问题。如果要求滤光片不带有长波通带，那么最好采用第一级次的金属-介质滤光片，因为尽管对于给定的带宽其峰值透射率要低得多，可是它们通常没有长波通带。后面将讨论一种金属和介质组合的双半波滤光片，即诱导透射滤光片，它可以得到高得多的透射率。虽然其半宽度更大，但没有长波旁通带，因而用做抑制长波的滤光片是十分优越的。

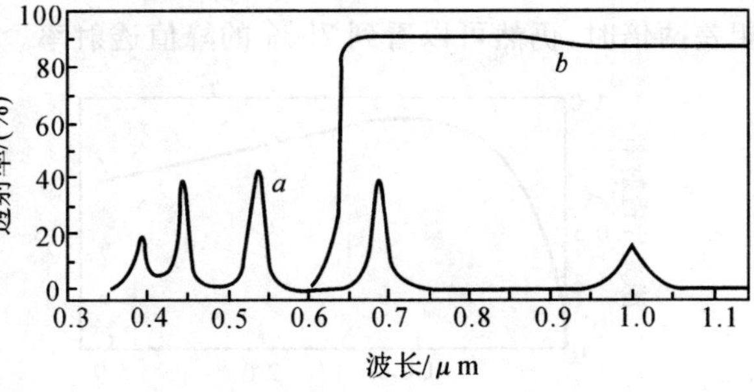

图 2.5.4 金属-介质滤光片与吸收滤光片组合

2.5.2 全介质法布里-珀珞滤光片

1. 单半波型

由于金属反射膜的吸收较大，限制了滤光片性能的提高，如果用多层介质反射膜代替金属反射膜，则可大大提高法布里-珀珞滤光片的性能。

图 2.5.5 所示是全介质滤光片的结构示意图。它基本上和具有介质反射膜的法布里-珀珞标准具相同，并且上述对于金属-介质滤光片特性的分析也适用于全介质滤光片的情况。

全介质滤光片的带宽可以按以下方法计算：如果两个反射膜对称，而且反射率足够高，则

$$F=\frac{4R_{12}}{(1-R_{12})^2}\approx\frac{4}{T_{12}^2}$$

$$2\Delta\lambda=\frac{2\lambda_0}{m\pi}\arcsin\frac{T_{12}}{2} \tag{2.5.9}$$

由于当层数给定时，用高折射率层作为最外层将得到最大反射率，所以，实际上只有两种情况需要考虑。即 $(HL)^x2H(LH)^x$ 或者 $H(LH)^x2L(HL)^xH$。

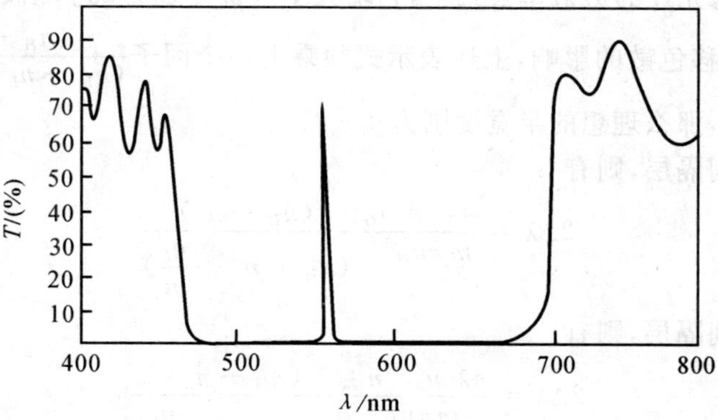

图 2.5.5　全介质法布里-珀珞滤光片光谱特性

如果间隔层不包括在内，每个多层反射膜的高折射率层的总数是 x，那么，

(1) 对于高折射率间隔层的情况 $(HL)^x2H(LH)^x$，有

$$Y_{12}=\frac{n_L^{2x}}{n_H^{2x}}n_G$$

$$R_{12}=\frac{(n_H-Y_{12})^2}{(n_H+Y_{12})^2}=\frac{(1-Y_{12}/n_H)^2}{(1+Y_{12}/n_H)^2}$$

当层数足够多时，则有

$$Y_{12}/n_H=n_L^{2x}n_G/n_H^{2x+1}\ll 1$$

所以
$$R_{12}\approx(1-Y_{12}/n_H)^4\approx 1-4Y_{12}/n_H$$

$$T_{12}\approx 4Y_{12}/n_H=4n_L^{2x}n_G/n_H^{2x+1}$$

代入式(2.5.9)，对于高折射率间隔层可求出半宽度表示式为

$$2\Delta\lambda=\frac{2\lambda_0}{m\pi}\arcsin(2n_L^{2x}n_G/n_H^{2x+1})\approx 4\lambda_0 n_L^{2x}n_G/m\pi n_H^{2x+1} \tag{2.5.10}$$

(2) 对于低折射率间隔层的情况 $H(LH)^x2L(HL)^xH$，有

$$Y_{12}=\frac{n_H^{2(x-1)}}{n_L^{2(x-1)}}\frac{n_H^2}{n_G}=\frac{n_H^{2x}}{n_L^{2(x-1)}n_G}$$

$$R_{12}=\left(\frac{n_L-Y_{12}}{n_L+Y_{12}}\right)^2=\left(\frac{1-Y_{12}/n_L}{1+Y_{12}/n_L}\right)^2$$

当层数足够多时，则有

$$\frac{Y_{12}}{n_L}=\frac{n_H^{2x}}{n_L^{2x-1}n_G}\gg 1$$

所以
$$R_{12}=\left(1-\frac{n_L}{Y_{12}}\right)^4\approx 1-4\frac{n_L}{Y_{12}}$$

$$T_{12}=4\frac{n_L}{Y_{12}}=\frac{4n_L^{2x-1}}{n_H^{2x}}n_G$$

同样，可求出半宽度表示式

$$2\Delta\lambda=\frac{2\lambda_0}{m\pi}\arcsin\left(\frac{2n_L^{2x-1}}{n_H^{2x}}n_G\right)=\frac{4\lambda_0 n_L^{2x-1}n_G}{m\pi n_H^{2x}} \tag{2.5.11}$$

应当注意：在上述公式中，完全略去了多层反射膜反射相移的色散影响，认为在通带内它们是常数，并且其值为 0 或 π，正如在 2.1 节已经看到的相移并不是常数，相移改变的意义在于，在法布里-珀珞滤光片的透射率公式中，它增大了$[(\varphi_1+\varphi_2)/2\delta]$随波长的变化率，因此压缩了带宽。考虑到相移色散的影响，上述表示式须乘上一个因子$\frac{(n_H-n_L)}{(n_H-n_L)+n_L/m}$（这里 m 为滤光片的干涉级次），那么理想的半宽度则为

对于高折射率间隔层，则有

$$2\Delta\lambda=\frac{4\lambda_0 n_L^{2x}n_G}{m\pi n_H^{2x+1}}\frac{(n_H-n_L)}{\left(n_H-n_L+\frac{n_L}{m}\right)} \tag{2.5.12}$$

对于低折射率间隔层，则有

$$2\Delta\lambda=\frac{4\lambda_0 n_L^{2x-1}n_G}{m\pi n_H^{2x}}\frac{(n_H-n_L)}{\left(n_H-n_L-\frac{n_L}{m}\right)} \tag{2.5.13}$$

由于全介质多层反射膜只在有限的区域是有效的，因此滤光片透射率峰值的两边会出现旁通带。在大多数应用中，必须将它们抑制掉。短波旁通带只要在滤光片上叠加一块长波通吸收玻璃滤光片便很容易去掉，但是很不容易得到短波通吸收滤光片。有些可供利用的吸收滤光片虽然能有效地抑制长波旁通带，但因其短波透射率太低，大大降低了整个滤光片的峰值透射率。解决这个问题的最满意的办法是，干脆不用吸收滤光片，而是把后面将要讨论的诱导透射滤光片作为截止滤光片使用。由于诱导透射滤光片没有长波旁通带，而且其峰值透射率可做得很高(80％左右)，所以它们用在这种场合是非常成功的。

2. 多半波型

简单的全介质法布里-珀珞滤光片的透射率曲线并不是理想形状。可以证明，在任何级次的滤光片中，透射能量的一半是在半宽之外的(假定入射光束的能量随波长均匀分布)。因此透射率曲线愈接近矩形愈好。同时法布里-珀珞滤光片对吸收的影响也很敏感。对于任何级次的滤光片的给定透射率来说，其吸收有效地限制了可能得到的带宽，增高滤光片的级次以压抑吸收的影响，对于级次大于 3 的滤光片常常是不成功的，因为这增加了间隔层的粗糙度。

当多个调谐电路相耦合时，合成的频率曲线比单个调谐电路的频率曲线更接近矩形，对于法布里-珀珞滤光片也发现了相似的结果。如果将两个或更多的滤光片串置起来，那么得到了与调谐电路非常相像的双峰曲线。不过，这种曲线可以有更多样的形状。滤光片可以是金属－介质的，或者是全介质的，其基本结构是反射膜 / 半波层 / 反射膜 / 半波层 / 反射膜，称之为 DHW(双半波) 滤光片。全介质的 DHW 滤光片的一些典型实例如图 2.5.6 所示。

下面介绍双半波滤光片的特性分析和理论计算的史密斯(Smith) 方法。

(1) 史密斯分析法。在标准的法布里-珀珞滤光片中，反射膜系在通带内的反射率差不多是常数。正如已经看到的，反射相移的色散有助于压缩带宽，但并不改变通带的基本形状。史密斯提出一个想法 —— 使用反射率急速变化的反射膜系，以得到更好的通带形状。在式(2.5.1)已经推导出一个完整的滤光片的透射率的精确表示式，即

$$T=\frac{T_1T_2}{(1-\sqrt{R_1R_2})^2}\frac{1}{1+\frac{4\sqrt{R_1R_2}}{(1-\sqrt{R_1R_2})^2}\sin^2\left(\frac{\varphi_1+\varphi_2-2\delta}{2}\right)} \tag{2.5.14}$$

可以看出，只要使选定间隔层的两边反射率相等，并且满足相位条件 $\left|\frac{\varphi_1+\varphi_2}{2}-\delta\right|=m\pi$，那么在任一波长处都能够得到高透射率。

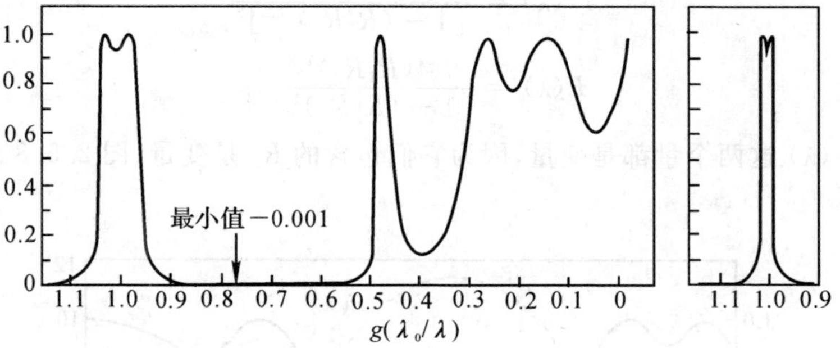

(a)　　　　　　　　(b)

图 2.5.6　双半波滤光片的计算透射率曲线

(a) $H2LHLH2LH$；(b) $HL2HLHLHL2HLH$

在峰值波长附近，合理的低反射率具有优越性。这意味着，吸收对峰值透射率的限制作用较小。在法布里-珀珞滤光片中，低反射率就意味着宽的通带。现在安排反射率刚刚偏离峰值波长就开始显著变化，以此来压缩带宽。图 2.5.7 示意了双半波滤光片的最简单形式，其结构为 $HHLHH$，HH 是半波长间隔层，而 L 是耦合层。在下面的讨论中为了简单起见，将略去任何基片。滤光片的性能用一个间隔层两边的反射率来描述。R_1 是高折射率层与入射介质（选取折射率为 ι 的空气）的界面的反射率，它是常数。R_2 是间隔层另一边的膜系的反射率。在间隔层厚度为其 $\frac{1}{2}$ 的波长 λ_0 处，R_2 很低；而在 λ_0 的两边 R_2 上升。在波长为 λ' 和 λ'' 时，反射率 R_1 和 R_2 相等。如果相位条件也满足，那么可望得到高的透射率。事实正是这样。在图中也表示出膜系的透射率曲线，其形状是一个有陡峭边缘并包含两个紧靠在一起的透射峰的通带，在两峰之间只有一个“浅谷”，这与法布里-珀珞滤光片的通带形状相比，就更像理想的矩形。

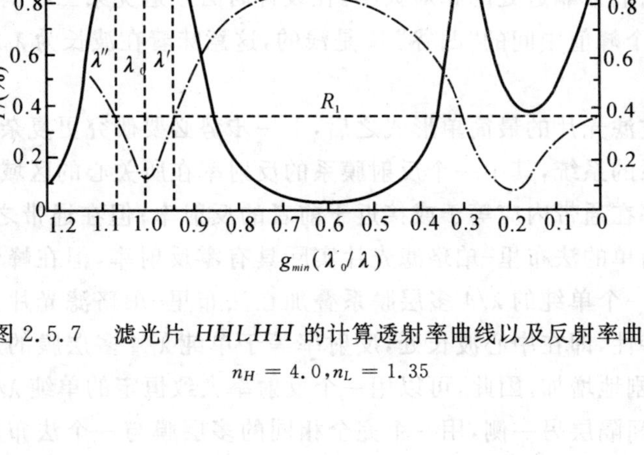

图 2.5.7　滤光片 $HHLHH$ 的计算透射率曲线以及反射率曲线

$n_H=4.0, n_L=1.35$

现在滤光片透射率的史密斯公式可以写为

$$T(\lambda) = T_0(\lambda)\frac{1}{1 + F(\lambda)\sin^2[(\varphi_1 + \varphi_2)/2 - \delta]} \tag{2.5.15}$$

式中

$$T_0(\lambda) = \frac{(1 - R_1)(1 - R_2)}{[1 - (R_1R_2)^{1/2}]^2}$$

$$F(\lambda) = \frac{4(R_1R_2)^{1/2}}{[1 - (R_1R_2)^{1/2}]^2}$$

$T_0(\lambda)$ 和 $F(\lambda)$ 这两个量都是变量，因为它们包含的 R_2 是变量。图 2.5.8 表示这两个函数的形状。

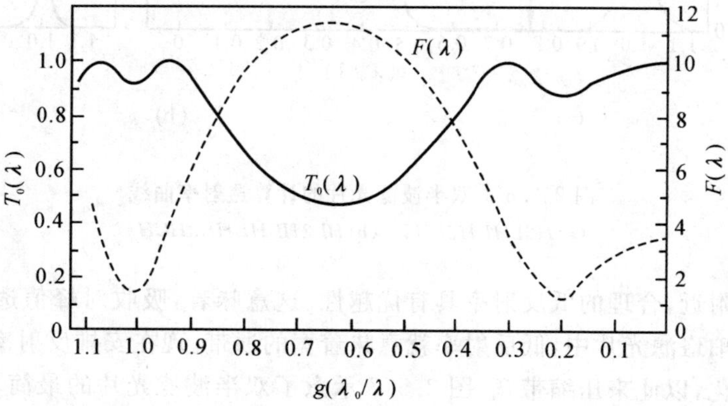

图 2.5.8　滤光片 *HHLHH* 的 $T_0(\lambda)$ 和 $F(\lambda)$ 曲线

在离开峰值所在的波长，$T_0(\lambda)$ 低而 $F(\lambda)$ 高，联合作用的结果是使截止度增加。在峰值波长附近，T_0 高而 F 低，这样便产生高的透射率，它对吸收的影响是不敏感的。正如以前指出过的，峰值透射率依赖于比值 A_{12}/T_{12}，这里 A_{12} 是反射膜系的吸收率，T_{12} 是透射率。显然，为得到滤光片相同的总透射率，T_{12} 越大，A_{12} 可以越高。

双半波滤光片通带的典型的双峰形状，是由于曲线 R_1 和 R_2 相交于彼此分开的两点而产生的。还可以出现两种别的情况：曲线 R_1 和 R_2 只在一点相交，这时膜系有一个单峰，理论上其透射率为 1；或者两条曲线完全不相交，这时膜系将显示一个透射率低于 1 的单峰，其确切数值依赖于 R_1 和 R_2 在它们最靠近处的相对大小。在设计时必须避免第三种情况。对于双峰滤光片的一个要求是，在两个峰值中间的“凹谷”应是浅的，这意味着在波长为 λ_0 时，R_1 和 R_2 不应当相差太多。

在研究了双半波滤光片的最简单形式之后，下一步势必要研究更复杂的情况。我们已经考察的是两个反射膜系的系统，其中一个反射膜系的反射率在所关心的区域内大致保持常数，而另一个膜系的反射率在通带内应等于或接近于前者的反射率；但在通带之外却应当急剧地增加。在峰值波长处，简单的法布里-珀珞滤光片实际具有零反射率，但在峰值波长的两边，反射率迅速上升。如果将一个单纯的 $\lambda/4$ 多层膜系叠加在法布里-珀珞滤光片上面，那么最后的组合将具有所希望的特性，即在中心波长处，反射率等于单纯 $\lambda/4$ 多层膜的反射率，而在中心波长的两边，反射率急剧地增加。因此，可以用一个反射率大致恒定的单纯 $\lambda/4$ 多层膜，当做间隔层一侧的反射膜；在间隔层另一侧，用一个完全相同的多层膜与一个法布里-珀珞滤光片连接起来。这将产生一个单峰滤光片，因为此时反射率恰好与波长 λ_0 相匹配。如果反射膜与法布里-珀珞滤光片相组合的反射率，被调整到稍微低于反射膜本身的反射率，那么将得到双峰透射率曲线。较为常用的结构，是在反射膜与法布里-珀珞滤光片之间，额外插入一个 $\lambda/4$ 层，当做耦合层。即滤光片结构为 $(HLH2LHLH)L(HLH2LHLH)$。

至此，我们完全没有考虑滤光片的基片。基片是在间隔层的一侧，因而会改变所在侧的反射率。反射率的这种改变可以很容易算出，特别是如果基片与单纯 $\lambda/4$ 多层膜在间隔层的同一侧就更好计算。单纯 $\lambda/4$ 多层膜的恒定反射率 R_1 一般较高，因而如果基片的折射率为 n_S，那么，当紧贴基片的膜层是低折射率层时，$\lambda/4$ 多层膜自身的透射率 $(1-R_1)$ 将变成 $(1-R_1)/n$；而当紧贴基片的膜层是高折射率层时，$(1-R_1)$ 将变成 $n_S(1-R_1)$。

由于反射率的这种改变可能很大，特别是在 n_S 大的时候更是如此，所以应当在设计一开始时就将基片考虑进去。基片可以看成单纯 $\lambda/4$ 多层膜的一部分。倘若间隔层两侧的两个膜系在特定波长的反射率被安排得总是相等，那么整个滤光片的理论透射率将是 1。例如，下面将要研究一个镀在锗板上的滤光片的情况。用硫化锌做低折射率层，用锗做高折射率层。令间隔层是低折射率层，并且用 Ge | $LHLL$ 表示锗板上的反射膜系，其中 LL 是间隔层。反射膜系的透射率近似为 $T_1=4n_L^3 \mid n_H^2 n_G$，由于基片和高折射率层是同一种材料，所以 $T_1=4n_L^3/n_H^3$，在间隔层的另一侧，从组合 $LLHLH$ | 空气着手，它表示一个基本的反射膜系，其中 LL 还是间隔层，这个组合的透射率是 $T_2=4\frac{n_L^3}{n_H^4}$。即 T_2 是 T_1 的 $1/n_H$ 倍，显然彼此不平衡。第二个反射膜系必须调整，如果紧贴空气，例加一个低折射率层，结构变为 $LLHLHL$ | 空气，那么透射率变成 $T_2=4\frac{n_L^5}{n_H^4}$。由于 n_L^2 近似等于 n_H，所以此时 T_1 和 T_2 近似相等，于是法布里-珀珞滤光片可以叠加到第二个反射膜系上，以给出所要求形状的反射率曲线。法布里-珀珞滤光片可以选取任何一种形式，但这里采用这样一个组合是方便的：它与已经得到的一个间隔层和两个反射膜系的组合几乎完全相同，此时滤光片的全部设计是 Ge | $LHLLHLHLHLHLLHL$ | 空气。其特性如图 2.5.9 所示。

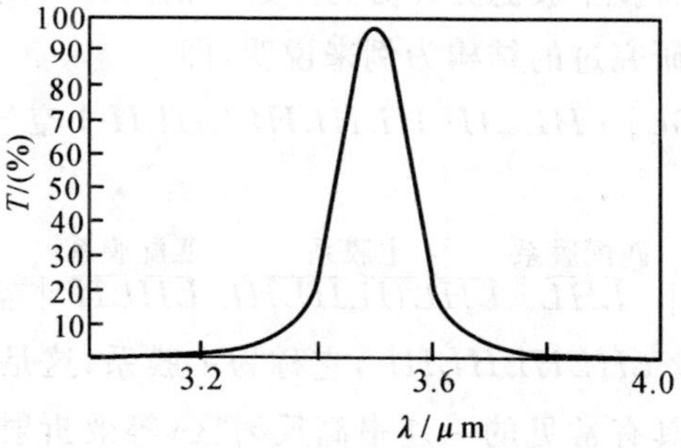

图 2.5.9　Ge | $LH2LHLHLHLH2LHL$ | A 的计算透射率

检验滤光片是否具有高透射率的另一种方法是应用半波长层实为虚设层的概念。双半波滤光片中各层膜的厚度常常是通带中心波长的 1/4 或 1/2，上述滤光片就是如此。因而以它作为说明这种方法的例子。首先应注意到，两个间隔层都是半波长层，因而除去它们不会影响中心波长的透射率。这样，在中心波长处滤光片的透射率将与下面膜系相同：

Ge | $LHHLHLHLHLHHLH$ | 空气，其中又有两对 HH 层，它们可以同样地除去。接着两对 LL 层可以依次再消去，按此方式几乎所有层都可除去，最后剩下 Ge | HL | 空气或 Ge | L | 空气。正如已经知道的，单层 $\lambda_0/4$ 硫化锌膜正是锗板很好的减反射膜，所以在通带的中心波长 λ_0 处滤光片将有高的透射率。任何形式的双半波滤光片都可以这样处理。

当然，可能的设计类型并不限于双半波滤光片，还有甚至包含更多半波层的其他类型的滤光片，例如一种称为宽带全介质干涉滤光片，其组成是在简单的全介质法布里-珀珞滤光片的两侧，同时叠加一个 $\lambda/2$ 和几个 $\lambda/4$ 层。这些额外层的作用是改变主间隔层两侧的反射膜系的特性，使通带展宽，同时使边缘变得更陡。也可以再次重复双半波滤光片中基本的法布里-珀珞单元，以便给出三半波滤光片，它有相同的带宽，但边缘更陡。通常三半波滤光片是指含有三个半波间隔层的所有形式的滤光片，甚至可以用更多的间隔层构成多半波滤光片。当包含许多半波层时，曾经用以分析滤光片的方法就变得更加麻烦，甚至校验滤光片通带透射率高低的简单方法也都失效了，其原因将在下面说明。下面介绍由泰伦(Thelen)提出的一种非常有效的设计方法。

(2) 泰伦分析法。我们至今还没有找到设计双半波和三半波滤光片带宽的任何一种很简便的方法，前面的设计方法只是保证滤光片在通带有高的折射率，以及通带具有陡峭的边缘，虽然带宽可以算出，但要得到预定的设计宽度，却必须用试行法。事实上这可以用透射率的公式计算，即

$$T = T_0 \frac{1}{1 + F\sin^2\theta}$$

但是由于反射率的相位必须计入 θ 中，因此计算可能是很困难的。在判别多半波滤光片的基本特性时，这个表示式很有用，可是对于系统设计，以等效折射率概念为基础的方法更有效。

前面已指出，任何对称膜系都可以代换成一个具有等效折射率和光学厚度的单层膜，应用这种概念发展了一种非常有效的系统的设计方法，它预示出包括带宽在内的滤光片的全部性能特征。这种方法的基础是将多半波滤光片分为一连串的对称周期，求出等效折射率便可预知周期的特性。现在就以已经研究过的结构为例来说明，即

$$\text{Ge} \mid LHLLHLHLHLHLLHLH \mid \text{空气}$$

它可以分开排成

$$\text{Ge} \mid \overbrace{LHL}^{\text{匹配膜系}}\ \overbrace{LHLHLHLHL}^{\text{主膜系}}\ \overbrace{LHLH}^{\text{匹配膜系}} \mid \text{空气}$$

决定滤光片特性的是中心段 $LHLHLHLHL$，它称为主膜系，这是一个对称的膜系，因此可以代换成一个单层膜，这个膜具有常见的一连串高反射区(等效折射率是虚数)和透射区(等效折射率是实数)。我们所关心的是后者，因为它们表示最后的滤光片的通带，然后使对称的主膜系同基片以及周围空汽相匹配。为此在它每一边加上匹配层，这就是滤光片中剩下的那些膜层的作用。完全匹配的条件很容易确定，因为这些匹配层的光学厚度都是 $\lambda_0/4$。

这种设计方法的一个最有用的特点是滤光片的中心段可以重复许多次，使通带的边缘更加陡峭，并且改进了截止度而又不会明显地影响带宽。

为了推算基本段的带宽公式，应用折射率高低交替的 $\lambda_0/4$ 膜系的特征矩阵乘积的近似公

式。这个公式仅仅适用于偏离 λ_0 不太远的波长，在 λ_0 附近，特征矩阵可以变为

$$\begin{bmatrix} \frac{1}{2}\sin2\delta & i/n \\ in & \frac{1}{2}\sin2\delta \end{bmatrix}$$

其中，δ 为膜层的位相厚度。

利用此近似式，折射率为 n_1 的 x 层膜和与之交替的折射率为 n_2 的 $(x-1)$ 层膜（n_1 是最外层的折射率）的特征矩阵为

$$\begin{bmatrix} \frac{1}{2}\sin2\delta\left[\left(\frac{n_1}{n_2}\right)^{(x-1)}+\left(\frac{n_1}{n_2}\right)^{(x-2)}+\cdots+\left(\frac{n_1}{n_2}\right)^{1-x}\right] & i/\left[\left(\frac{n_1}{n_2}\right)^{x}n_2\right] \\ \left(i\frac{n_1}{n_2}\right)^{x}n_2 & \frac{1}{2}\sin2\delta\left[\left(\frac{n_1}{n_2}\right)^{(x-1)}+\left(\frac{n_1}{n_2}\right)^{(x-2)}+\cdots+\left(\frac{n_1}{n_2}\right)^{(1-x)}\right] \end{bmatrix} \tag{2.5.16}$$

现在要从这个表示式解析地导出滤光片的半宽度是困难的，因此不去推导半宽度，而是选取某些波长以确定通带的边界。对于这些波长，$\frac{1}{2}|M_{11}+M_{12}|=1$，因 $M_{11}=M_{22}$，故 $|M_{11}|=1$。这些点离开半峰值透射率的波长位置不会太远，特别是当通带边缘很陡的时候更是如此。边缘所限定的带宽，虽然不一定正好就是通带半宽度，但可与之相比拟。

现在将这个条件用于式(2.5.16)，便给出下式：

$$|M_{11}|=\frac{1}{2}\sin2\delta\left[\left(\frac{n_1}{n_2}\right)^{(x-1)}+\left(\frac{n_1}{n_2}\right)^{(x-2)}+\cdots+\left(\frac{n_1}{n_2}\right)^{(1-x)}\right]=1 \tag{2.5.17}$$

如果 $n_1>n_2$，那么这个方程可以换成下式：

$$\left|\frac{1}{2}\sin2\delta\left(\frac{n_1}{n_2}\right)^{(x-1)}\left[1+\left(\frac{n_1}{n_2}\right)^{-1}+\left(\frac{n_1}{n_2}\right)^{-2}+\cdots+\left(\frac{n_1}{n_2}\right)^{(2-2x)}\right]\right|=1 \tag{2.5.18}$$

方括号中的项类似于级数

$$\frac{1}{1-\left(\frac{n_1}{n_2}\right)^{-1}}=1+\left(\frac{n_1}{n_2}\right)^{-1}+\left(\frac{n_1}{n_2}\right)^{-2}+\cdots$$

只不过它们截止于 $\left(\frac{n_1}{n_2}\right)^{(2-2x)}$ 项，而不是具有无限多项。如果 $\left(\frac{n_1}{n_2}\right)^{(2-2x)}$ 足够小，那么可以用 $1/\left[1-\left(\frac{n_1}{n_2}\right)^{-1}\right]$ 代替方括号中的项，而不致有大的误差。于是式(2.5.18)成为

$$\left|\frac{1}{2}\sin2\delta\left(\frac{n_1}{n_2}\right)^{(1-x)}/\left[1-\left(\frac{n_1}{n_2}\right)^{-1}\right]\right|=1$$

即

$$|\sin2\delta|=\frac{2\left(\frac{n_1}{n_2}-1\right)}{\left(\frac{n_1}{n_2}\right)^{x}}$$

因为

$$\delta=\delta_0+\Delta\delta,\quad \delta_0=\pi/2$$

$$\sin2\delta=\sin(2\delta_0+2\Delta\delta)=-\sin(2\Delta\delta)$$

所以
$$2\Delta\delta = \arcsin\left[\frac{2\left(\frac{n_1}{n_2}-1\right)}{\left(\frac{n_1}{n_2}\right)^x}\right] \tag{2.5.19}$$

又因为
$$|\Delta\delta| = \left(\frac{\partial\delta}{\partial\lambda}\right)_0 \Delta\lambda = \frac{\delta_0}{\lambda_0}\Delta\lambda = \frac{\pi/2}{\lambda_0}\Delta\lambda$$

因而 $\Delta\lambda/\lambda_0 = \frac{2}{\pi}|\Delta\delta|$，代入式(2.5.19)得带宽公式为

$$\frac{2\Delta\lambda}{\lambda_0} = \frac{2}{\pi}\arcsin\left[\frac{2\left(\frac{n_1}{n_2}-1\right)}{\left(\frac{n_1}{n_2}\right)^x}\right] \tag{2.5.20}$$

对于 $n_1 < n_2$ 的情况，同样地可得到表达式

$$\frac{2\Delta\lambda}{\lambda_0} = \frac{2}{\pi}\arcsin\left[\frac{2\left(\frac{n_1}{n_2}-1\right)}{\left(\frac{n_2}{n_1}\right)^x}\right] \tag{2.5.21}$$

这些表达式给出了滤光片的带宽，但是为了要完成设计，还需要知道基本周期的等效折射率，以便使它同基片以及入射介质相匹配。从式(2.5.16)可知，等效折射率为

$$E = +\sqrt{\frac{M_{21}}{M_{12}}} = \left(\frac{n_1}{n_2}\right)^x n_2 \tag{2.5.22}$$

最好是在基本周期(主膜系)上叠加多个 $\lambda_0/4$ 层，作为匹配层或称为匹配膜系。将折射率为 n 的 $\lambda_0/4$ 膜叠加到等效折射率为 E 的膜系上面，则对于波长 λ_0 膜系的折射率变为 n^2E。于是对于有 j 层折射率为 n_1 的膜和 $(j-1)$ 层折射率为 n_2 的膜(与主膜系相邻的第一层膜折射率为 n_1)的匹配膜系，它和主膜系组合的有效折射率为

$$\frac{n_1^{2j}}{n_2^{2(j-1)}}\left(\frac{n_2}{n_1}\right)^x \frac{1}{n_2} \tag{2.5.23}$$

而对于有 j 层 n_1 膜和 j 层 n_2 膜(与主膜系相邻的第一层膜折射率也为 n_1)的匹配膜系，它和主要膜系组合的有效折射率为

$$\left(\frac{n_2}{n_1}\right)^{2j} n_2 \left(\frac{n_1}{n_2}\right)^x \tag{2.5.24}$$

在靠基片的一侧，应使有效折射率等于基片的折射率，而在另一侧，应使之等于入射介质的折射率。

当我们试图用这个公式来设计多半波滤光片的时候，意外地发现以前考察过的似乎是令人满意的许多设计，现在都不满足匹配条件，例如上面分析过的设计为

Ge | *LHLLHLHLHLHLLHLH* | 空气

其中，L 表示折射率为 2.35 的硫化锌膜，H 表示折射率为 4.0 的锗膜，主膜系是 *LHLHLHLHL*，其等效折射率为 n_L^5/n_H^4，匹配膜系使等效折射率改变为 $\frac{n_L^4}{n_H^2}\frac{n_H^4}{n_L^5} = \frac{n_H^2}{n_L}$，这同锗基片明显不相匹配。在另一侧，匹配膜系 *LHLH* 使折射率改变为 $\frac{n_H^4}{n_L^4}\frac{n_L^5}{n_H^4} = n_L$，这同空气也不是

好的匹配。

对于这个明显的矛盾解释如下：在这种特殊情况下，当计入中心对称周期的相位厚度时，整个滤光片的透射率是1，因为它满足前一节给出的史密斯条件，但是在一个宽的波长区域，如果滤光片的带宽并不比单个条纹窄得多，那么将会看到明显的透射条纹。加于中心对称周期上的额外周期，其作用是减小条纹宽度，使它们靠得更紧。只要给出足够多的对称周期，条纹宽度变得小于滤光片带宽，因而它们表现为叠加于通带之上的明显的波纹。图2.5.10和图2.5.11清楚地说明了这种情况。当外加一个L层时，三半波结构仍然是可采取的，而五半波结构就完全无用，至于有无最外层L，并不影响膜系特性，只不过调换了条纹的位置。因此消去半波长层以预计通带透射率的简单方法就失效了，因为它仅仅能保证波长λ_0与条纹峰值相重合。

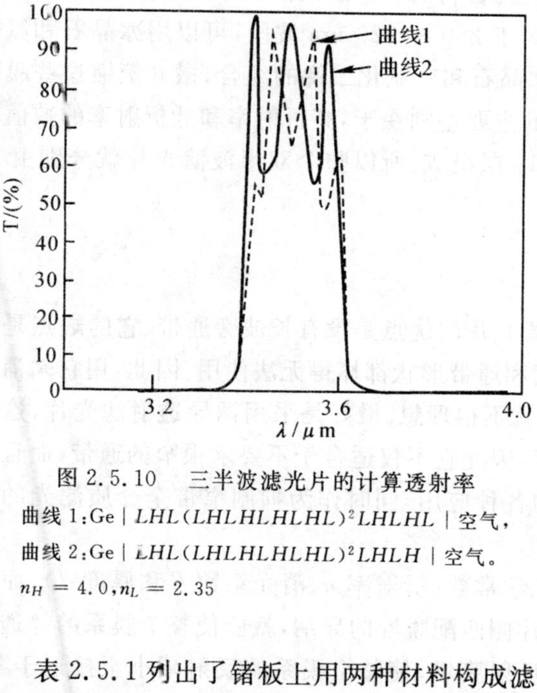

图2.5.10　三半波滤光片的计算透射率

曲线1：Ge｜$LHL(LHLHLHLHL)^2LHLHL$｜空气，

曲线2：Ge｜$LHL(LHLHLHLHL)^2LHLH$｜空气。

$n_H = 4.0, n_L = 2.35$

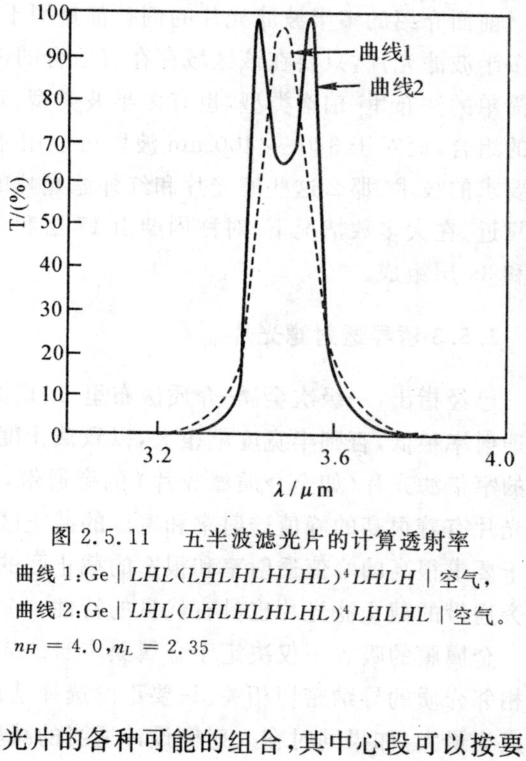

图2.5.11　五半波滤光片的计算透射率

曲线1：Ge｜$LHL(LHLHLHLHL)^4LHLH$｜空气，

曲线2：Ge｜$LHL(LHLHLHLHL)^4LHLHL$｜空气。

$n_H = 4.0, n_L = 2.35$

表2.5.1列出了锗板上用两种材料构成滤光片的各种可能的组合，其中心段可以按要求重复许多次。

表2.5.1　锗板上的带通滤光片的可能结构

匹配锗板的组合	对称周期	匹配空气的组合
Ge｜L	LHL	｜空气
Ge｜LH	$HLHLH$	H｜空气
Ge｜LHL	$LHLHLHL$	LH｜空气
Ge｜$LHLH$	$HLHLHLHLH$	HLH｜空气
Ge｜$LHLHL$	$LHLHLHLHLHL$	$LHLH$｜空气

这些组合中的任何一个,其有效性很容易检验。以中心周期为 9 层的第四种组合为例,这里对称周期的等效折射率 $E = n_H^5/n_L^4$,在锗板和中心段之间的 $LHLH$ 膜系将折射率变为

$$n_H = \frac{n_L^4}{n_H^4}\frac{n_H^5}{n_L^4}$$

这同锗是完全匹配的。在另一端的匹配膜系是 HLH,它将折射率变为$\frac{n_H^4}{n_L^2}\frac{n_H^4}{n_H^5} = \frac{n_L^2}{n_H}$,这是对空气也是良好的匹配。

因此,这种方法提供了设计多半波滤光片所必需的全部知识。在每种特定的情形下,通带边缘的陡度和截止带的截止度将决定基本的对称周期的数目。通常,因为在建立各个公式时作了近似处理,同时因为用做带宽的定义不一定就是半宽度(虽然两者相差不会太远),所以在实际镀制滤光片之前,应当用电子计算机作准确的计算来校验设计。

前面介绍的多半波滤光片的例题都是用于红外区的,无疑,也可以设计用于任何光谱区域的多半波滤光片,只要在该区域存在着适合的镀膜材料。例如用于紫外区的全介质滤光片,既有简单的法布里-珀珞类型,也有多半波类型,对于 250 ~ 320 nm 波段,可以用冰晶石和氟化铅的组合,而对于 320 ~ 400 nm 波段可以用冰晶石和三氧化二锑的组合,撇开蒸镀这些膜料所要求的技术,那么这些滤光片和红外滤光片的主要差别在于,高折射率和低折射率的数值更加靠近。在大多数情况下,对称周期由 17 层和 19 层组成。所以整个双半波滤光片就分别由 37 层和 39 层组成。

2.5.3 诱导透射滤光片

已经指出,一级次金属-介质法布里-珀珞滤光片的优点是没有长波旁通带。它的缺点是峰值透射率很低,否则半宽度就很大,以致截止度和通带形状都坏得无法使用。因此,用它来消除别的窄带滤光片(如全介质滤光片)的旁通带,就不很理想。最好是采用诱导透射滤光片,这种滤光片有着很高的峰值透射率和宽广的截止区,因此它不仅适合于不要求很窄的通带,而且适合于要求很高的峰值透射率和很宽的截止区的各种应用,同时作为抑制窄带全介质滤光的长波旁通带的截止滤光片也具有优良的特性。

金属膜的吸收不仅决定于金属膜本身的光学常数(折射率 n、消光系数 k 和厚度 d),而且和相邻介质的导纳密切相关。只要正确选择基片侧匹配膜堆的导纳,就能使整个膜系的势透射率成为最大。如果同时在入射侧设计适当的减反射膜堆,使整个膜系的反射减小至接近于零。此时就能开发金属膜最大可能的透射率,这就是所谓诱导透射的概念。可以看到,金属膜两侧的介质膜系不仅增进了中心波长的透射率,而且由于每个膜系包含了相当多的层数,所以对一个有限的波段也增进了透射率。但在这个窄带以外便由增加透射率(或诱导透射)迅速过渡为增加反射率。换句话说,产生了一个带通滤光片。如果用做诱导透射的膜系是一级干涉的,那么在比透射率峰值波长更长的区域里滤光片的特性接近于它自身的金属膜,所以只要金属膜足够厚,那就没有长波旁通带。下面首先介绍一种简单、直观的近似处理方法,然后讨论基于势透射率概念设计诱导透射滤光片的步骤。

在双半波滤光片一节中可以看到,滤光片的结构为"介质反射膜 / 间隔层 / 介质反射膜 / 间隔层介质反射膜"。但是滤光片也可以是混合结构,例如用一层金属膜如银膜代替两间隔层之间的反射膜,则组成了介质反射膜 / 间隔层 / 金属膜 / 间隔层 / 介质反射膜这种组合滤光

片，它和上述全介质双半波滤光片一样易于制造。只要设计正确，这种滤光片正是诱导透射滤光片的一种基本形式。

介质反射膜和间隔层可以看做是金属膜的减反射膜，使金属膜对中心波长 λ_0 的反射减至接近于零，因此滤光片在该波长处显示出极高的透射率，而且由于这种减反射膜系包含有较多的膜层，它对波长的变化很敏感，稍一偏离中心波长，其减反射特性就衰退，从而使透射率迅速下降，形成一个通带轮廓。在通带两侧减反射膜系增进了金属膜的反射率，所以具有宽广的截止区（在短波区会出现高级次透射带，而在长波区没有任何透射带）。

金属的折射率为复折射率 $n-ik$，所以金属膜的减反射膜系的设计方法和介质的减反射膜设计方法不同。首先在金属表面迭加一层折射率为 n_F 的膜层，它的作用是使金属膜与它组合后的等效导纳 Y 为实数，然后迭加一组高低折射率交替的 $\lambda/4$ 膜，以消除这个实数等效导纳的反射。

利用特征矩阵法可以方便地得到金属表面迭加第一层膜（其折射率为 n_F，相位厚度为 δ）后的组合导纳 Y

$$\begin{bmatrix} B \\ C \end{bmatrix} = \begin{bmatrix} \cos\delta & \dfrac{\mathrm{i}}{n_F}\sin\delta \\ \mathrm{i}n_F\sin\delta & \cos\delta \end{bmatrix} \begin{bmatrix} 1 \\ n-\mathrm{i}k \end{bmatrix}$$

$$Y = \frac{C}{B} = \frac{n\cos\delta + \mathrm{i}(n_F\sin\delta - k\cos\delta)}{\cos\delta + (k/n_F)\sin\delta + \mathrm{i}(n/n_F)\sin\delta} \tag{2.5.25}$$

假定 Y 是实数 μ，则

$$n\cos\delta + \mathrm{i}(n_F\sin\delta - k\cos\delta) = \mu\left[\cos\delta + \left(\frac{k}{n_F}\right)\right]\sin\delta + \mathrm{i}\left(\frac{n}{n_F}\right)\sin\delta$$

实部和虚部分别相等，得

$$n\cos\delta = \mu\left[\cos\delta + \left(\frac{k}{n_F}\right)\sin\delta\right] \tag{2.5.26}$$

$$n_F\sin\delta - k\cos\delta = \mu\left(\frac{n}{n_F}\sin\delta\right) \tag{2.5.27}$$

消去 δ 得

$$n\mu^2 - \mu(n_F^2 + n^2 + k^2) + n_F^2 = 0$$

对于 $n \ll k$ 的金属

$$4n^2 n_F^2 \ll (n_F^2 + n^2 + k^2)^2$$

所以 μ 的两个解成为

$$\mu_1 = \frac{(n_F^2 + n^2 + k^2)}{n} \tag{2.5.28}$$

和

$$\mu_2 = \frac{n n_F^2}{(n_F^2 + n^2 + k^2)} \tag{2.5.29}$$

现在，如果在具有第一个解 μ_1 的膜系上面，加镀一层折射率为 n_F 的 $\lambda/4$ 膜，那么就刚好得到 μ 的第二个解 μ_2。因此两个解实质上是相同的，下面略去第二个解 μ_2 而只考虑第一个解 μ_1，并不失去任何普遍性。由式(2.5.26) 得

$$\tan\delta\ \frac{(n-\mu_1)n_F}{k\mu_1} \approx -\frac{n_F}{k}\text{（其同样的近似）} \tag{2.5.30}$$

在第二象限取 δ，则这个解相应于可能的最薄膜，即一级次，其光学厚度在 $\lambda/4$ 和 $\lambda/2$ 之间。

下一步是设计一个 $\lambda/4$ 多层膜，使之与上面的膜系叠加起来组成金属层的减反射膜系。假定邻接入射介质的膜层的折射率是 n_H，与之交替的膜层是 n_L，又如果多层膜有奇数 $2P+1$

层，那么金属膜加整个介质膜系的组合导纳是$\left(\dfrac{n_H}{n_L}\right)^{2P}\dfrac{n_H^2}{\mu}$，欲使反射率为零，它必须得与入射介质的折射率$n_0$，即$\left(\dfrac{n_H}{n_L}\right)^{2P}\dfrac{n_H^2}{\mu}=n_0$，则$P$值为

$$2P=\frac{\lg\left(\dfrac{n_0\mu_1}{n_H^2}\right)}{\lg\left(\dfrac{n_H}{n_L}\right)} \tag{2.5.31}$$

对于多层膜有偶数层$2P$的情况，相应的表达式为

$$2P=\frac{\lg\left(\dfrac{n_0}{\mu}\right)}{\lg\left(\dfrac{n_H}{n_L}\right)} \tag{2.5.32}$$

同样，在金属膜背面也需迭加和上文提到的一样的膜系。如果基片与入射介质的折射率不同，则需稍加修正。

例 2.6 由银层和硫化锌、冰晶石膜系组成的滤光片，在波长 550 nm，银的光学常数取$n=0.075, k=3.41$，硫化锌的折射率取为 2.30，冰晶石膜取为 1.35。

确定间隔层为冰晶石膜，$n_F=1.35$，则

$$\mu_1=\frac{n_F^2+n^2+k^2}{n}=179$$

间隔层厚度为

$$\delta=\tan^{-1}(1n_F/k)=160^\circ$$

如以$\lambda/4$厚度为单位，则表示成 1.75 L。

多层膜有奇数层，且$N_0=1.52$，则P的值为

$$2P=\frac{\lg(n_0\mu_1/n_H^2)}{\lg(n_H/n_L)}=2\times3.5$$

如果取$P=3$，那么整个膜系可以写为

$$G\mid HLHLHLH1.75LAg1.75LHLHLHLH\mid G$$

由于在设计减反射膜系时，采纳了实际为无限厚的银膜的反射率值，当银层镀得较薄时，反射率略微下降，于是减反射膜可以有较少的层数，实际采用的为

$$G\mid HLHLH1.75LAg1.75LHLHLH\mid G$$

这样的滤光片的理论计算曲线表示在图 2.5.12 上。中心波长的计算反射率值为 0.1%，可见减反射膜对于中心波长的消反射效果是相当理想的。通带两侧的反射率为 98% ～ 99% 左右，在长波区始终没有旁通带。数值计算证实了这种滤光片具有很高的峰值透射率和很宽的截止区。

理论计算还表明，中心波长的位置主要决定于两间隔层的厚度。两间隔层一致地偏厚或偏薄，使中心波长长移或短移。实际上两间隔层是不可能完全一致的，这种不一致的偏差（见图 2.5.13）不仅影响中心波长的位置，更主要地使峰值透射率下降，半宽增加和通带形状变坏。若不一致偏差为 3% 左右（如1.70L 和 1.75L 或 1.80L 和 1.75L），则使峰值透射率由 80% 降至 60% 左右，半宽由 20 nm 增加至 25 nm，通带形状开始变形。若不一致偏差为 5%（如 1.75L 和 1.64L），则峰值透射率剧烈下将，并出现分裂的双峰。因此两间隔层不一致偏差必须小于 3%。

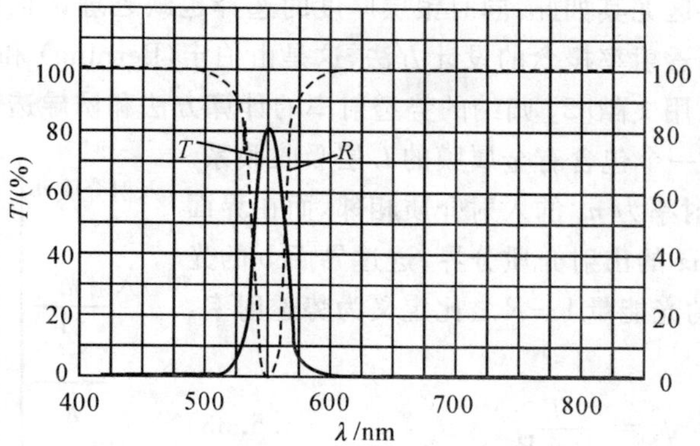

图 2.5.12　诱导透射滤光片 $G\mid HLHLH1.75LAg1.75LHLHLH\mid G$ 的计算透射率曲线

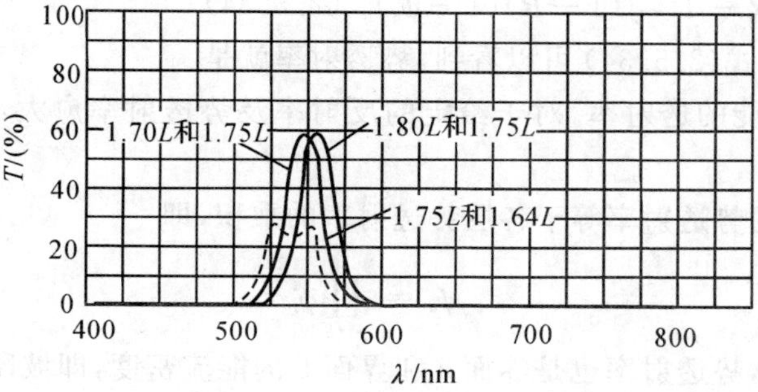

图 2.5.13　两间隔层不一致对滤光片特性的影响

银层厚度的变化对中心波长位置的影响甚小，主要影响峰值透射率、半宽度和背景透射。如图 2.5.14 所示，银层厚度由 60 nm 增加至 70 nm，峰值透射率由 80% 降至 60% 左右，半宽由 20 nm 压缩至 15 nm，银层厚度由 60 nm 减少至 50 nm，峰值透射率变化不大，但半宽增至 29 nm，通带形状开始变形，若厚度增至 40 nm，则透射率曲线发生显著的变化，出现分裂的双峰。看来银层厚度的偏差小于 10% 左右是允许的。

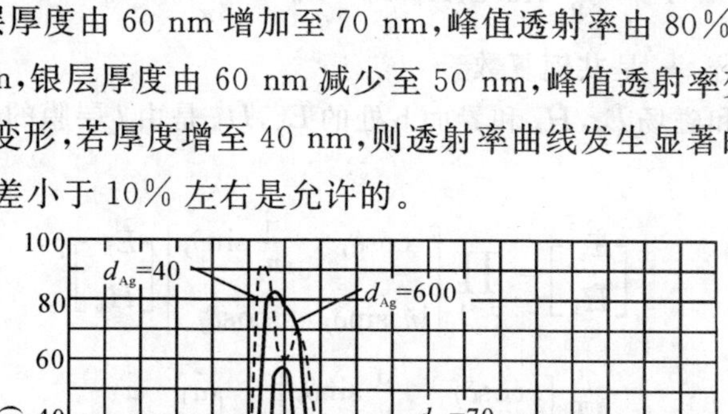

图 2.5.14　银层厚度对滤光片特性的影响

上面介绍的是一种近似的处理方法，由式(2.5.31) 或式(2.5.32) 确定的 $\lambda/4$ 膜堆的层数往往是偏大的，在紫外区尤其如此。同时银层厚度的选择也缺乏理论根据。下面介绍一种严格的设计方法，即基于势透射率概念的设计方法，这是由伯宁(Berning)和特纳(Turner)在1957年首先提出的。这里采用文献[2]归纳的势透射率的计算方法和诱导透射滤光片的设计步骤。

图2.5.15所示是一个包含有金属膜的L层吸收膜系。在界面a的左边与折射率为n_0的入射介质相邻，而在界面b，与导纳为$Y = x + iz$的出射介质分界。透过界面b的光能量T与透过界面a的光能量$1-R$之比定义为势透射率，即

$$\psi_a = \frac{T}{1-R} \tag{2.5.33}$$

式中，T和R也是整个膜系的透射率和反射率。因此有

$$R + A + T = 1$$

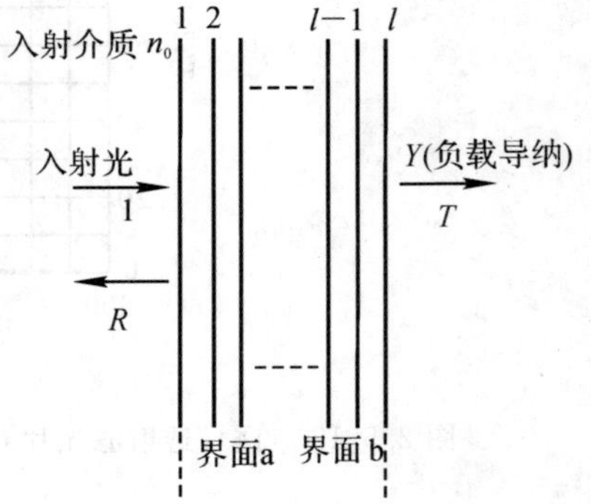

图2.5.15 含有金属膜的膜堆

这里A是吸收率，且

$$A = 1 - R - T = (1-R)(1-\psi_a) \tag{2.5.34}$$

由式(2.5.33)和式(2.5.34)可以看到，势透射率就是膜系潜在的或者说可能的透射率。对于给定的反射率及势透射率愈大，则膜系实际透射率愈高，吸收率愈小。

显然，吸收膜系的势透射率等于各层势透射率的乘积，即

$$\psi_a = \prod_{j=1}^{i} \psi_j \tag{2.5.35}$$

根据上面的定义，势透射率也是界面a和界面b的能流密度，即坡印廷(Poynting)矢量模之比。

$$\psi_a = P_b / P_a$$

$$P_a = \frac{c}{8\pi}\mathrm{Re}(\hat{E}_a \hat{H}_a^*),\quad P_b = \frac{c}{8\pi}\mathrm{Re}(\hat{E}_b \hat{H}_b^*)$$

式中，Re表示实数部分，$*$是共轭复数。

界面a处的电场和磁场$\hat{E}_a$，$\hat{H}_a$和界面b处的$\hat{E}_b$，$\hat{H}_b$是由l层膜的特征矩阵的连乘积相联系的。

$$\begin{bmatrix}\hat{E}_a \\ \hat{H}_a\end{bmatrix} = \prod_{j=1}^{l}\begin{bmatrix}\cos\delta_j & \frac{i}{n_j}\sin\delta_j \\ in_j\sin\delta_j & \cos\delta_j\end{bmatrix}\begin{bmatrix}\hat{E}_b \\ \hat{H}_b\end{bmatrix}$$

令

$$\prod_{j=1}^{l}\begin{bmatrix}\cos\delta_j & \frac{i}{n_j}\sin\delta_j \\ in_j\sin\delta_j & \cos\delta_j\end{bmatrix} = \begin{bmatrix}\hat{a}_1 & \hat{a}_3 \\ \hat{a}_2 & \hat{a}_4\end{bmatrix}$$

则

$$\begin{bmatrix}\hat{E}_a \\ \hat{H}_a\end{bmatrix} = \begin{bmatrix}\hat{a}_1 & \hat{a}_3 \\ \hat{a}_2 & \hat{a}_4\end{bmatrix}\begin{bmatrix}\hat{E}_b \\ \hat{H}_b\end{bmatrix} \tag{2.5.36}$$

根据导纳$\hat{Y}$的定义，有$\hat{H}_b = \hat{Y}\hat{E}_b$，所以

$$\hat{E}_a(\hat{a}_1 + \hat{a}_3\hat{Y})\hat{E}_b,\quad \hat{H}_a = (\hat{a}_2 + \hat{a}_4\hat{Y})\hat{E}_b$$

$$\hat{H}_a = (\hat{a}_2 + \hat{a}_4\hat{Y})^*\hat{E}_b^*$$

$$\mathrm{Re}(\hat{E}_a\hat{H}_a^*) = \mathrm{Re}[(\hat{a}_1 + \hat{a}_3\hat{Y})(\hat{a}_2 + \hat{a}_4\hat{Y})^*]\,|\,\hat{E}_b\,|^2$$

$$\mathrm{Re}(\hat{E}_b\hat{E}_b^*) = \mathrm{Re}[\hat{E}_b\hat{Y}^*\hat{E}_b^*]$$

又
$$\hat{Y} = x + \mathrm{i}z$$

所以
$$\mathrm{Re}(E_b H_b^*) = x\,|\,\hat{E}_b\,|^2$$

则
$$\psi_a = \frac{x}{\mathrm{Re}[(\hat{a}_1 + \hat{a}_3\hat{Y})(\hat{a}_2 + \hat{a}_4\hat{Y})^*]} \tag{2.5.37}$$

设 $\hat{a}_1 \equiv a_1 + \mathrm{i}b_1$，$\hat{a}_2 \equiv a_2 + \mathrm{i}b_2$，$\hat{a}_3 \equiv a_3 + \mathrm{i}b_3$，$\hat{a}_4 \equiv a_4 + \mathrm{i}b_4$

其中 $a_1, b_1, a_2, b_2, \cdots$ 均为实数。

$$\mathrm{Re}[(\hat{a}_1 + \hat{a}_3\hat{Y})(\hat{a}_2 + \hat{a}_4\hat{Y})^*] = \mathrm{Re}\{[(a_1 + a_3x - b_3z) + \mathrm{i}(b_1 + b_3x + a_3z)]\times [(a_2 + a_4x - b_4z) - \mathrm{i}(b_2 + b_4x + a_4z)]\} \tag{2.5.38}$$

令
$$A_1 \equiv a_1 + a_3x - b_3z,\quad A_2 \equiv b_1 + b_3x + a_3z$$
$$B_1 \equiv a_2 + a_4x - b_4z,\quad B_2 \equiv b_2 + b_4x + a_4z$$

则式(2.5.35)成为

$$\psi_a = \frac{x}{A_1B_1 + A_2B_2} \tag{2.5.39}$$

$$A_1B_1 + A_2B_2 = (a_1a_2 + b_1b_2) + (a_2a_3 + a_1a_4 + b_2b_3 + b_1b_4)x + (b_1a_4 + a_3b_2 - a_1b_4 - a_2b_3)z + (a_3a_4 + b_3b_4)(x^2 + z^2)$$

又令

$$c_0 \equiv a_1a_2 + b_1b_2,\quad c_1 \equiv a_2a_3 + a_1a_4 + b_2b_3 + b_1b_4$$
$$c_2 \equiv b_1a_4 + a_3b_2 - a_1b_4 - b_3a_2,\quad c_3 \equiv a_3a_4 + b_3b_4$$

式中，$c_0.\ c_1, c_2, c_3$ 是膜系光学常数的函数，最终势透射率的表达式简化为

$$\psi_a = \frac{x}{c_0 + c_1x + c_2z + c_3(x^2 + z^2)} \tag{2.5.40}$$

对于介质薄膜，消光系数 $k=0$，$\hat{a}_1\hat{a}_4$ 是实数，$b_1 = b_4 = 0$，而 $\hat{a}_2, \hat{a}_3$ 是纯虚数，$a_2 = a_3 = 0$。所以 $c_0 = c_2 = c_3 = 0$，$c_1 = a_1a_4 + b_2b_3 = 1$，则势透射率始终为1。因此，吸收膜系的势透射率即为各层金属膜势透射率之乘积。如果仅有一层金属膜，则整个膜系的势透射率就是该金属膜的势透射率。在这种情况下，可以仅由金属膜的光学常数确定 $\hat{a}_1, \hat{a}_2, \hat{a}_3, \hat{a}_4$，而把两侧的介质层分别划入入射介质和出射介质的组合。

由式(2.5.40)还可发现金属膜的势透射率不仅取决于其本身的光学常数，也即 c_0, c_1, c_2, c_3，还依赖于出射介质的导纳(或称负载导纳)Y。对于确定的波长，ψ_a 在 Y 复平面上的等值线集是一系列圆。方程(2.5.40)可方便地改写成

$$(x - x_0)^2 + (z - z_0)^2 = r^2$$

式中
$$\left.\begin{aligned} x_0 &= (1 - \psi_a c_1)/2c_3\psi_a \\ z_0 &= -c_2/2c_3 \\ r^2 &= \left(\frac{1 - \psi_a c_1}{2c_3\psi_a}\right)^2 + \frac{c_2^2}{4c_3^2} - \frac{c_0}{c_3} \end{aligned}\right\} \tag{2.5.41}$$

ψ_a 值愈大，等值线的圆周愈小。当 ψ_a 达最大值时，圆收缩成一点，即

$$\left(\frac{1 - \psi_a c_1}{2c_3\psi_a}\right)^2 + \frac{c_2^3}{4c_3^2} - \frac{c_0}{c_3} = 0$$

$$\psi_{\max} = \frac{1}{c_1 + 2\sqrt{c_0c_3 - 0.25c_2^2}} \tag{2.5.42}$$

可见，势透射率的极大值 φ_{max} 仅取决于金属膜的光学常数。将式(2.5.42)代入方程(2.5.41)，得到出射介质的等效匹配导纳

$$\hat{Y}_{max} = x_{max} + \mathrm{i}z_{mzx}$$

$$\left.\begin{aligned} x_{max} &= \sqrt{c_0c_3 - 0.25c_2^2/c_3} \\ z_{max} &= -c_2/2c_3 \end{aligned}\right\} \quad (2.5.43)$$

也可对式(2.5.40)直接求导

$$\frac{\partial\psi_a}{\partial} = \frac{c_0 + c_1x + c_2z + c_3(x^2+z^2) - x(c_1 + 2c_3x)}{[c_0 + c_1x + c_2z + c_3(x^2+z^2)]^2} = 0$$

$$c_0 + c_2z + c_3(x^2 - z^2) = 0$$

$$\frac{\partial\psi_a}{\partial z} = \frac{-x(c_2 + 2c_3z)}{[c_0 + c_1x + c_2z + c_3(x^2+z^2)]^2} = 0$$

同样得到解(2.5.43)。

当然，也可将导纳复平面转换成振幅反射系数复平面来讨论势透射率。令振幅反射系数为 $\hat{r} = u + \mathrm{i}\omega = \rho\mathrm{esp}(\mathrm{i}\alpha)p\cdot\exp(\mathrm{i}x)$，其中，$\rho$ 为振幅反射系数的模，α 为其幅角或称反射相移。由于 $\hat{r} = (1-\hat{Y})/(1+\hat{Y})$，所以 $\hat{Y} = (1-\hat{r})(1+\hat{r})$，即 $x + \mathrm{i}z = (1-\rho\mathrm{e}^{\mathrm{i}\alpha})/(1+\rho\mathrm{e}^{\mathrm{i}\alpha})$

$$\psi_a = (1-\rho^2)/(e_0 + e_1\rho^2 + e_2\rho\cos\alpha + e_3\rho\sin\alpha) \quad (2.5.44)$$

由上面的讨论可以得到：

(1) 势透射率(或者膜系的可能透射率)取决于金属膜的光学常数和出射介质的导纳，而与入射介质无关。

(2) 最大势透射率仅取决于金属膜的光学常数。一旦金属膜的光学常数确定以后，则膜系最大势透射率也就确定了。实现最大势透射率的出射介质导纳，就是这种情况下的最佳匹配导纳，或称最佳负载导纳。

(3) 膜系的实际透射率不仅与势透射率有关，还和入射介质有关，也即和整个膜系的反射率相关，其值为 $(1-R)\psi_a$。当 $\psi_a = \psi_{max}$，$R = 0$ 时，实际透射率达到最大势透射率，$T = \psi_{max}$。这时就说把吸收膜系潜在的最大透射率诱导出来了。

上面讨论的优化一个任意的吸收膜堆在一特定波长处的透射率的方法，可以毫不困难地应用于通带滤光片的设计。设计步骤可归纳如下：

(1) 根据对波长 λ_0 处峰值透射率的特定要求，选择在 λ_0 处具有尽可能大的 k/n 值的金属膜材料，并确定其厚度，使吸收膜堆(也可仅由单层金属膜构成)的最大势透射率接近或大于要求的峰值透射率。

(2) 计算吸收膜堆的矩阵元素，由式(2.5.43)得到匹配导纳 Y_{max}。

(3) 设计一个介质匹配膜堆，使在 λ_0 处有导纳 Y_{max}。这个膜堆的设计决不是惟一的，还必须考虑到结构简单，工艺上易于实现等因素。因而使介质膜系的所有层，除了和吸收层相邻者外，光学厚度应等于设计波长的 $\frac{1}{4}$ 的整数倍，以满足简单、易于实现的要求。

(4) 在入射侧设计一个减反射膜堆，使整个膜系在 λ_0 处的反射减至接近于零。同样，这个减反射膜堆的设计也不是惟一的，必须以附加的要求约束之。

这种诱导出吸收膜系最大势透射率的带通滤光片称做诱导透射滤光片。其吸收膜堆可以仅仅是单层金属膜，也可以包含二层甚至更多层吸收膜(简称介质层)，称为二重或多重滤光

片。滤光片的背景抑制取决于吸收膜厚度的总和，而不论它细分成多少分层。势透射率是各层吸收膜势透射率的乘积。因此，对于一给定厚度的金属膜，当金属层细分成较小厚度的膜层时，最大势透射率随之增加。例如，在 $\lambda_0 = 253.6$ nm，当一单层银膜厚80 nm，用在一重滤光片中，它的极大透射率是 0.003，如这层金属对分成 40 nm 厚度的二重形式，T_{max} 将是 0.13，当这 80 nm 总厚度的银膜分成 15 nm－25 nm－25 nm－15 nm 形式的四重滤光片，极大透射率达到 0.45。因此如果要求设计一具有适度峰值透射率和很深的背景抑制的滤光片，则应选择二重甚至更多重的滤光片。

设计诱导透射滤光片的简捷、易行的程序是先用前面的近似方法进行初始设计，然后用势透射率概念进行修正和校验。图 2.5.16 表示诱导透射滤光片的一些计算和测量特性。

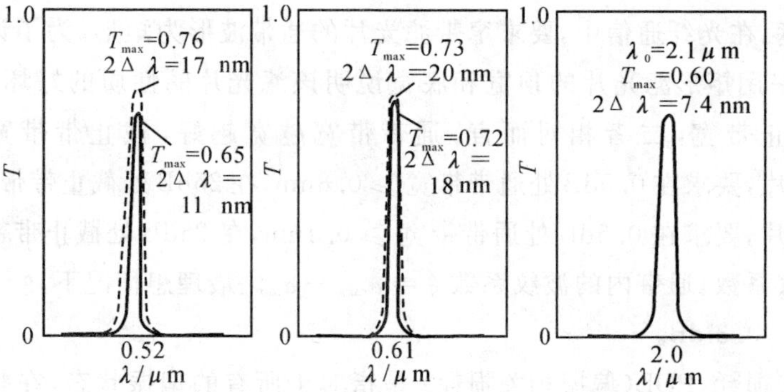

图 2.5.16　诱导透射滤光片的透射率曲线（虚线为计算值，实线为测量值）

2.5.4　法布里-珀珞滤光片的最新应用

长期以来，法布里-珀珞干涉型膜系作为获得窄带通滤光片的惟一途径，在光学波段得到了广泛的应用。特别是近几年光纤通信DWDM技术中，采用法布里-珀珞干涉型光学超窄带滤光片扩展单根光纤的信道容量，使光学超窄带滤光片的应用和制造技术水平上升到一个绝无仅有的颠峰状态。

1. 应用于光纤通信 DWDM 系统的超窄带滤光片

应用于光纤通信 DWDM 系统的超窄带滤光片，除了必须具备热稳定性好、插入损耗小、偏振相关损耗小的特性之外，为了能够实现在传输光纤的终端正确地将每个载波从包含有多个波长的一束光中提取出来而不存在串扰，还必须具有矩形通带、较小的通带波纹和较高的抑制比。

(1) DWDM 超窄带滤光片的设计要求。为了满足 DWDM 系统中的各项性能指标，超窄带滤光片必须具有如下的设计指标：

在光通信中，各个波长的透射率用损耗 τ(dB) 给出，它和透射比 T 的关系是

$$\tau = -10\ \lg T$$

图 2.5.17 所示是超窄带滤光片（NBPF）的典型透射率 dB 曲线。

1) 中心波长和峰值插入损耗。光通信中用的各通路的中心波长是由国际通信联盟（ITU）

规定的。根据ITU-T的G692建议,DWDM系统的频率间隔为100GHz的整数倍,参考频率为193.1 THz,标称中心频率范围为从 192.1 THz(相当于中心波长为1 560.1 nm)起, 至 196.1 THz(相当于中心波长为1 528.77 nm)。

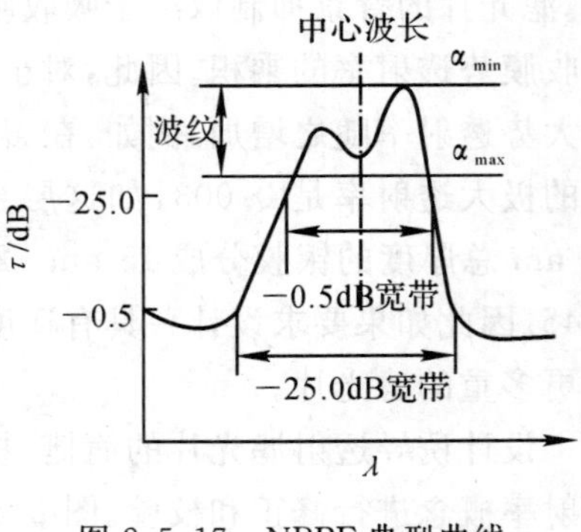

图 2.5.17　NBPF 典型曲线

目前,对 200 GHz 的滤光片,其峰值插入损耗要求$|\tau| \leqslant 0.3$ dB;对 100G Hz 的滤光片,其峰值插入损耗要求$|\tau| \leqslant 0.5$ dB。它们对应的滤光片的中心波长的透射率分别为 98% 和 93%。

2) 通带宽度。在光纤通信中,要求窄带滤光片的通带波形为矩形。为了说明这个矩形滤光片的光学性质,采用矩形滤光片的顶宽和底宽说明该滤光片的性质的好坏。顶宽称为通带带宽,底宽称为截止带宽,二者相对而言,通带带宽越宽越好,截止带带宽越窄越好。对于200GHz 的滤光片,要求在 0.5dB 处通带带宽$\geqslant$ 0.8nm,在 25dB 处截止带带宽$\leqslant$ 2.2nm;对于100GHz 的滤光片,要求在 0.5dB 处通带带宽$\geqslant$ 0.4nm,在 25dB 处截止带带宽$\leqslant$ 1.2nm。

3) 通带波纹系数。通带内的波纹系数 $\xi = \alpha_{max} - \alpha_{min}$。最理想情况下,$\xi = 0$,表示通带为平顶。一般要求 $\xi \leqslant 0.3$ dB。

4) 偏振相关损耗。PDL(偏振相关损耗)是指对于所有的偏振状态,在整个输入波长范围内,由于偏振状态的改变造成的插入损耗的最大变化量。理论上,薄膜滤光片的 PDL 为零。

(2) DWDM 超窄带滤光片。根据 DWDM 系统中的要求,按照法布里-珀珞干涉滤光片的特点,用于 DWDM 系统的法布里-珀珞干涉滤光片大多数采用四腔型结构。

在四腔滤光片的设计中,只有将两个反射率较低的单腔滤光片排列在外侧,将两个反射率较高的单腔滤光片排列在内侧,才可得到最理想的 DWDM 滤光片的设计。

图 2.5.18 示意了四腔 200GHz 滤光片的透射率曲线。其膜系结构为

$$G\,|\,(HL)^6H2LH(LH)^6L(HL)^7H2LH(LH)^7L(HL)^7$$
$$H2LH(LH)^7L(HL)^6H2LH(LH)^6\,|\,A$$

其中,$n_H = 2.06$,$n_L = 1.45$, $n_A = 1$,$n_G = 1.52$,$\lambda_0 = 1552.5$ nm。

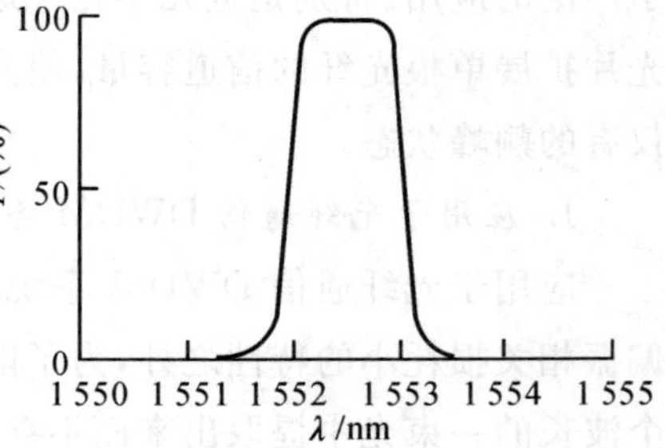

图 2.5.18　四腔 200GHz 滤光片的透射率曲线

最终得到的性能指标是:中心波长的峰值插入损耗为 −0.11dB, 通带带宽为 0.87 nm, 截止带带宽为1.99 nm, 通带波纹系数近似为 1。

2. 光学梳状滤波器

Interleaver(光学梳状滤波)技术是一种可把一列频率间隔为 Δf 的光信号分成两列频率间隔为 $2\Delta f$ 的光信号分别从两个信道输出的光滤波技术。通常将用做 Interleaver 的器件也称之为 Interleaver 。

图 2.5.19 示意了用三个 Interleaver 器件实现解复用的原理,Interleave 将一路波长间隔50GHz 的光信号变成了四路波长间隔为 200GHz 的信号。

中国专利 ZL01240367.9 采用间隔层为熔融石英的薄膜 F－P 腔作为基本单元进行多腔迭加设计了梳状滤波器。选用熔融石英为间隔层玻璃，依据 Fabry-Poret 干涉原理设计 F－P 干涉型 Interleaver，并将三个完全相同的以石英玻璃为间隔的 F－P 干涉型 Interleaver 无间隙串置，形成实用的 Interleaver。

按照 Fabry－Poret 干涉原理，如果石英玻璃的光学厚度为 nd，K 是其两侧膜层反射率决定的系数，那么，

(1) 通带是一系列对应整数序列 $M=1,2,3,4,5,\cdots$，中心频率为 $v_M/2nd$ 通带宽度为 $2\Delta v=KC/2nd$，通带间隔为 $v_{M+1}-v_M=C/2nd$ 的高透射率带簇。

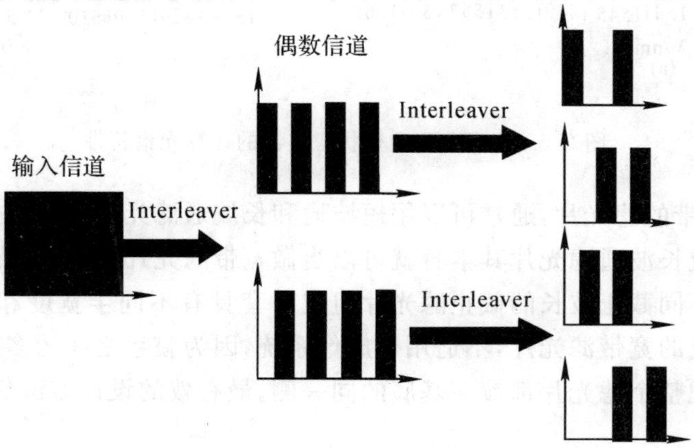

图 2.5.19　用三个 Interleaver 实现解复用的示意图

(2) 反射带是一系列中心频率、通带带宽、通带间隔与高透射率带簇互补的高反射率带簇。即 F－P 干涉型梳状滤波器的通带和反射带就像梳状镜子一样将整个频段一分为二。

但是单个上述结构的 Interleaver 的信道波形是三角形，不能适应在温度变化、湿度变化较大的实际应用环境中使用。采用三个完全相同的单腔 Interleaver 无间隙串置，有效地提高了信道波形的矩形度，改善了器件在温度变化、湿度变化较大的实际应用环境中的使用性能。

图 2.5.20 给出了三腔无间隙串置结构的 F－P 型 Interleaver 的计算光谱特性，其中图(a)是 1 525 ～1 565 nm 波段 10 个透射通道波形，图(b)是其中一个通道的透射波形放大图。这里的三腔膜系为

$$A\mid LHLH760LHLHLHLH760LHLHLHLH760LHLHL\mid A$$

$$H-Ta_2O_5-2.1 \qquad L-SiO_2-1.4457$$

它所能达到的性能指标是：在 1525～1565 nm 波段有 10 个反射通道和 10 个透射通道，相邻通道的间隔是 4 nm，相邻通道隔离度是 29dB，峰值插入损耗 < 0.5dB。

2.5.5　宽带通滤光片

在光学工程实际中，并不是所有需要带通滤光片的地方都希望通带越窄越好，还有一部分需要是宽带通滤光片。即，在有些光学系统中需要在限定的某一波段是高透过率，两边是高抑制的截止区。

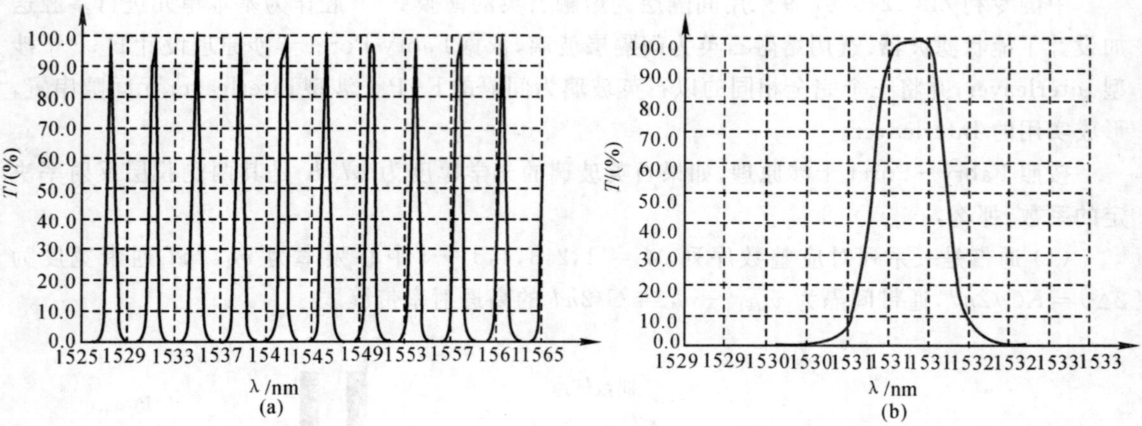

图 2.5.20 F-P 型梳状滤波器的计算光谱特性

具有较宽透射带的滤光片，通常可以用短波通和长波通滤光片组合而成。考虑到膜层吸收特性，某些短波通或长波通滤光片其本身就可以当做宽带滤光片。截止滤光片膜系可以镀在分立的基底上，若干不同截止波长的截止滤光片组成一套具有不同半宽度和峰值波长的宽带滤光片。但是这样组成的宽带滤光片，不适用于成像系统，因为膜系之间的多次反射会造成双像。为消除双像，必须把整个滤光片都镀在基底的同一侧。最有效的设计方法仍然是采用对称周期膜系。

采用对称周期膜系，按照通常方法，用等效单层膜来表示短波通和长波通，这样有三个需要匹配的界面，假如用 A 和 B 表示两个等效膜，其中 B 靠近基底，则在基底和 B，B 和 A 以及 A 和入射介质之间都需要考虑匹配膜层，用简单的 $\lambda/4$ 膜层匹配，一般说来能满足要求。

某些多半波滤光片膜系也可以构成宽带滤光片，例如全介质四半波滤光片

$$1.0 \mid H\ 2LHLH\ 2LHLH\ 2LHLH\ 2LHLH \mid 1.52$$

其中，$n_H = 2.35$，$n_L = 1.35$，$n_G = 1.52$。其相对半宽度 $2\Delta\lambda_{0.5} = 0.20$。

用势透射率原理设计的多重诱导滤光片当做宽带通滤光片时长波无次峰。图 2.5.21 中给出了两种设计实例的光谱曲线。

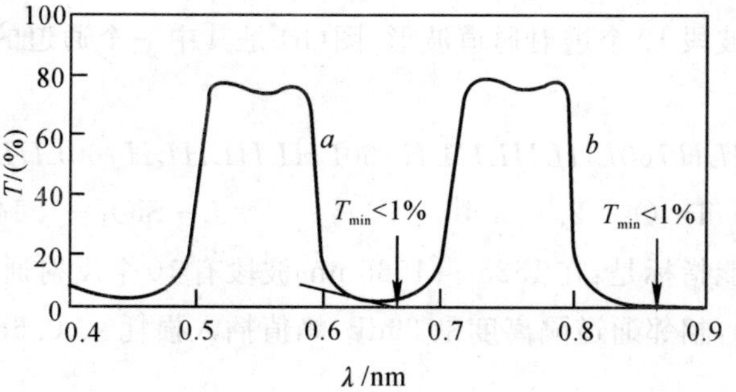

图 2.5.21 多重诱导滤光片光谱特性

图 2.5.21 中，曲线 a 的膜系是 $G \mid H1.75Ag1.5LAg1.75LH \mid G$，其中 $\lambda_0 = 500$ nm，$n_H = 2.35$，$n_L = 1.35$，$n_G = 1.52$；曲线 b 的膜系是 $G \mid H1.775LAg1.55LAg1.775LH \mid G$，其中

$\lambda_0 = 600\ \text{nm}, n_H = 2.35, n_L = 1.35, n_G = 1.52$。

应用实例：强光防护用诱导滤光片。

用于电焊防护的自动变光面罩，要求使用一块对可见光透明，而对紫外和红外深度截止的带通滤光片。

1. 强光防护滤光片的性能要求

(1) 紫外线、红外线隔离性。对波长在 200 ～ 380 nm 波段的紫外线和波长大于 700 nm 的红外线的透过率小于 3×10^{-4}（当与液晶变光板组成电焊防护镜后的紫外线透过率小于 3×10^{-6}、红外线透过率小于 3×10^{-5}）。

(2) 可见光透明度。在 480 ～ 600 nm 之间任意波长、带宽为 50 ～ 120 nm、中心透过率不小于 50% 的彩色可见光透明带（透过色可以是蓝绿、墨绿、翠绿、黄绿、黄色、橙色）。

2. 诱导滤光片膜系

由于需要截止的紫外和红外波段很宽，截止度又很深，只有金属诱导滤光膜系有可能实现。

在设计中主要采取的措施有：① 注意到这里并不需要窄通带，因此，选用三层金属膜层，既可以增加通带的宽度，又能够加深截止度；② 使用高折射率层做金属层之间的间隔层，有利于抑制紫外区的短波透射次峰；③ 调整金属层厚度的比例，可以有效自如地调整通带波形。

图 2.5.22 给出了实际采用的膜系的计算透射率曲线，实际镀制的透射率曲线仅峰值透射率稍低于计算值，其他性能与理论值相当吻合。

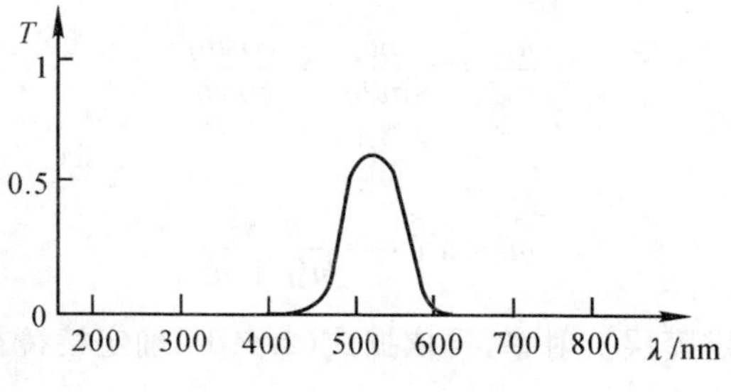

图 2.5.22　$G \mid HLHM_1 1.6HM_2 1.6HM_1 HLH \mid A$ 的透射率曲线

实际使用的膜系是：$G \mid HLHM_1 1.6HM_2 1.6HM_1 HLH \mid A$，其中 M_1，M_2 是厚度不同的金属银。改变其总厚度，可以改变通带透射率和截止带深度，调整 M_1，M_2 的比例，通带波形将被改变。

2.6　偏振分束膜

在现代光学系统中，偏振光学器件的应用越来越多。大多数偏振光学器件，都是采用具有非线性光学特性的光学晶体来实现。虽然光学晶体有非常好的偏振特性，在很多系统中有不可替代的应用，但是光学晶体偏振特性具有波段不可调控性，不能满足光学工程中需要在特定波段获得偏振光，或实现偏振选择的工程要求。

多层膜偏振分束镜，可以通过设计选择，满足在特定波段获得偏振光，或实现偏振选择的工程要求。

2.6.1 胶合棱镜介质偏振分光膜

回顾在本章第2.3节中曾经介绍过的中性偏振分束棱镜的特性，这种分束棱镜在理想状态下分出的两束光都是线偏振光，所以，它是很好的偏振器件。

棱镜介质偏振分光膜是利用布儒斯特角法来实现分光功能的。分光原理是：对于折射率不同的两种介质的分界面n_1/n_2，当入射角满足布儒斯特条件时，即$\tan\theta_1 = n_2/n_1$，P偏振光的反射为零，而S偏振光则部分反射，部分透射。为了增加S偏振光的反射率，保持P偏振光透射率为1，可以将两种材料交替沉积制成多层膜，膜层在特定入射角条件下的有效光学厚度应等于中心波长的1/4，当层数足够多时，S偏振光的反射率接近于1，而P偏振光的透射率接近于1，因而对自然光而言，在一定波长范围内可以得到偏振度很高的薄膜偏振器件。

根据布儒斯特条件和折射定律，有

$$\tan\theta_H = \frac{n_L}{n_H}, \quad n_H\sin\theta_H = n_L\sin\theta_L = n_G\sin\theta_G$$

由于布儒斯特条件下

$$\theta_H + \theta_L = 90^\circ$$

所以

$$\sin\theta_L = \cos\theta_H, \quad \sin\theta_H = \cos\theta_L$$

将此关系式代入折射定律，得

$$\frac{n_H}{n_L} = \frac{\sin\theta_L}{\sin\theta_H} = \frac{\cos\theta_H}{\cos\theta_L}$$

两边平方，经整理后

$$n_G^2\sin^2\theta_G = \frac{n_H^2 n_L^2}{n_H^2 + n_L^2} \tag{2.6.1}$$

设计时，既可以先选定膜层折射率，再依据式(2.6.1)确定棱镜折射率n_G和入射角θ_G；也可以先选定棱镜折射率n_G和入射角θ_G，再依据式(2.6.1)确定膜层折射率。

S偏振光的高反射可以通过迭加有效厚度为$\frac{1}{4}$波长的多层膜堆来实现。由于S偏振光的有效折射率比值大于实际折射率的比值，即$(\eta_H/\eta_L)_S > n_H/n_L$，所以，截止带宽度将大于垂直入射使用的同样膜堆的宽度。

应当注意到，棱镜介质偏振分光膜仅仅是在特定的一个入射角条件下才能实现全偏振。在许多应用中，入射角有一定的范围，或者入射光是一束未经准直的会聚光(或发散光)。

当膜层界面上的入射角偏离了布儒斯特角时，P偏振光的有效折射率不再相等，因而将产生反射，P偏振光将出现窄而有一定深度的反射带。图2.6.2与图2.6.1相比，入射角由45°改变为47°，P偏振光出现了窄而有一定深度的反射带。而对于S偏振光，整个反射带将有一定的移动，但峰值反射率没有显著的变化。因此透射光仍然保持了高的偏振度，只是由于产生了P偏振光的反射，透射光强度随之减小。但反射的P偏振光其消光比急剧地下降，而且层数愈多，影响愈大。图2.6.3示意了层数由图2.6.1所示的11层增加到21层后光谱特性的变化。

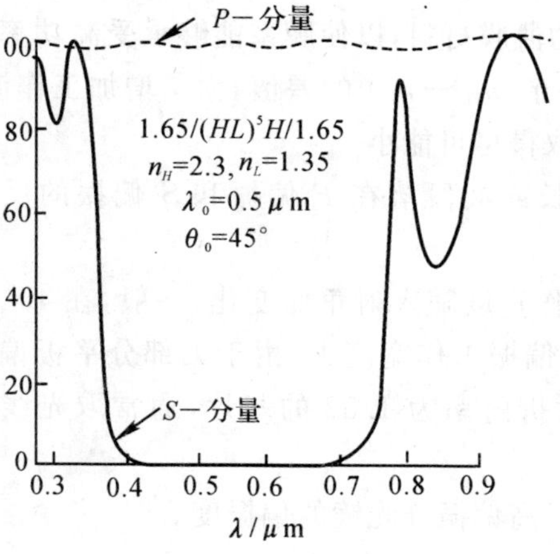

图 2.6.1

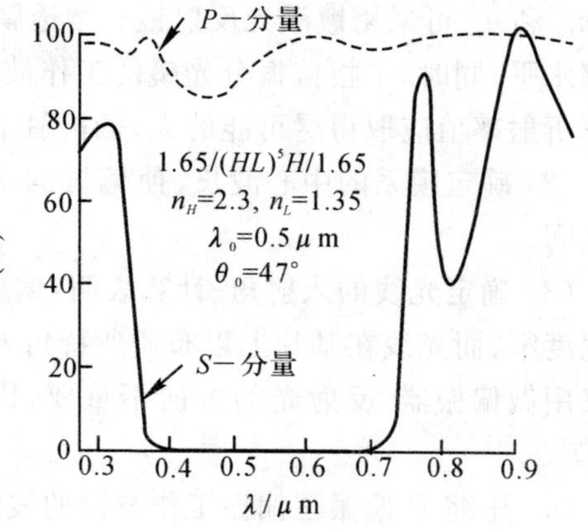

图 2.6.2

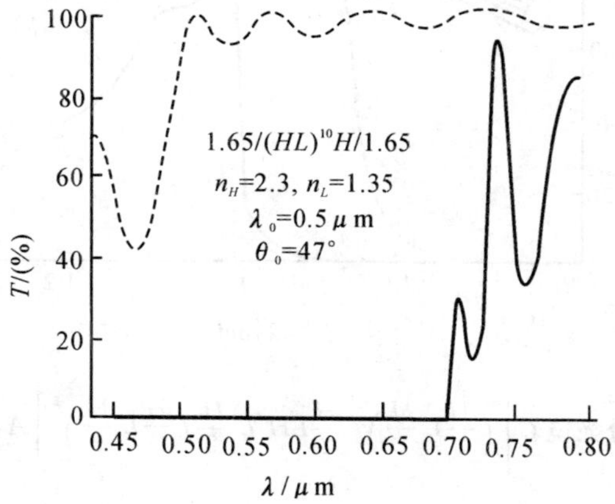

图 2.6.3

2.6.2 平板介质偏振分光镜

上述基于布儒斯特角入射的棱镜偏振镜中，各介质的 P 偏振光的有效折射率都是相同的，其间不存在界面，因而，P 偏振光有高的透射并不是干涉的结果(不产生干涉)。

平板偏振镜是基于薄膜材料的 P 偏振和 S 偏振的有效折射率不相等这一条件设计的，P 偏振光的高透射率是通过干涉效应实现的，因此它们的工作波段比较窄，优点是选择基片和薄膜材料有较大的灵活性。

这种干涉型偏振镜的基本结构是 $A\left|\left(\frac{H}{2}L\frac{H}{2}\right)^S\right|G$ 或 $A\left|\left(\frac{L}{2}H\frac{L}{2}\right)^S\right|G$。当这种器件用在非零度角入射时，偏振效应将导致高反射带宽度 $\Delta\lambda_P \neq \Delta\lambda_S$，在 S 偏振和 P 偏振两个反射带之间就出现了如图2.6.4 所示的 P 偏振高透、S 偏振高反的偏振分光工作带。位于这个工作带内的波长将被偏振分光。通常，平板偏振分光工作带的宽度是非常窄的。

平板介质偏振分光镜的设计步骤如下：

(1) 根据平板介质偏振分光镜使用的工作条件确定膜系的材料。如用于高功率激光装置中，n_H 和 n_L 可采用镀激光反射镜和增透膜相同的薄膜材料，以使膜系能够承受高功率的激光功率水平。同时，平板偏振分光镜的工作波段取决于($n_H - n_L$)的差值，为了增加工作波段，膜系高折射率值应取得尽可能的大，低折射率值应取得尽可能小。

(2) 确定膜系的中心波长，使偏振的工作波长或波段落在 P 偏振和 S 偏振的反射带边缘之间。

(3) 确定光线的入射角。计算表明：偏振的工作宽度随入射角而变化，一般，在 45° 以前偏振宽度窄，而光线在基片上以布儒斯特角入射时，偏振工作宽度大。由于大部分平板偏振分光镜仅用做偏振器，反射光的方向不重要，因此，对折射率为 1.52 的基片，通常取光线入射角为 57°。

(4) 压缩 P 偏振在偏振工作波段的波纹，以提高偏振分光镜的偏振度。

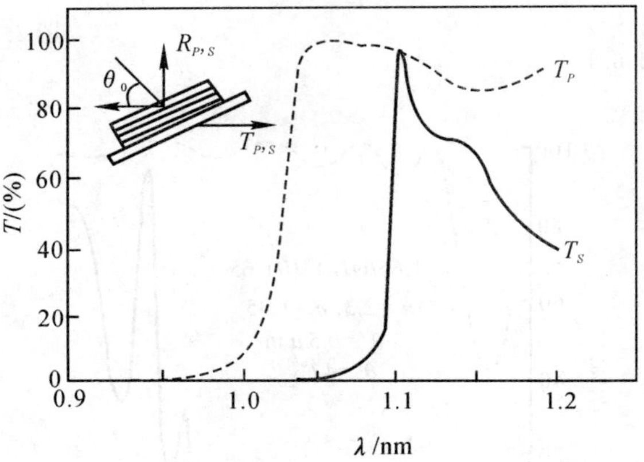

图 2.6.4　平板偏振分光镜 $G\left|\left(\frac{H}{2}L\frac{H}{2}\right)^5\frac{H}{2}LH'L\frac{H}{2}\left(\frac{H}{2}L\frac{H}{2}\right)^5\right|A, \theta_0 = 57°$ 的光谱特性

2.6.3　金属栅偏振分光镜

这是由等间距排列在透明基底上的平行金属膜线栅制成的偏振分光镜。

金属栅偏振分光膜的原理是：当入射光的波长远大于栅距时，入射光中电矢量 $\boldsymbol{E}$ 垂直于线栅的偏振光透过线栅，而电矢量 $\boldsymbol{E}$ 平行于线栅的偏振光则被线栅反射，因此形成透射和反射线偏振光。

通常，此线栅用良导体制成，故吸收可以忽略。按照偏振光学理论的分析，此线栅对于电矢量 $\boldsymbol{E}$ 中垂直于线栅成分的透过率为

$$T_S = \frac{4nA^2}{1+(1+n)^2B^2}$$

对于电矢量 $\boldsymbol{E}$ 中平行于线栅成分的透过率为

$$T_P = \frac{4nB^2}{1+(1+n)^2B^2}$$

式中，n 为透明基底的折射率，A，B 是与线栅的结构参数和入射光的波长有关的系数，表达式如下：

$$\frac{1}{A}=\frac{4d}{\lambda}\left\{\ln\left[\csc\frac{\pi(d-a)}{2d}\right]+\frac{1}{16}\left(\frac{d}{\lambda}\right)^2\left[1-3\sin^2\frac{\pi(d-a)}{2d}\right]\cos^4\frac{\pi(d-a)}{2d}\right\}$$

$$B=\frac{d}{\lambda}\left\{\ln\left(\csc\frac{\pi a}{2d}\right)+\frac{Q_2\cos 4(\pi a/2d)}{1+Q_2\sin^4(\pi a/2d)}+\frac{1}{16}\left(\frac{d}{\lambda}\right)^2[1-3\sin^2(\pi a/2d)]^2\cos^4(\pi a/2d)\right\}$$

$$Q_2=\left\{\frac{1}{[1-(d/\lambda)^2]^{\frac{1}{2}}}\right\}^{-1}$$

式中，a 为线栅的缝宽，d 为缝间距。

分析表明：当 $\lambda>2d$ 时，上式误差 $<1\%$；当 $\lambda>d$ 时，上式误差 $<5\%$。

若金属栅为明暗等宽，即 $d=2a$，则

$$d-a=a=d/2$$

由此可计算出

$$B=\frac{d}{\lambda}\left[0.3466+\frac{0.25Q_2}{1+0.25Q_2}+0.003906\left(\frac{d}{\lambda}\right)^2\right],\quad A=\frac{1}{4}B$$

上式在金属栅的设计中被广泛应用。

(1) 在低折射率基底制成的线栅其透射率和消光比均优于高折射率基底。

(2) $\lambda>4d$ 以后，透射率随 λ/d 的变化不大，消光比则随 λ/d 增大而更优。

另外，若线栅表面镀有消反射膜，则透射率的表达式变为

$$T_S=\frac{4nA^2}{1+n^2A^2},\quad T_P=\frac{4nB^2}{1+n^2B^2}$$

这时，对于 $\lambda\gg d$ 的情况，$T_P\to 4nB^2$，$T_S\to 1$。即 T 值比无消反射膜时大 n^2 倍，消光比也要增大 n^2 倍。其关系曲线如图 2.6.5 和图 2.6.6 所示。

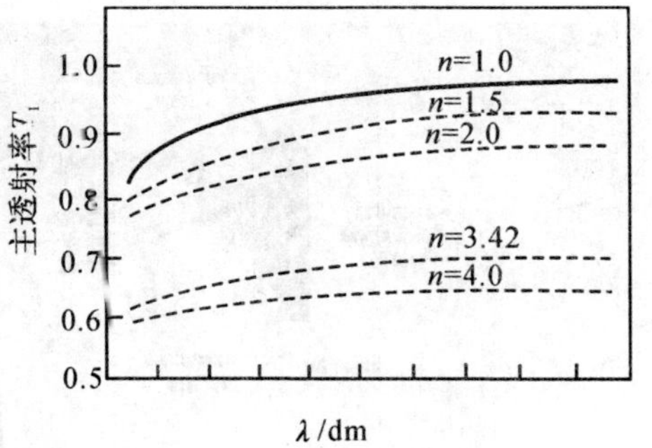

图 2.6.5　主透射率与波长／线栅间隔比之间的关系

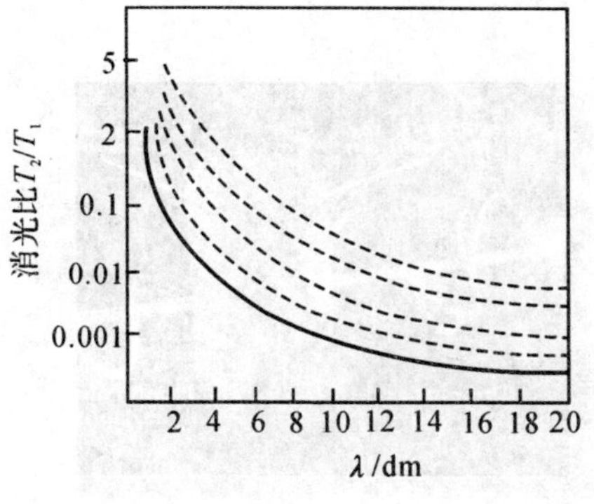

图 2.6.6　消光比与波长／线栅间隔比之间的关系

制作金属栅偏振器的一般方法为：在基底材料上复制或刻划出阶梯形沟槽，然后沿斜方向(8°到12°)蒸镀金属膜以构成金属线。金属线之间是透明区，如图 2.6.7 所示。蒸镀金属线的材料则要用导电性好的、耐高温和膨胀系数小的铝合金。为提高膜的附着性能，一般需镀多层膜。

金属栅偏振分光镜应用实例。

(1) 美国康宁公司生产的金属线栅偏振器件。该金属线栅偏振是一种平板玻璃偏振器件，

如图 2.6.8 所示，对入射的非偏振光，能产生优良的线偏振输出。在 633 ～ 1 550 nm 的波长范围内，它的性能卓越。

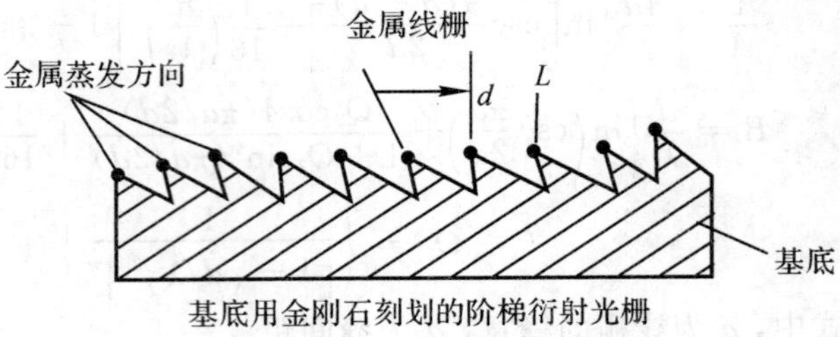

图 2.6.7　金属栅编振镜的沟槽基板

该金属线栅偏振器件的性能参数如下：

1) 长波部分的透射率高达 99%；

2) 10 000∶1 的偏振度，优于其他薄膜偏振器件；

3) 工作温度可高达 400 ℃；

4) 零件尺寸为 1.5 mm × 1.5 mm × 0.2 mm。

(2) 纳米光栅偏振光束分束器。SOEs(SubwevElength Opitical Elements) -金属线栅偏振器，一个应用于通信的纳米光栅偏振光束分束器 / 耦合器(PBS/PBC)。

其性能优点表现在：① 对波长范围从 980 ～ 1 800 nm 都表现出一致的性质；② 光束入射角在广阔区域，偏离法线 20° 范围内改变，几乎导致不了性质上可以感知的变化；③ 能够适应从 − 200 ～ 400℃ 的环境温度。

其结构优点表现在：① 在光学系统设计中存在空间构建上的优点，因为自身很小，就允许了更加紧凑的组成设计；② 因为纳米光栅和其他元件之间毗邻的空间距离可以达到最小，就减少了插入损耗；③ 因为元件处理光的方式不同，比如说，偏振光束分束器作为一个反射设备，能够在不到 1 μm 内获得 180 ° 有效分离(见图 2.6.9)，于是可以简化光路设计，具有减免其他光学元件的潜力。

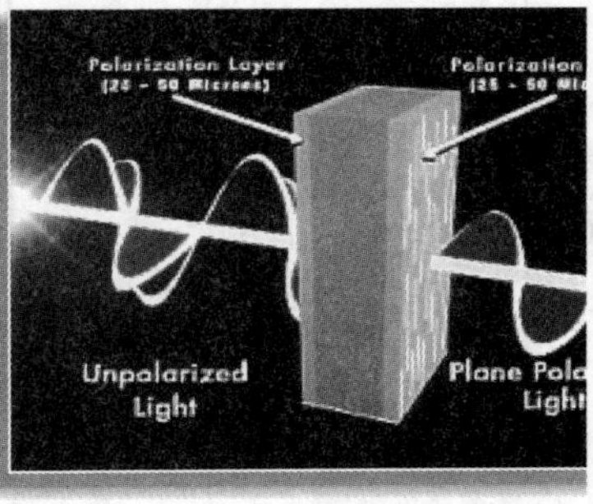

图 2.6.8　金属线栅偏振器件工作原理示意图

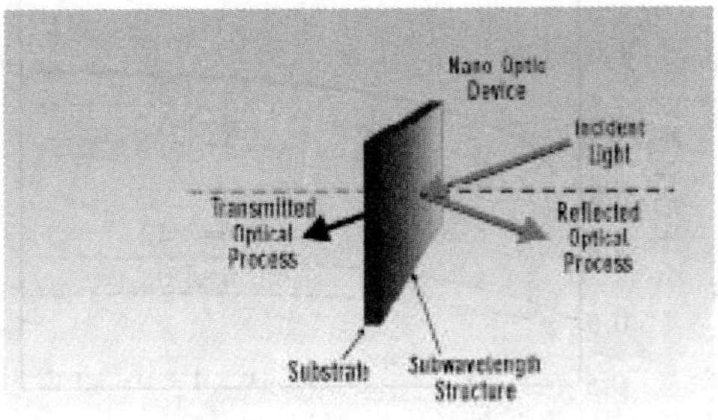

图 2.6.9　大角度工作的金属线栅偏振器

2.7　消偏振膜系

在前面的章节中已经看到，所有的薄膜器件在非零度角入射光工作时，都要产生强烈的偏振效应。在大多数光学系统中，偏振效应带来的是系统特性的劣变，因此，在这些应用中，需要消除偏振效应。

当光线以 θ_0 角入射时，膜层对 S 和 P 分量的有效折射率(导纳值)均不同，存在

$$\eta_P = n/\cos\theta, \quad \eta_S = n\cos\theta \tag{2.7.1}$$

由于反射率R(透射率T)是n的函数,两组分量导纳的差异,引起整组膜系R,T存在偏振分离Δn为

$$\Delta n = \frac{\eta_P}{\eta_S} = \frac{n/\cos\theta}{n\cos\theta} = \frac{1}{\cos^2\theta} = \frac{1}{\left(1-\dfrac{n_0^2\sin^2\theta_0}{n^2}\right)} \tag{2.7.2}$$

容易看出:

(1) 对于一个单层膜来说它是一个恒大于1的量,其中η_P大于η_S,所以单层膜不可能实现消偏振;

(2) 对于一个确定的入射角θ_0和确定的薄膜材料n,入射介质n_0越高,偏振分离Δn也越大;

(3) 对确定的n_0和n,Δn随入射角θ_0的减小而降低,即入射角越大,偏振分离越大;

(4) 对于确定的θ_0和薄膜材料n,Δn随入射介质n_0的增大而增加,因此封闭在胶合棱镜中的膜层,偏振分离总比平板大。

对于封闭在胶合棱镜中的膜系,θ角由折射定律给出

$$n_0\sin\theta_0 = n_g\sin\theta_g = n\sin\theta \tag{2.7.3}$$

式中,n_0,n,n_g分别是入射介质、膜层、棱镜的折射率。

以上讨论虽然针对单层膜,但是只要用多层膜的有效折射率取代膜层折射率n,便可以推广到多层膜。

2.7.1　单波长消偏振

可以用于单波长消偏振的方法有以下两种:

1. 对称周期膜系

对于周期膜系$\dfrac{H}{2}L\dfrac{H}{2}$,在$\lambda=\lambda_0/2$波长位置的偏振分离为

$$\Delta E = \frac{E_P}{\eta_S} = \Delta n_H\sqrt{\Delta n_H/\Delta n_L} \tag{2.7.4}$$

因此要使对称周期膜系在该波长处消偏振,应使$\Delta E=1$,从式(2.7.4)得到

$$\Delta n_L = (\Delta n_H)^3 \tag{2.7.5}$$

代入式(2.7.2),得

$$1-\frac{n_0^2\sin^2\theta_0}{n_L^2} = \left(1-\frac{n_0^2\sin^2\theta_0}{n_H^2}\right)^3 \tag{2.7.6}$$

若$n_0=1$,$\theta_0=45°$,由式(2.7.6)可得

$$n_H \approx \sqrt{3}n_L \tag{2.7.7}$$

因此,对于任何两种满足条件(2.7.7)的材料组成的对称膜系$\dfrac{H}{2}L\dfrac{H}{2}$,在$\lambda=\lambda_0/2$波长位置没有偏振分离。但是此时对称膜系的各层厚度均为λ_0波长的半整数倍,对称膜系形同虚设。因而实际上常取$\lambda=\lambda_0/1.5$,以λ_0作为参考波长,则对称组合可以表示成为(0.75H1.50L

0.75H)，但是这时满足条件(2.7.5)的膜层组合并不严格消偏振，需要调整折射率给予补偿，并且还要对基片和入射介质消偏振。

对于基片上消偏振的条件是：在 n_g 基片上镀 $\lambda_0/4$ 厚，折射率为 n_1 的膜层。此时组合导纳为 $Y = n_1^2/n_g$，它们的偏振分离为

$$\Delta Y = \frac{Y_P}{Y_S} = (\Delta n_1)^2/\Delta n_g \tag{2.7.8}$$

因此对基片消偏振的条件为

$$(\Delta n_1)^2 = \Delta n_g \tag{2.7.9}$$

也就是当 n_1 满足方程

$$\left(1-\frac{1}{2n_1^2}\right)^2 = \left(1-\frac{1}{2n_g^2}\right) \tag{2.7.10}$$

时，有效基片将没有偏振分离。

对于入射介质空气消偏振的条件是：加镀一层 $\lambda/4$ 厚，折射率为1.3的膜层。对于空气其偏振分离为 $\Delta n_0 = \dfrac{1}{1-\dfrac{n_0^2\sin\theta_0}{n_0^2}}$，所以在 $\theta_0 = 45^\circ$ 的情况下，可以计算出 $\Delta n_0 = 2$，所以用同样的方法，对空气消偏振的 $\lambda_0/4$ 膜的折射率 n_2 可以通过下式确定：

$$\left(1-\frac{1}{2n_2^2}\right)^2 = \left(1-\frac{1}{2n_0^2}\right)$$

也即 $\Delta n_2 = \sqrt{\Delta n_0} = \sqrt{2} = 1.414$，所以 $n_2 = 1.3$，于是可以选择接近于1.30的 MgF_2 作为空气一侧消偏振的匹配层。

把上述的没有偏振分离的入射介质、膜层结构和出射介质组合在一起构成膜层系统，从理论上讲可以排除偏振效应(当然只对一个波长而言)。

2. 四分之一膜系

在全介质单波长消偏振分光镜的设计方面，Costich 早在1970年就提出了运用等效折射率概念的对称周期膜系的设计方法，但由于要求的等效折射率为实数，所以它只适合膜系反射率不随周期数目增加而增加的透射带内，也就是说，膜系即使达到消偏振，其反射率是不能任意调节的，且反射率很低。Mahlein 于1974年提出用两层膜组成的基本周期设计消偏振分光镜，由于设计要求的两种膜料的折射率均远远超出实际膜料的值，所以实用价值不大。Thelen 于1976年提出的将膜层、基片、入射介质一体考虑的方法，开辟了设计消偏振分光镜的新途径。

要消除由于倾斜入射引起 P，S 分量导纳差异造成的 $R(T)$ 的不同，可以采取某种膜层组合，其等效折射率不依赖于偏振态，不依赖于偏振态的入射介质和衬底，从而在理论上消除整个膜系的偏振效应，但这类膜系设计的实用价值少。另外，可以采用金属-介质组合膜系来消除偏振效应，但金属膜层的吸收较大，对使用不利。

采用全介质 $\lambda/4$ 膜堆来镀制分光膜，基底棱镜采用化学性能稳定、加工方便、价格便宜的 K_9 光学玻璃。

对于 $\lambda/4$ 膜堆，在中心波长处的透射率为

$$T = 4/(2 + X^2 + X^{-2}) \tag{2.7.11}$$

对于偶数层膜系，则有

$$X = (n_0/n_g)^{\frac{1}{2}}(n_2 n_4 n_6 \cdots)/(n_1 n_3 n_5 \cdots) \tag{2.7.12}$$

对于奇数层膜系，则有

$$X = (n_0 n_g)^{\frac{1}{2}}(n_2 n_4 n_6 \cdots)/(n_1 n_3 n_5 \cdots) \tag{2.7.13}$$

若要使整个组合无偏振效应，必须使 P 偏振与 S 偏振的 X 项相等，即

$$X_P = X_S \tag{2.7.14}$$

从而

$$T_S = T_P, \quad R_P = R_S$$

由此得出 $\lambda/4$ 膜堆在中心波长处无偏振效应的充分必要条件为

对于偶数 $2k$ 层，则有

$$(\Delta n_0/\Delta n_g)^{\frac{1}{2}}\Delta n_2 \Delta_4 \cdots \Delta n_{2k} = \Delta n_1 \Delta n_3 \cdots \Delta n_{2k-1} \tag{2.7.15}$$

对于奇数 $2k+1$ 层，则有

$$(\Delta n_0 \Delta n_g)^{\frac{1}{2}}\Delta n_2 \Delta n_4 \cdots \Delta n_{2k} = \Delta n_1 \Delta n_3 \cdots \Delta n_{2k+1} \tag{2.7.16}$$

由式(2.7.15) 和式(2.7.16) 可以看出，至少应选择三种膜料有利于膜系的组合，若用四种膜料调整余地较大，但给制备带来麻烦。因此，在现有的镀膜材料中，选用三种合适的、易于蒸发的、性能稳定的高、中、低折射率膜料来进行匹配，由所需的分光比确定膜系总层数。

例如，要求对 1.06 μm 激光不管其偏振态如何都要保持所需要的分光比，对镀制的两种规格的立方块分光棱镜，其透反比分别为 1∶9，1∶1，误差 ≤5%。

根据所需的分光比确定膜系总层数。据经验和计算机辅助模拟：

(1) 对于分光比 1∶1 的分光膜，采用 17 层膜系，即

$$n_g \mid n_1 n_2 n_3 \cdots n_{17} \mid n_g$$

选用 ZnS 和 MgF_2 分别作为高、低折射率膜料，即令

$$n_1 = n_5 = n_9 = n_{13} = n_{17} = 1.37$$

$$n_3 = n_7 = n_{11} = n_{15} = 2.28$$

中间折射率膜料选用

$$n_2 = n_4 = n_6 = n_8 = n_{10} = n_{12} = n_{14} = 1.66$$

(2) 对于 $R:9 = 1:T$ 分光膜，采用 7 层膜系，即

$$g_g \mid n_1 n_2 \cdots n_7 \mid n_g$$

选用 ZnS，Gd_2O_3 和 SiO_2 三种膜料，令

$$n_1 = n_7 = 1.44$$

$$n_2 = n_4 = n_6 = 1.73$$

$$n_3 = n_5 = 2.28$$

在 1.06 μm 处，$n_g = 1.507$。

2.7.2　受抑全反射宽波段消偏振分光镜

对于如图 2.7.1 所示的单层介质膜，设 $n_1 < n_0 \leqslant n_2$，当膜厚 d_1 足够小时，使光线以等于或

大于全反射临界角 θ_c 入射，由于膜层的特殊干涉作用，$n_1 < n_0 \leqslant n_2$，全反射受到抑制，改变膜厚 d_1 可得到不同的透反比。

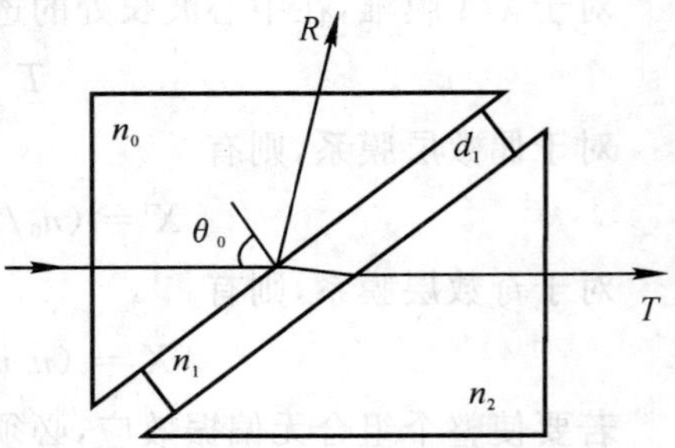

图 2.7.1　单层宽波段消偏振分光镜

由波动光学可知，单层受抑全反射膜的反射率为

$$R_S = \frac{(1-b_S)^2 \text{ch}^2 \varphi''_1 + (c_S - d_S)^2 \text{sh}^2 \varphi''_1}{(1+b_S)^2 \text{ch}^2 \varphi''_1 + (c_S + d_S)^2 \text{sh}^2 \varphi''_1} \tag{2.7.17}$$

$$R_P = \frac{(1-b_P)^2 \text{ch}^2 \varphi''_1 + (c_P - d_P)^2 \text{sh}^2 \varphi''_1}{(1+b_P)^2 \text{ch}^2 \varphi''_1 + (c_P + d_P)^2 \text{sh}^2 \varphi''_1} \tag{2.7.18}$$

式中

$$b_S = \frac{n_2 \cos\theta_2}{n_0 \cos\theta_0}, \quad c_S = -\frac{n_2 \cos\theta_2}{D}, \quad d_S = \frac{D}{n_0 \cos\theta_0}$$

$$b_P = \frac{n_2 \cos\theta_0}{n_0 \cos\theta_0}, \quad c_P = \frac{n_2 D}{n_1^2 \cos\theta_2}, \quad d_P = -\frac{n_1^2 \cos\theta_0}{n_0 D}$$

$$D = (n_0^2 \sin^2\theta_0 - n_1^2)^{\frac{1}{2}}, \quad \varphi''_1 = 2\pi d_1 D/\lambda$$

在消偏振点，应有 $R_S = R_P$，在一般情况下取 $n_0 = n_2$，则 $\theta_0 = \theta_2$，这时

$$b_S = 1, \quad c_S = \frac{n_0 \cos\theta_0}{D}, \quad d_S = \frac{D}{n_0 \cos\theta_0}$$

$$b_P = 1, \quad c_P = \frac{n_0 D}{n_1^2 \cos\theta_0}, \quad d_P = -\frac{n_1^2 \cos\theta_0}{n_0 D}$$

代入式(2.7.17)、式(2.7.18)得

$$R_S = \frac{(c_S - d_S)^2 \text{sh}^2 \varphi''_1}{4\text{ch}^2 \varphi''_1 + (c_S + d_S)^2 \text{sh}^2 \varphi''_1} \tag{2.7.19}$$

$$R_P = \frac{(c_P - d_P)^2 \text{sh}^2 \varphi''_1}{4\text{ch}^2 \varphi''_1 + (c_P + d_P)^2 \text{sh}^2 \varphi''_1} \tag{2.7.20}$$

当入射角 θ_0 超过全反射临界角 θ_0 不远时，则有

$$D = (n_0^2 \sin^2\theta_0 - n_1^2)^{\frac{1}{2}} \ll 1$$

又 R/T 不太大时，$d_1 < \lambda$，所以有 $\varphi''_1 = 2\pi d_1 D/\lambda \ll 1$，则 $\text{sh}^2 \varphi''_1 \ll 1$，而对任意 φ''_1，恒有 $\text{ch}^2 \varphi'' \gg 1$，所以式(2.7.19)、式(2.7.20)可以简化为

$$R_S = \frac{(c_S - d_S)^2 \text{sh}^2 \varphi''_1}{4\text{ch}^2 \varphi''_1} \tag{2.7.21}$$

$$R_P = \frac{(c_P - d_P)^2 \text{sh}^2 \varphi''_1}{4\text{ch}^2 \varphi''_1} \tag{2.7.22}$$

要使 $R_S = R_P$ 成立，只须 $(c_S - d_S)^2 = (c_P - d_P)^2$ 成立，注意到 $c_S - d_S < 0, c_P - d_P > 0$，所以应使

$$d_S - c_S = c_P - d_P \tag{2.7.23}$$

式中各项用 $n_1 = n_0$ 时的表达式代入并整理得

$$n_1^2 D^2 + n_1^2 n_0^2 \cos^2\theta_0 = n_0^2 D^2 + n_1^4 \cos^2\theta_0 \tag{2.7.24}$$

解之得

$$\sin\theta_0 = \frac{\sqrt{2}n}{\sqrt{1+n^2}} \tag{2.7.25}$$

式中 $$n = n_1/n_0$$

满足这一条件的入射角 θ_0 即为消偏振入射角 θ_E。

由以上设计公式,可得到几点结论:

(1) 式(2.7.25)中,若忽视材料色散,则偏振角 θ_E 与 λ 无关,即以 θ_E 入射时,在全波段都能实现消偏振;

(2) 消偏振角 θ_E 与膜厚 d_1 无关,而理论表明,当入射角 θ_0 一定时,膜厚 d_1 确定了分光比的大小,所以在以消偏振角 θ_E 入射时,可对任意透反比实现消偏振;

(3) 由式(2.7.24),设 $X_S = n_1^2D^2 + n_1^4\cos^2\theta_0$,$X_P = n_0^2D^2 + n_1^4\cos^2\theta_0$,当 $\theta_0 = \theta_E$ 时,$X_S = X_F$,而从式(2.7.21)～式(2.7.25)的推导过程可知,X_S 与 X_P 的关系决定了 R_S 与 R_P 的关系,即 $X_S > X_P$ 时,$R_S > R_P$,反之亦然。注意到 $n_1 < n_0$,$\theta_c < \theta_0 < \frac{\pi}{2}$,$D^2 = n_0^2\sin\theta_0 - n_1^2$ 是 θ_0 的递增函数,$\cos^2\theta_0$ 是 θ_0 的递减函数,容易证明:当 $\theta_0 < \theta_E$ 时,$X_S > X_P$,则 $R_S > R_P$;反之,当 $\theta_0 > \theta_E$ 时,$X_S < X_P$,则 $R_S < R_P$。可见,在 θ_E 的两侧,$(R_S - R_P)$ 可正可负,利用这一性质可补偿其他膜层产生的偏振量。

2.7.3　金属-介质组合膜堆宽波段消偏振

光波在介质中传播时是横波,但光波在金属中传播时就不再是纯横波,它还有一部分是纵波,因此有较小的偏振效应。加之,金属膜中性好,只要适当匹配埋置介质,就能得到近似最大的势透射率值,并进一步改善其偏振特性,于是就可以设计出一个在要求波段范围内中性的、消偏振的介质-金属-介质膜系。

这是一种宽波段的消偏振的分光膜系,其设计步骤如下:

(1) 设计金属膜。金属膜材料的设计是按在要求的光谱范围内有最小的偏振效应和较好的光谱中性为原则进行设计的,根据公式

$$R_{P\min} \approx \left[\frac{k_1/n_1}{1+\sqrt{1+(k_1/n_1)^2}}\right]^2 \qquad (2.7.26)$$

提高金属膜的光学常数的比值 k_1/n_1,则 $R_{P\min}$ 增大,于是偏振效应减小。

在可见光区,银有最高的 k_1/n_1 值、最小的偏振效应和较好的光谱中性,因此银膜在可见光区是良好的消偏振金属膜层。虽然银膜的附着力差,机械强度和化学稳定性也不好,但是可以应用在胶合棱镜中。

在近紫外区,铝有较高的 k_1/n_1 值、较小的偏振效应和中性好等特点,因此铝膜在近紫外区是良好的消偏振金属膜层。另外,铝膜对金属的附着力比较强、机械强度和化学稳定性也比较好,所以可以用在近紫外平板消偏振分光镜中。其中金属膜的厚度是由分光镜的 $R:T$ 值确定的。

(2) 设计金属膜两侧的匹配膜系。设计原则:

1) 匹配膜系应能进一步改善金属膜的横波效应;

2) 匹配膜系应能进一步改善分光膜的光谱中性;

3) 匹配膜系应能使分光膜具有最小的吸收损耗;

4) 匹配膜系亦应和立方棱镜匹配,使整个膜系具有最小的偏振效应。

具体的设计步骤如下:

1）先设计与玻璃匹配的消偏振膜。这个设计分两步进行，第一步先按和立方棱镜玻璃达到消偏振的要求设计匹配膜折射率，如果立方棱镜的折射率是 1.38，则求得匹配膜的折射率为 1.985 9；第二步，先说明现在求得的折射率值，它不会对银膜有最好的消偏振性能，从对银膜消偏振并改善光谱中性出发，求得匹配膜的折射率为 2.35，反过来再考察折射率为 2.35 的 ZnS 匹配膜对玻璃的影响，并由此导得 ZnS 膜厚度的设计原则，对入射侧的 ZnS 膜厚度应为 $\lambda/(4\cos\theta_1)$，对出射侧 ZnS 膜厚度为 $\lambda/(8\cos\theta_1)$，据此，可得到最好的消偏效果。

2）再设计和金属膜匹配的消偏振膜。金属膜两侧介质材料相同，入射角相同，对同一厚度的金属膜而言，介质折射率越大，偏振效应越小，光谱中性越好。对于高折射率膜层，它对改善消偏振的带宽有很大的作用，且由于金属膜的相移，其两侧的高折射率介质膜厚不等，入射侧的膜厚要高于出射侧的厚度。

3）匹配膜厚度设计。匹配膜厚度设计，需要设计入射侧和出射侧的初始厚度，现以具体例子分析：

对于可见光区的宽波长消偏振膜系，选择银膜为金属膜，考虑到玻璃和银膜的消偏，采用 ZnS 作为匹配层。对于银膜在 45° 入射时在长波段的偏振度大，短波段偏振度小，因此，ZnS 膜的厚度的设计要以能使银膜在长波波段的偏振效应得到改善为目的，为此以中心波长 $\lambda=600$ nm 来设计入射侧 ZnS 膜的初始厚度，即

$$d_1=\lambda/(4n_1\cos\theta_1)=600\ \text{nm}/(4\times 2.35\times\cos 27^\circ)=71.7\ \text{nm}$$

把这个厚度作为入射侧 ZnS 的初始厚度。（当空气中的入射角是 45° 时，对于 K_9 衬底的玻璃中的入射角是 27°）

出射侧 ZnS 膜的厚度选择要复杂一些：首先，ZnS 膜厚度的设计仍然要以减小偏振为目的；其次，要使整个膜系的势透射率值接近最佳值。

金属膜是一种吸收膜，但吸收率不仅与金属膜的光学常数有关，还与出射介质有关，改变出射介质，可以改变吸收值。

势透射率 ψ 为

$$\psi=\left(1+\frac{A}{T}\right)^{-1} \tag{2.7.27}$$

因此为了得到最小的吸收，必须合理选择金属膜材料并匹配其后置介质。

根据上述两条原则，计算表明：厚度选择为

$$d=\frac{600}{8\times 2.35\times\cos 27^\circ}=35.8\ \text{nm}$$

可作为出射侧 ZnS 膜的初始厚度。

但是以上求出的 ZnS 膜的厚度并未考虑到 ZnS 膜对银膜的消偏是否为最佳，考虑到 ZnS 膜厚度选择对整个要求波段范围内（可见光区）各波长处所产生的偏振和中性的影响。d_1 和 d_3 仍需进一步修正，修正的原则是：当 $R:T$ 高时，d_1 和 d_3 应相应地加厚，反之则减薄。

4）优化设计。解析设计到此为止。如果为了进一步改进上述膜系性能，获得最佳设计结果，采用单纯行法进行优化设计，优化主要针对宽带中性分光和消偏振两个目标，构造如下评价函数：

$$F=W_1\sum^{L}\left[\frac{R_S+R_P}{2}-R_0\right]^2+W_2\sum^{L}\left|1-\frac{R_P}{R_S}\right| \tag{2.7.28}$$

式中，F 为评价函数；W_1，W_2 是权因子；R_0 是要求的 $R:T$ 值中的反射率值；L 为波点数。优化

设计时对膜系的吸收率值进行约束。

总的来说,采用金属-介质组合膜系设计的消偏振分光镜比全介质的膜系层数少,结构简单,消偏振的光谱范围宽,消偏振效果好。

2.7.4　消偏振截止滤光片

截止滤光片在斜入射使用时,偏振效应使其光谱特性严重劣变,在许多应用中到了不消除就不能用的地步。这里介绍泰伦(Thelen)提出的截止滤光片消偏振设计方法。

1. 利用间隔层厚度失调来实现

首先,可以根据上面单波长消偏振方法,再结合试凑法设计消偏振截止滤光片;其次,1981年,泰伦提出:通过调整多半波滤光片的间隔层厚度,使在特定入射角时得到消偏振截止滤光片。设计的原理是:多半波滤光片是以全介质F-P滤光片为基础的,先讨论F-P滤光片的截止情况。F-P滤光片的透射率公式为

$$T=\frac{(1-R_1)(1-R_2)}{(1-\bar{R})^2}\frac{1}{1+\dfrac{4\bar{R}}{(1-\bar{R})^2}\sin^2\theta}$$

式中,$\bar{R}=\sqrt{R_1R_2}$,$\theta=\dfrac{\varphi_1+\varphi_2}{2}-\rho g\pi$,间隔层位相厚度$\delta=\rho g\pi$。

通常,反射层是由$\lambda/4$膜堆组成的,而且R_1和R_2在g_0附近近似为常数。因此峰值透射率位置由$\theta=\pi$决定,令间隔层2ρ的位相厚度为$\delta_{2\rho}$,则$\delta_{2\rho}=2\rho g\left(\dfrac{\pi}{2}\right)$,在$\rho=1$时,在$g_0$处$\delta_{2\rho}=\pi$,$\delta_{2\rho}$与偏振态无关;而$\varphi_1$与$\varphi_2$为反射相移,与偏振态有关。

在g_0处,对S偏振和P偏振都有$\varphi_1,\varphi_2=0$或π,所以$\theta=0$或π,因此在g_0处透射率峰值位置重合,但两偏振态的通带不等,造成两分量截止位置不重合,$\theta_0=45°$,$n_A=1$,$n_S=1.52$,$n_H=2.28$,$n_L=1.45$。

如图2.7.2所示,当$\rho\neq1$时,即失调半波层时,在g_0处$\delta_{2\rho}\neq\pi$。g_0不再是透射率峰值位置,而在其他位置,两偏振分量的反射相移不等,因此两分量的透射峰位置不再重合,而两分量的通带宽度仍不相等,所以两分量的截止位置就有可能重合。

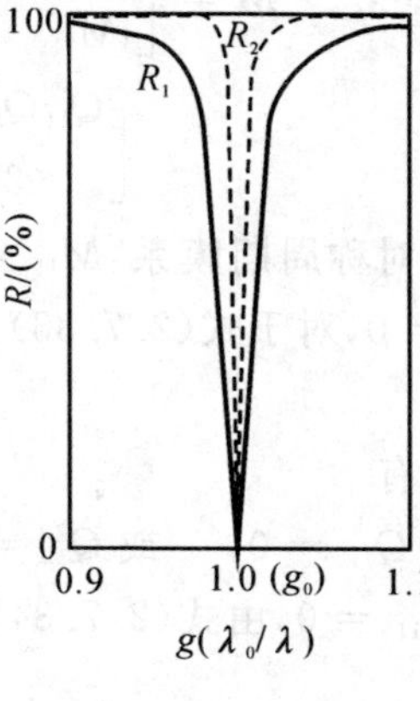

图2.7.2　F-P滤光片$G|HLHLHLH2LHLHLHLH|A$的反射率

多半波滤光片是全介质F-P滤光片演变而来,它改善了F-P滤光片的通带特性和截止陡度,但截止位置仍以后者为基础。因此若将多半波滤光片的半波层失调,就可以实现消偏振截止。

2. 利用多元对称周期膜系实现

上述消偏振截止滤光片的设计原理是通过失调半波滤光片的间隔层厚度来达到截止带消偏振的,由于它的基础是F-P滤光片,因此通带狭窄是其主要缺点,称之为窄带消偏振截止滤光片。为此,1984年泰伦根据赫平等效层理论,提出了一种用多元对称周期膜系设计宽带消偏振截止滤光片的理论,其原理是:假设多元对称周期膜系的基本周期为

$$c_1A_1c_2A_2\cdots c_{v-1}A_{v-1}c_vA_vc_vA_vc_{v-1}A_{v-1}\cdots c_2A_2c_1A_1 \tag{2.7.29}$$

其中，A_j 表示膜层的折射率为 n_j，其有效光学厚度为 $\lambda_0/4$，c_j 为调谐系数，v_j 表示周期的元数，它是大于 2 的整数。

式(2.7.29) 的半结构为

$$c_1A_1c_2A_2\cdots c_{v-1}A_{v-1}A_v \tag{2.7.30}$$

令

$$B_j = c_jA_j,\quad j=1,2,\cdots,v$$

$$B=\prod_{j=1}^{v-2}B_i$$

因此式(2.7.29) 的半结构的矩阵 $\boldsymbol{Q}$ 为

$$\boldsymbol{Q}=\boldsymbol{B}\boldsymbol{B}_{v-1}\boldsymbol{B}_v=$$

$$\begin{bmatrix} Q_{11} & jQ_{12} \\ jQ_{21} & Q_{22}\end{bmatrix}=\begin{bmatrix} B_{11} & \mathrm{i}B_{12} \\ \mathrm{i}B_{21} & B_{22}\end{bmatrix}\begin{bmatrix} \cos\delta_{v-1} & \mathrm{i}\sin\delta_{v-1}/\eta_{v-1} \\ \mathrm{i}\eta_{v-1}\sin\delta_{v-1} & \cos\delta_{v-1}\end{bmatrix}\begin{bmatrix} \cos\delta_v & \mathrm{i}\sin\delta_v/\eta_v \\ \mathrm{i}\eta_v\sin\delta_v & \cos\delta_v\end{bmatrix} \tag{2.7.31}$$

式中

$$\delta_j=\frac{\pi}{2}c_jg$$

将式(2.7.31) 展开，得

$$Q_{11}=B_{11}(\cos\delta_{v-1}\cos\delta_v-\frac{\eta_v}{\eta_{v-1}}\sin\delta_{v-1}\sin\delta_v)-B_{12}(\eta_{v-1}\sin\delta_{v-1}\cos\delta_v+\eta_v\cos\delta_{v-1}\sin\delta_v) \tag{2.7.32}$$

对于 Q_{12}，Q_{21}，Q_{22} 有类似的表达式。

对于整个基本周期的矩阵 $\boldsymbol{M}$ 为

$$\boldsymbol{M}=\begin{bmatrix} M_{11} & \mathrm{i}M_{12} \\ \mathrm{i}M_{21} & M_{22}\end{bmatrix}=\begin{bmatrix} Q_{11} & \mathrm{i}Q_{12} \\ \mathrm{i}Q_{21} & Q_{22}\end{bmatrix}\begin{bmatrix} Q_{22} & \mathrm{i}Q_{12} \\ \mathrm{i}Q_{21} & Q_{11}\end{bmatrix}=\begin{bmatrix} Q_{11}Q_{22}-Q_{12}Q_{21} & 2\mathrm{i}Q_{11}Q_{12} \\ 2\mathrm{i}Q_{22}Q_{12} & -Q_{12}Q_{21}+Q_{11}Q_{22}\end{bmatrix} \tag{2.7.33}$$

对于对称周期膜系：$M_{11}=M_{22}$，$M_{11}M_{22}+M_{12}M_{21}=0$，在截止点 $M_{11}=\pm 1$，因此这时 $M_{12}M_{21}=0$，对于式(2.7.33)，则

$$M_{12}M_{21}=4Q_{11}Q_{12}Q_{21}Q_{22}=0$$

因此有

$$\text{或}\quad Q_{11}=0,\quad \text{或}\ Q_{12}=0,\quad \text{或}\ Q_{21}=0,\quad \text{或}\ Q_{22}=0 \tag{2.7.34}$$

令 $Q_{11}=0$，由式(2.7.34) 得

$$\tan\delta_{v-1}=\frac{B_{11}/B_{12}-\eta_v\tan\delta_v}{\eta_{v-1}+B_{11}\eta_v\tan\delta_v/B_{12}\eta_{v-1}} \tag{2.7.35}$$

在光线斜入射时，两偏振分量的有效折射率不同，但其位相厚度相等，两偏振分量的截止点重合，这时

$$\left[\frac{B_{11}/B_{12}-\eta_v\tan\delta_v}{\eta_{v-1}+B_{11}\eta_v\tan\delta_v/B_{12}\eta_{v-1}}\right]_P=\left[\frac{B_{11}/B_{12}-\eta_v\tan\delta_v}{\eta_{v-1}+B_{11}\eta_v\tan\delta_v/B_{12}\eta_{v-1}}\right]_S \tag{2.7.36}$$

这是一个关于 $\tan\delta_v$ 的二次方程。

同理：令 $Q_{12}=0$，$Q_{21}=0$，$Q_{22}=0$ 可得到同样形式的关于 $\tan\delta_v$ 的二次方程。

在上述式子中，η_j 由膜层材料和光线入射角确定，位相厚度 $\delta_1,\delta_2,\cdots,\delta_{v-2}$ 在设计中可任意给定，然后将上述参数代入式(2.7.36)，解出 δ_{v-1}。

由于 $\delta_1=\frac{\pi}{2}c_i g$，所以

$$\left.\begin{aligned}\delta_1&=\frac{\pi}{2}c_1 g\\ \delta_1&=\frac{\pi}{2}c_1 g\\ \delta_2&=\frac{\pi}{2}c_2 g\\ &\cdots\cdots\\ \delta_v&=\frac{\pi}{2}c_v g\end{aligned}\right\}\tag{2.7.37}$$

给定 $\sum_{j=1}^{v}c_j$，由式(2.7.73)，可得

$$\left.\begin{aligned}c_1&=\Big(\delta_1/\sum_{j=1}^{v}\delta_j\Big)\sum_{j=1}^{v}c_j\\ c_2&=\Big(\delta_2/\sum_{j=1}^{v}\delta_j\Big)\sum_{j=1}^{v}c_j\\ &\cdots\cdots\\ c_v&=\Big(\delta_v/\sum_{j=1}^{v}\delta_j\Big)\sum_{j=1}^{v}c_j\end{aligned}\right\}\tag{2.7.38}$$

以及

$$g_{ed}=\sum_{j=1}^{v}\delta_j\Big/\Big(\frac{\pi}{2}\sum_{j=1}^{v}c_j\Big)\tag{2.7.39}$$

式中，g_{ed} 为两偏振分量截止点重合的波数位置。

按照上述方法设计后，如果发现截止边缘的重合情况不很理想，可以采取以下措施：

(1) 为使两偏振分量的截止边缘在截止波长处重合，可以将方程(2.7.36) ～ (2.7.39) 作微调修改。微调的方法是，若将方程(2.7.36) ～ (2.7.39) 写成如下形式：

$$F_P(\eta_1,\eta_2,\cdots,\eta_v,\delta_1,\delta_2,\cdots,\delta_{v-2},\delta_v)=F_S(\eta_1,\eta_2,\cdots,\eta_v,\delta_1,\delta_2,\cdots,\delta_{v-2},\delta_v)$$

引入微调因子 ξ，$\xi>1$ 并接近于 1，将方程(2.7.36) ～ (2.7.39) 修改为

$$F_P(\eta_1,\eta_2,\cdots,\eta_v,\delta_1,\delta_2,\cdots,\delta_{v-2},\delta_v)=F_S(\eta_1,\eta_2,\cdots,\eta_v,\xi\delta_1,\xi\delta_2,\cdots,\xi\delta_{v-2},\xi\delta_v)\tag{2.7.40}$$

不断调整微调因子 ξ 直至满足要求。

(2) 为了压缩通带波纹，可在已设计好的周期膜堆两边再匹配一些周期膜堆，这些匹配周期膜的前 $v-2$ 层膜的位相厚度 $\delta'_1,\delta'_2,\cdots,\delta'_{v-2}$ 取与基本周期膜系接近的数值，再由方程(2.7.35) 和(2.7.36) 解出 δ'_v,δ'_{v-1}。

(3) 为使匹配周期截止位置和原周期膜系的截止位置重合，取

$$\sum_{j=1}^{v}c'_j=\sum_{j=1}^{v}\delta'_j\Big/\frac{\pi}{2}g_{ed}\tag{2.7.41}$$

再由式(2.7.37) 得到匹配周期膜的调谐系数，即

$$\left.\begin{aligned} c'_1 &= (\delta'_1 / \sum_{j=1}^{v} \delta'_j) \sum_{j=1}^{v} c'_j \\ c'_2 &= (\delta'_2 / \sum_{j=1}^{v} \delta'_j) \sum_{j=1}^{v} c'_j \\ &\cdots\cdots \\ c'_v &= (\delta'_v / \sum_{j=1}^{v} \delta'_j) \sum_{j=1}^{v} c'_j \end{aligned}\right\} \tag{2.7.42}$$

如果这样设计的膜系在通带中的透射率仍不够理想，可进行膜系优化处理。

使用上述方法设计的实例是膜系：

$G \mid 0.2752H0.3467L0.2752H \mid$
$(0.9143H0.1867L0.7880H0.1867L0.9143H)$
$(0.7320H0.4648L0.4680H0.4648L0.7320H)$
$(0.6153H0.7847L0.1900H0.7847L0.6153H)$
$(0.7320H0.4648L0.4648L0.4680H0.4648L0.7320H)$
$0.9143H0.1867L0.7880H0.1867L0.9143H$
$0.1678H0.5613L0.1678H) \mid A$

其中，$n_A = 1.0$，$n_g = 1.52$，$n_H = 3.5$，$n_L = 1.45$，$\theta_0 = 45°$，$\lambda_0 = 1\,000$ nm，其分光光谱曲线如图 2.7.3 所示，通带波纹小，透射率高。

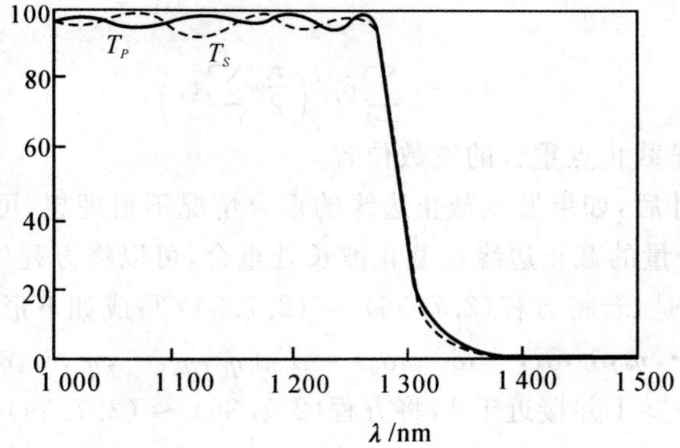

图 2.7.3 优化设计的消偏振截止滤光片透射率曲线

3. 失调截止滤光片周期膜系中间间隔层来实现

上面的宽带消偏振截止滤光片设计方案复杂，设计膜系结构是非规整的，工艺性差。考虑到上述二种设计方法的共同性和差异点，现提出一种改进的设计方案，称之为失调截止滤光片周期膜系中心间隔层的消偏振截止滤光片设计方法。

$G\left|\left(\dfrac{L}{2}HLH\,\dfrac{L}{2}\right)^S\right|A$ 为短波通滤光片，$G\left|\left(\dfrac{H}{2}LHL\,\dfrac{H}{2}\right)^S\right|A$ 为长波通滤光片，现在将它们修改为

$$G\left|\left(\frac{L}{2}H\rho LH\,\frac{L}{2}\right)^S\right|A$$

$$G\left|\left(\frac{H}{2}L\rho HL\frac{H}{2}\right)^s\right|A$$

失调因子 $\rho=1$ 时就是一般的截止滤光片，它们在光线倾斜入射时 P 偏振和 S 偏振发生分离，形成偏振。在 $\rho\neq 1$ 时，就可以得到消偏振的截止滤光片。

2.7.5　VCD/DVD 兼容机中的双波长消偏振分光镜

在 VCD/DVD 兼容的影碟机光学拾讯头中，需要对 650 nm 和 780 nm 双波长消偏振的分光镜有许多不同的类型和要求。下面介绍的是其中的一种，系统设计要求到达如下指标：630 nm 处，$R:T=1:1$，$|T_S-T_P|\leqslant 5\%$，780 nm 处，$T\geqslant 93\%$，$|T_S-T_P|\leqslant 5\%$。

1. 初始结构的特征矩阵

根据上述要求，应该选用截止滤光膜系，在此选择 $(LMHML)^S$ 作为初始膜系。这是一个基本周期为 $LMHML$ 的对称周期性膜系。

对于 $LMHML$，$\delta_L=\delta_M=\delta_H=\delta=\frac{\pi}{2}g$，其特征矩阵为

$$\boldsymbol{M}=\begin{bmatrix}M_{11} & M_{12}\\ M_{21} & M_{22}\end{bmatrix}=\begin{bmatrix}\cos\delta & \frac{i}{\eta_L}\sin\delta\\ i\eta_L\sin\delta & \cos\theta\end{bmatrix}\begin{bmatrix}\cos\delta & \frac{i}{\eta_M}\sin\delta\\ i\eta_M\sin\delta & \cos\delta\end{bmatrix}$$

$$\begin{bmatrix}\cos\delta & \frac{i}{\eta_H}\sin\delta\\ i\eta_H\sin\delta & \cos\delta\end{bmatrix}\begin{bmatrix}\cos\delta & \frac{i}{\eta_M}\sin\delta\\ i\eta_M\sin\delta & \text{sos}\delta\end{bmatrix}\begin{bmatrix}\cos\delta & \frac{i}{\eta_L}\sin\delta\\ i\eta_L\sin\delta & \cos\delta\end{bmatrix}\tag{2.7.43}$$

经计算，可得

$$M_{11}=M_{22}=\cos\delta\left[\cos^2 2\delta-\frac{1}{4}\left(\frac{2\eta_M}{\eta_L}+\frac{2\eta_L}{\eta_M}+\frac{\eta_M}{\eta_H}+\frac{\eta_H}{\eta_M}+\frac{\eta_L}{\eta_H}+\frac{\eta_H}{\eta_L}\right)\sin^2 2\delta+\right.$$
$$\left.\left(\frac{\eta_M}{\eta_H}+\frac{\eta_H}{\eta_M}+\frac{\eta_M^2}{\eta_L\eta_H}+\frac{\eta_H\eta_L}{\eta_M^2}\right)\sin^4\delta\right]\tag{2.7.44}$$

$$M_{12}=i\left[\left(\frac{2}{\eta_L}+\frac{2}{\eta_M}+\frac{1}{\eta_H}\right)\sin\delta\cos^4\delta-\left(\frac{2\eta_M}{\eta_L^2}+\frac{2\eta_H}{\eta_L\eta_M}+\frac{2\eta_M}{\eta_L\eta_H}+\frac{2}{\eta_L}+\frac{\eta_H}{\eta_L^2}+\frac{\eta_H}{\eta_M^2}\right)\sin^3\delta\cos^2\delta+\right.$$
$$\left.\frac{\eta_M^2}{\eta_H\eta_L^2}\sin^5\delta\right]\tag{2.7.45}$$

$$M_{21}=i\left[(2\eta_M+2\eta_L+\eta_H)\sin\delta\cos^4\delta-\left(\frac{2\eta_L^2}{\eta_M}+\frac{2\eta_L\eta_M}{\eta_H}+\frac{2\eta_L\eta_H}{\eta_M}+2\eta_L+\frac{\eta_L^2}{\eta_H}+\frac{\eta_M^2}{\eta_H}\right)\sin^3\delta\cos^2\delta+\right.$$
$$\left.\frac{\eta_H\eta_L^2}{\eta_M^2}\sin^5\delta\right]\tag{2.7.46}$$

由式(2.7.44)～式(2.7.46)可得

$$M_{11}=M_{22},\quad M_{11}M_{22}-M_{12}M_{21}=1$$

所以，$LMHML$ 等效为一个单层膜，存在如下关系：

$$\boldsymbol{M}=\begin{bmatrix}M_{11} & M_{12}\\ M_{21} & M_{22}\end{bmatrix}=\begin{bmatrix}\cos\Gamma & \frac{i}{E}\sin\Gamma\\ iE\sin\Gamma & \cos\Gamma\end{bmatrix}\tag{2.7.47}$$

即

$$M_{11}=M_{22}=\cos\Gamma \quad 或\ \Gamma=\arccos M_{11}$$

$$M_{12}=\frac{\mathrm{i}}{E}\sin\Gamma \tag{2.7.48}$$

$$M_{12}=\mathrm{i}E\sin\Gamma$$

解得

$$\Gamma=\arccos\left\{\cos\delta\left[\cos^2 2\delta-\frac{1}{4}\left(\frac{2\eta_M}{\eta_L}+\frac{2\eta_L}{\eta_M}+\frac{\eta_M}{\eta_H}+\frac{\eta_H}{\eta_M}+\frac{\eta_L}{\eta_H}+\frac{\eta_H}{\eta_L}\right)\sin^2 2\delta+\left(\frac{\eta_M}{\eta_H}+\frac{\eta_H}{\eta_M}+\frac{\eta_M^2}{\eta_L\eta_H}+\frac{\eta_H\eta_L}{\eta_M^2}\right)\sin^4\delta\right]\right\} \tag{2.7.49}$$

$$E_{LMHML}=\sqrt{M_{21}/M_{12}}=\left\{\left[\left(\frac{2}{\eta_L}+\frac{2}{\eta_M}+\frac{1}{\eta_H}\right)\cos^4\delta-\left(\frac{2\eta_M}{\eta_L^2}+\frac{2\eta_H}{\eta_L\eta_M}+\frac{2\eta_M}{\eta_L\eta_H}+\frac{2}{\eta_L}+\frac{\eta_H}{\eta_L^2}+\frac{\eta_H}{\eta_M^2}\right)\sin^2\delta\cos^2\delta+\frac{\eta_M^2}{\eta_H\eta_L^2}\sin^4\delta\right]\Big/\left[(2\eta_M+2\eta_L+\eta_H)\cos^4\delta-\left(\frac{2\eta_L^2}{\eta_M}+\frac{2\eta_L\eta_M}{\eta_H}+\frac{2\eta_L\eta_H}{\eta_M}+2\eta_L+\frac{\eta_L^2}{\eta_H}+\frac{\eta_M^2}{\eta_H}\right)\sin^2\delta\cos^2\delta+\frac{\eta_H\eta_L^2}{\eta_M^2}\sin^4\delta\right]\right\}^{1/2} \tag{2.7.50}$$

当 $\lambda=\lambda_0/2,\delta=\frac{2\pi}{\lambda_0}\frac{\lambda_0}{2}=\pi$，代入式(2.7.50)得

$$E=\left\{\frac{2\eta_M+2\eta_L+\eta_H}{\frac{2}{\eta_M}+\frac{2}{\eta_L}+\frac{1}{\eta_H}}\right\}^{\frac{1}{2}}$$

若要求此膜系消偏振，则应使

$$\Delta E=\sqrt{\frac{2\Delta n_M+2\Delta n_L+\Delta n_h}{\frac{2}{\Delta n_M}+\frac{2}{\Delta n_L}+\frac{1}{\Delta n_H}}}=1$$

成立，也就是要满足：

$$2\Delta n_M+2\Delta n_L+\Delta n_H=\frac{2}{\Delta n_M}+\frac{2}{\Delta n_L}+\frac{1}{\Delta n_H} \tag{2.7.51}$$

选择满足式(2.7.51)的折射率材料，就可以满足消偏振的导纳匹配要求。

2. 双波长消偏振机理

设计要求 630 nm 处 $R:T=1:1$ 消偏振分光，780 nm 处消偏振高透射。为此，选择高、中、低三种材料的折射率满足式(2.7.51)，就可以使得在高反膜内(截止带内)消偏振。

因为定值分光比高透射的难度大，所以应通过选择合适的周期 S 和中心波长，首先使波长 630 nm 处满足设计要求。若将波长 630 nm 处于高反射带内，就可以首先保证 630 nm 波长消偏振。

对于 780 nm 处应首先保证它高透射，按照式(2.7.44)可知：若选择合适的中心波长可以满足 $|M_{11}<1|$；要求 780 nm 处消偏振，则应满足 $T_S=T_P$，即 $R_S=R_P$，所以

$$\left(\frac{\eta_{0S}-E_S^2/\eta_{SS}}{\eta_{0S}+E_S^2/\eta_{SS}}\right)^2=\left(\frac{\eta_{0P}-E_P^2/\eta_{SP}}{\eta_{0P}+E_P^2/\eta_{SP}}\right)^2 \tag{2.7.52}$$

成立。式中，n_{SS}，n_{SP} 分别是基底材料的 S 偏振和 P 偏振分量的修正导纳。

在 45° 入射的情况下，$\eta_{0P}=2\eta_{0S}$，$(\Delta n_0=2)$ 所以

$$\frac{E_P^2}{\eta_{SP}} = \frac{2E_S^2}{\eta_{SS}} \tag{2.7.53}$$

即

$$E_P^2 = 2E_S^2 \Delta n_S, \quad (\Delta n_S = \eta_{SP}/\eta_{SS}) \tag{2.7.54}$$

$|M_{11}| < 1$ 和式(2.7.54)分别为在高反膜设计中，满足高透射和消偏振的波长应满足的表达式。

3. 膜系设计

设计一个高反射膜或着一个具有截止带的滤光片，选择合适的中心波长使 630 nm 在消偏振反射带内(也就是截止带内)；同时使 780 nm 处于透射带内，并满足消偏振.

设计方案一： $\lambda/4$ 膜堆。

表 2.7.1 列举了一些可能折射率材料对于入射介质 K_9 光学玻璃的偏振分离。

表 2.7.1　K_9 玻璃上单层膜导纳的偏振分离(入射角 = 45°)

n_f	$1/\cos\theta$	η_P	η_S	$\Delta n(=\eta_P/\eta_S)$
1.35	1.652 6	2.231 0	0.816 9	2.731 1
1.38	1.594 3	2.200 1	0.865 6	2.541 7
1.40	1.560 6	2.184 8	0.897 1	2.435 4
1.52	1.414 2	2.149 6	1.074 8	2.000 0
1.60	1.349 9	2.159 8	1.185 3	1.822 2
1.62	1.336 5	2.165 1	1.212 1	1.786 2
1.65	1.318 0	2.174 7	1.251 9	1.737 1
1.68	1.301 1	2.185 8	1.291 2	1.692 8
1.70	1.290 7	2.194 2	1.317 1	1.666 0
2.20	1.146 1	2.521 4	1.919 6	1.313 5
2.25	1.138 3	2.561 2	1.976 6	1.295 8
2.30	1.131 1	2.601 5	2.033 4	1.279 4
2.35	1.124 5	2.624 3	2.089 8	1.255 8
2.45	1.112 8	2.726 4	2.201 7	1.238 3

由式(2.7.15)和式(2.7.16)可以看出，至少应选择三种膜料才有利于膜系的组合。在此，在现有的镀膜材料中选用三种性能稳定的高、中、低折射率膜料来进行组合。基底采用 K_9 玻璃。查表 2.7.1 选择：$n_H = 2.45$，$n_M = 1.60$，$n_L = 1.35$，对于此组合，则有

$$\frac{\Delta n_H \Delta n_L}{\Delta n_M^2} = \frac{1.238\,3 \times 2.731\,1}{1.822\,2^2} = 1.018$$

由于四层膜层组合，使得 P － 偏振导纳增加，即

$$\frac{\eta_H^2\eta_L^2}{\eta_M^4}=\frac{2.726\,4^2\times 2.231\,0^2}{2.159\,8^4}=1.700\,3$$

6 个这样的周期将得到 P 偏振光的导纳为 24.2。也就是说对于该 24 层膜，P 偏振光的反射率是 85%。

根据在软件上运行的结果，对于基本消偏振周期膜系，例如：$n_H=2.45$，$n_M=1.60$，$n_L=1.35$ 组合，则有

(1) $(HMLM)^q$ 保证透射带内 S 与 P 偏振光的波纹多，便于形成消偏振高透射点；

(2) $(HMLMLMH)$ 其波纹少，振荡几下后，S 偏振光的透射率骤减，不利于消偏振高透射点的形成。

因此，选择 $(HMLM)^q$ 组合，设计膜系为 $G\mid 2H(HMLM)^6 2L\mid G$，其中 $n_H=2.45$，$n_M=1.60$，$n_L=1.35$，$\lambda_0=668$ nm，$n_S=1.52$，计算结果见光谱曲线图 2.7.4。其中：630 nm 处：$R_S=42.748\,5$，$R_P=46.129\,5$，$R=44.439\,0$，45° 入射。780 nm 处：$T_S=93.408\,1$，$T_P=96.082\,7$，$T=94.745\,3$，45° 入射。

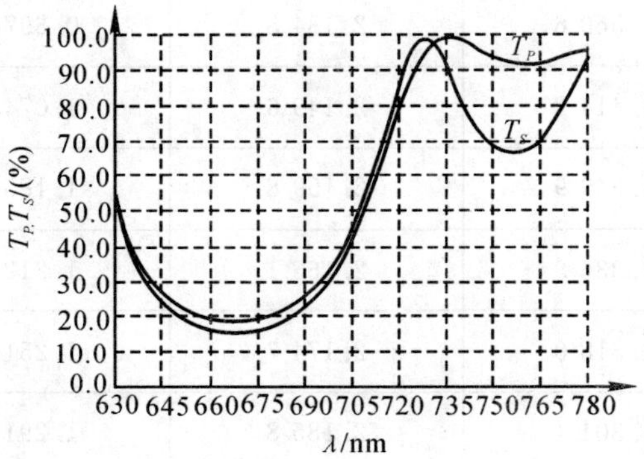

图 2.7.4　45° 角入射时，膜系 $G\mid 2H(HMLM)^6 2L\mid G$ 的透射光谱曲线

此膜系的缺点如下：

(1) 选用 $n_H=2.45$，这在实际的可见光区高折射率材料中是很难得到的；

(2) 仅在 45° 入射时，才满足设计要求，更大角度和更小角度入射都不能满足要求；

(3) 波长 630 nm 位于曲线的斜线上，膜厚的少许制造误差都将导致 630 nm 波长 $R:T=1:1$ 分光的破坏。

设计方案二：对称周期膜系。

(1) 棱镜式。设计膜系为

$$G\mid(0.496L0.793M0.766H1.793M0.496L)^5\mid G$$

其中，$n_G=1.52$；$n_L=1.38$；$n_M=1.62$；$n_H=2.35$；$\lambda_0=630$ nm。

具体光谱曲线如图 2.7.5 所示。

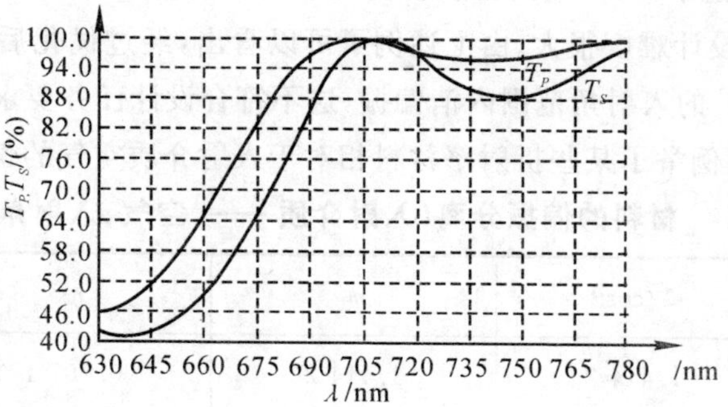

图 2.7.5　膜系 $G|(0.496L7.793M0.766H1.793M0.496L)^5|G$ 的透射光谱曲线

按照角度循环的 630 nm 和 780 nm 处的透射率见表 2.7.2 和表 2.7.3。

表 2.7.2　630 nm 处的反射率

波长	角度	R_S	R_P	R
630 mm	42°	34.462 9	39.453 1	36.958
	43°	45.201 0	47.499 4	46.360 2
	44°	52.865 5	52.423 7	52.644 6
	45°	57.493 7	54.269 2	55.881 5
	46°	59.325 7	53.002 4	56.164 1
	47°	58.380 0	48.305 1	53.324 6
	48°	54.259 8	39.680 4	46.973 1

表 2.7.3　780 nm 处的透射率

波长	角度	T_S	T_P	T
780 mm	42°	89.926 2	96.718 9	93.323 0
	43°	91.509 2	97.829 5	94.669 4
	44°	94.754 0	99.017 8	96.885 9
	45°	98.297 3	99.814 6	99.055 9
	46°	99.999 0	99.983 7	99.991 4
	47°	99.636 5	98.202 7	98.919 6
	48°	93.581 6	93.199 4	93.440 5

(2) 平板式。

1) 初始膜系结构选取。对于封闭在胶合棱镜中的干涉膜层，其偏振效应异常强烈，因而棱镜型消偏振分光膜的设计难度很大。由上述例子可以看出，经过优化后，棱镜式消偏振膜系亦仅能实现大约 45°± 3° 的入射角范围内消偏振，这不符合设计任务要求，故此在下面的设计中采用平板式。表 2.7.4 例举了某些折射率材料相对于入射介质空气的偏振分离。

表 2.7.4　材料的偏振分离(入射介质 —— 空气；入射角 ——45°)

n_f	$1/\cos\theta$	η_P	η_S	$\Delta n(=\eta_P/\eta_S)$
1.00	1.414 2	1.414 2	0.707 1	2.000 0
1.35	1.173 9	1.584 8	1.150 0	1.378 0
1.38	1.164 5	1.607 0	1.185 0	1.356 1
1.40	1.158 6	1.622 1	1.208 4	1.342 4
1.52	1.129 7	1.717 1	1.345 5	1.276 2
1.60	1.114 8	1.783 6	1.435 2	1.242 8
1.62	1.111 5	1.800 6	1.457 5	1.235 4
1.65	1.106 8	1.826 2	1.490 8	1.225 0
1.68	1.102 4	1.852 0	1.523 9	1.215 3
1.70	1.099 6	1.869 4	1.546 0	1.209 2
2.20	1.056 0	2.323 3	2.083 3	1.115 2
2.25	1.053 3	2.370 1	2.136 1	1.109 5
2.30	1.050 9	2.417 1	2.188 6	1.104 4
2.35	1.048 6	2.464 2	2.241 1	1.099 5
2.45	1.044 4	2.558 9	2.345 8	1.090 8

经过上面的分析，对于 K_9 平板结构的消偏振双波长膜系，可以采用以周期膜系 $(LMHML)^S$ 为基础，结合优化法来实现。在薄膜材料的选择上，根据上述分析可以得到：低折射率材料 L 的折射率应该在 1.3 ～ 1.4 之间，中间折射率材料 M 的折射率应该在 1.6 ～ 1.7 之间，高折射率材料的折射率应该在 2.25 ～ 2.35 之间。在可见范围的薄膜材料，MgF_2 的折射率在 1.38 左右，可以选为低折射率材料；Al_2O_3 的折射率在 1.6 左右，可以作为中间折射率材料，ZnS 的折射率在2.3 左右，可以作为高折射率材料。

由于在设计的时候，630 nm 的分光消偏振的难度较大，因此在选择初始结构的时候，要使初始膜系在 630 nm 处的 S 光和 P 光的光谱透过率尽可能接近 50%，但是考虑到在优化的时候，透过率会有一定程度的增加，所以在初始结构中，630 nm 处的 S 光和 P 光的光谱透过率应该比 50% 小一点，与此同时兼顾 780 nm 的光谱特性指标。

根据上面的分析，经过反复模拟，选择初始结构为

$$K_9 \mid (LMHML)^S \mid A$$

其中，K_9 为基片，折射率为 1.52；$L-MgF_2$，折射率为 1.38；$M-Al_2O_3$，折射率为 1.65；$H-ZnS$，折射率为 2.3。

对于对称周期膜系$(LMHML)^S$，当 $S=5$，$\lambda_0=570$ nm 时，可保证 630 nm 处的反射率在 0.5 附近。对于 λ_0 处，根据在中心波长处，膜层有效位相厚度均为 λ_0 时的光学导纳为 $Y=\frac{\eta_L^4\eta_H^2}{\eta_M^4}$。因此，在中心波长 570 nm 处，$(LMHML)^5$ 的光学特性与$(LMHML)$的光学特性相同，拥有 5 层膜的膜系是一个增透膜，因此 $\lambda_0=570$ nm 处是一个处于截止带边缘的高透射点，可以得到：

① 查表 2.7.4，$n_H=2.30$，$n_L=1.38$，$n_M=1.65$ 所对应的偏振分离分别为 $\Delta n_H=1.1044$，$\Delta n_L=1.3561$，$\Delta n_M=1.2250$，可得

$$\frac{2\Delta n_M+2\Delta n_L+\Delta n_H}{\frac{2}{\Delta n_M}+\frac{2}{\Delta n_L}+\frac{1}{\Delta n_H}}=\frac{2\times 1.2250+2\times 1.3561+1.1044}{\frac{2}{1.2250}+\frac{2}{1.3561}+\frac{1}{1.1044}}=1.31$$

显然，与式(2.7.51)的消偏振条件对比，只能勉强认为由 $n_H=2.30$，$n_L=1.38$，$n_M=1.65$ 组成的基本周期膜系是一个消偏振膜系，也就是存在一个基本消偏振的高反带（截止带）；

② 在上面的分析中得知 570 nm 处的光学特性位于高反带（截止带）的高透射处，因此，此膜系消偏振的高反带（截止带）的起止波长分别为 $\lambda_0\sim\lambda_0/(1-2\Delta g)$，查表 2.7.4，$\eta_{HS}=2.1886$，$\eta_{LS}=1.1850$，$\eta_{HP}=2.4171$，$\eta_{LP}=1.6070$，将 η_{HS}，η_{LS}，η_{HP} 和 η_{LP} 代入阻带宽度计算公式中，可得此膜系的相对波数宽度。

对于 S 偏振光，则有

$$2\Delta g=\frac{4}{\pi}\arcsin\left(\frac{\eta_{HS}-\eta_{LS}}{\eta_{HS}+\eta_{LS}}\right)=0.348$$

对于 P 偏振光，则有

$$2\Delta g=\frac{4}{\pi}\arcsin\left(\frac{\eta_{HP}-\eta_{LP}}{\eta_{HP}+\eta_{LP}}\right)=0.258$$

所以

$$\lambda_0/(1-2\Delta g)=570/(1-0.258)=768\ \text{nm}$$

高透射带（截止带）的波长范围是 570 ～ 768 nm，因此 630 nm 在高反射带（截止带）内。

关于 780 nm 处高透射：由 $\lambda_0=570$ nm，$\lambda=780$ nm 得 $g=570/780=0.73$，$\delta=\frac{\pi}{2}g=0.365\pi$，将 $\delta=\frac{\pi}{2}g=0.365\pi$，$\eta_{HS}=2.1886$，$\eta_{LS}=1.1850$，$\eta_{HP}=2.4171$，$\eta_{LP}=1.6070$，$\eta_{MS}=1.4098$，$\eta_{MP}=1.8262$ 代入式(2.7.44)中，经计算：

对于 S 偏振： $M_{11}=0.8645<1$

对于 P 偏振： $M_{11}=0.8654<1$

由于已经存在 $|M_{11}|<1$ 成立，所以 780 nm 位于透射带内。

关于 780 nm 处消偏振：根据前面对双波长消偏振机理的分析，要求在高透射点处消偏振，该点相对于中心波长的相对波数必须使式(2.7.54)，即 $E_P^2 = 2E_S^2\Delta n_S(\Delta n_S = \eta_{SP}/\eta_{SS})$ 成立。将 $\delta = \frac{\pi}{2}g = 0.365\pi, \eta_{HS} = 2.1886, \eta_{LS} = 1.1850, \eta_{HP} = 2.4171, \eta_{LP} = 1.6070, \eta_{MS} = 1.4098, \eta_{MP} = 1.8262$ 分别代入公式，经计算得 $E_P^2 = 0.8726, E_S^2 = 0.3727$

查表 2.7.4，得到对于基底 K_9 玻璃，其偏振分离为 $\Delta n_S = 1.2762$

所以有 $$\frac{E_P^2}{2\Delta n_S E_S^2} = \frac{0.8726}{2\times 1.2762\times 0.3727} = 0.92$$

可以认为 780 nm 处是一个消偏振点。

图 2.7.6 表明了膜系 $G|(LMHML)^5|A$ 未经过优化时的光谱特性曲线。其中 $n_H = 2.30$，$n_L = 1.38$，$n_M = 1.65$，$n_0 = 1.52$，$\lambda_0 = 570$ nm。

从图 2.7.6 可以看出，初始膜系的曲线在 780 nm 处的光谱曲线已经基本满足了给定的指标，透过率大于 93%，S 偏振与 P 偏振的差异小于 5%。但是在 630 nm 处的光谱指标还不是很好，需要进一步的改进。

2）膜系优化。由于初始膜系的光谱指标还不能很好满足设计的要求，尤其是在 630 nm 处。因而需要进一步对膜系进行改进。改进的思路是通过对靠近基片和空气侧的各 5 层膜的厚度调节，使 630 nm 和 780 nm 处的光谱指标达到设计要求。优化设计是在初始膜系的基础上用膜系设计软件进行。经过优化后，最后的膜系为

$K_9 | 2.221L1.224M1.431H0.748M0.994L\ 3(LMHML)\ 0.669L1.014M1.071H0.82M\ 0.612L | A$

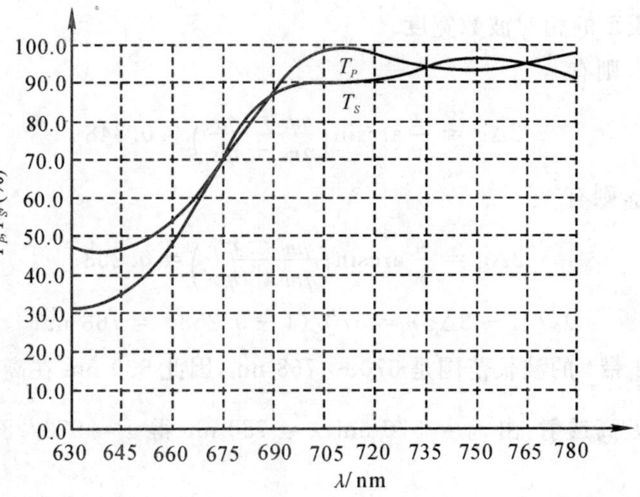

图 2.7.6　表示膜系 $G|(LMHML)^5|A$ 在未经过优化时的特性曲线

优化后膜系的光学特性如图 2.7.7 ～ 图 2.7.9 所示。

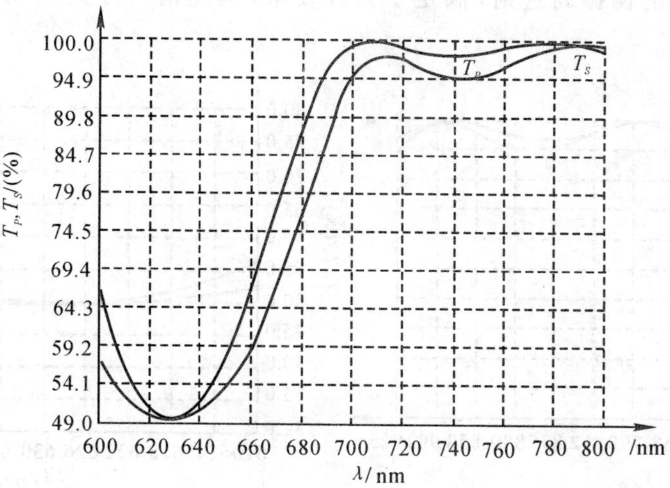

图 2.7.7　优化后膜系从 600 ～ 800 nm 的光谱特性曲线

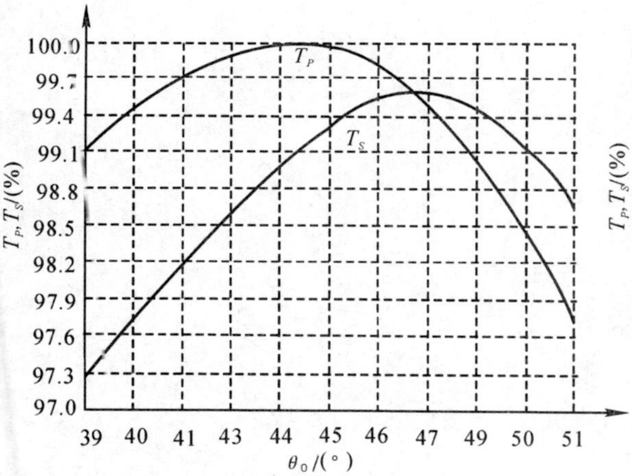

图 2.7.8　780 nm 从 39° ～ 51° 的光学特性曲线

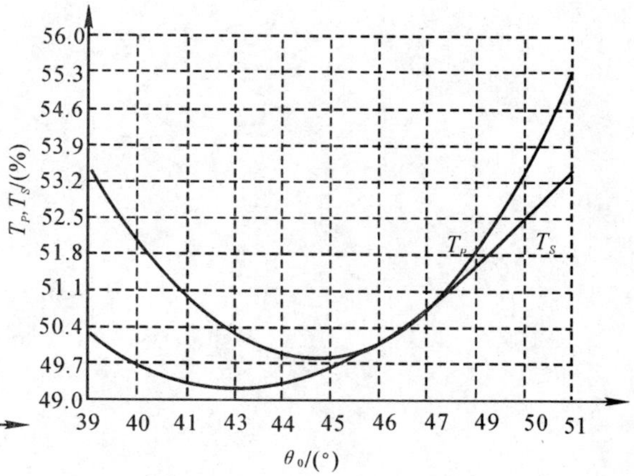

图 2.7.9　630 nm 从 39° ～ 51° 的光学特性曲线

由上面三个图可以看出，优化后的膜系光谱指标很好。从图 2.7.9 可以得到：在 630 nm 处，入射角从 39° ～ 51° 变化，$|T_S - T_P| < 3\%$，T_S 在 49.7% ～ 55.3% 之间，T_P 在 49.2% ～ 53.3% 之间，在入射角为 45° 时，T_S 和 T_P 几乎相等，且等于 50%，因此具有很好的 1∶1 消偏振分光。要求设计的指标为入射角 45° ± 6°，630 nm 处 1∶1 分光，$|T_S - T_P| < 5\%$。优化后的膜系的光谱指标完全满足设计要求，而且要比它好得多。从图 2.7.8 可以得出：在 780 nm 处，入射角从 39° ～ 51° 变化，$|T_S - T_P| < 2.5\%$，T_S 在 97.3% ～ 99.7% 之间，T_P 在 97.6% ～ 100% 之间。在 780 nm 处，膜系具有很高的透过率，而且偏振效应很不明显。要求设计的指标为入射角 45° ± 6°，780 nm 处要高透过，透过率大于 93%，$|T_S - T_P| < 5\%$。这个优化后的膜系，很好地满足了这个设计要求。

另外，此膜系还实现了在 610 ～ 645 nm 波段 $R : T = 1 : 1$ 消偏振分光，在 700 ～ 925 nm

波段范围内实现了消偏振高透射，满足了设计要求，其光谱特性如图 2.7.10 和图 2.7.11 所示。

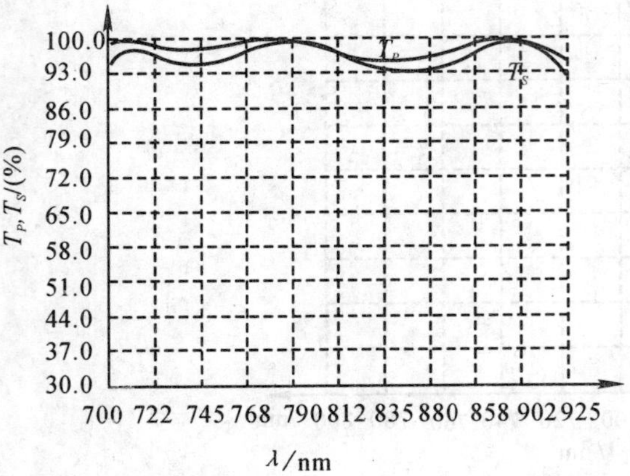

图 2.7.10 从 700 ～ 925 nm 在 45° 入射下的高透射曲线

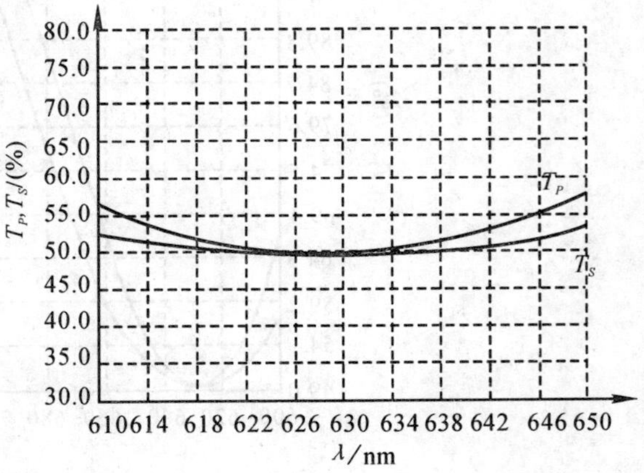

图 2.7.11 从 610 ～ 645 nm 在 45° 入射下的分光曲线

第三章　薄膜制造技术

光学薄膜可以采用物理汽相沉积(PVD)和化学液相沉积(CLD)两种工艺来获得。CLD工艺简单,制造成本低,但膜层厚度不能精确控制,膜层强度差,较难获得多层膜,还存在废水废气造成污染的问题,已很少使用。

PVD需要使用真空镀膜机,制造成本高,但膜层厚度可以精确控制,膜层强度好,目前已广泛采用。

在PVD方法中,根据膜料汽化方式的不同,又分为热蒸发、溅射、离子镀及离子辅助镀技术。其中,光学薄膜主要是采用热蒸发及离子辅助镀技术制造,溅射及离子镀技术用于光学薄膜制造的工艺是近几年才开始的。

但必须说明的是,溅射及离子镀技术在20世纪主要用在集成线路和金属表面改性领域,而且制造的薄膜质量要比热蒸发技术制造的薄膜质量好得多,之所以迟迟没有用于光学薄膜制造,是由于用于光学薄膜制造时,在技术上存在一些难题。当然,这些难题目前已经和正在得到解决,不久的将来,溅射及离子镀技术会广泛用于光学薄膜制造。

3.1　光学真空镀膜机

光学真空镀膜机大多数是热蒸发真空镀膜设备,主要由三大部分组成:真空系统、热蒸发系统、膜层厚度控制系统。图3.1.1所示为光学真空镀膜机的外形照片,它由真空室、真空机组和电控柜三部分组成。真空室内配置有先进的行星夹具和霍尔等离子体源。

3.1.1　真空系统

光学镀膜机真空系统的组成形式有:小型镀膜机采用“高真空油扩散泵＋低真空机械泵＋低温冷阱”,大型镀膜机采用“高真空油扩散泵＋低真空机械泵＋罗茨泵＋低温冷阱”,近几年,还有采用“高真空低温冷凝泵＋低真空机械泵”无油真空系统的。

图3.1.2是一台光学真空镀膜机的真空系统组成照片,其真空系统由一台低真空机械泵、一台罗茨泵和两台并联的高真空油扩散泵组成。真空室内采用的是整体球形夹具和霍尔等离子体源。

在“高真空油扩散泵＋低真空机械泵＋低温冷阱”组成的真空系统中,低真空机械泵首先将真空室抽到低于5 Pa的低真空状态,为油扩散泵后续抽真空室提供前提条件;尔后,当油扩散泵抽真空室时,机械泵又与油扩散泵组成串联机组,机械泵成为帮油扩散泵排气于大气的必不可少的设备。机械泵与油扩散泵组成的机组,可以将真空室抽到10^{-3}Pa的高真空。

罗茨泵作为提高“机械泵＋油扩散泵”机组抽气速度、压缩抽真空时间、提高生产效率的辅助真空泵，在用于批量生产的大型镀膜机中发挥着重要作用。

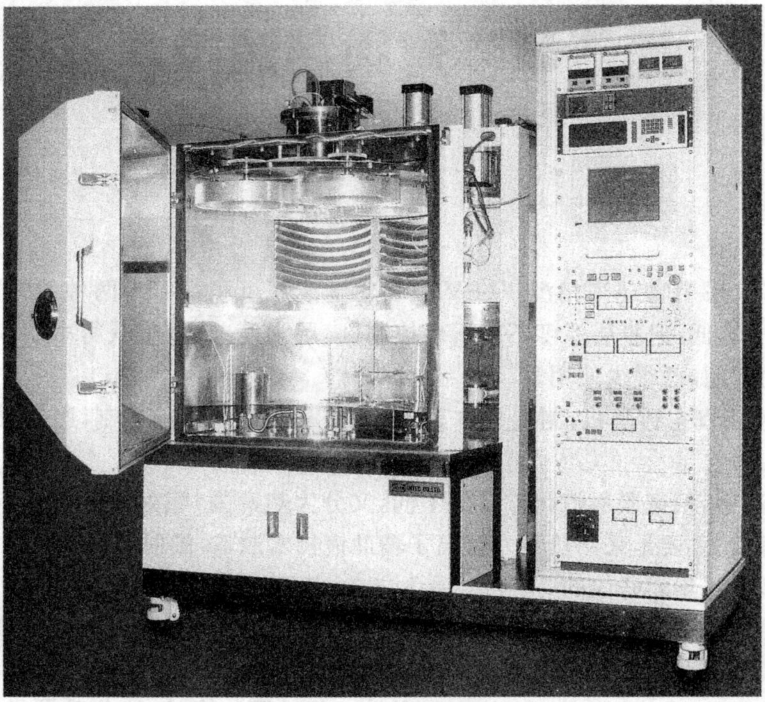

图 3.1.1 光学真空镀膜机前貌及真空室内全貌(行星夹具)

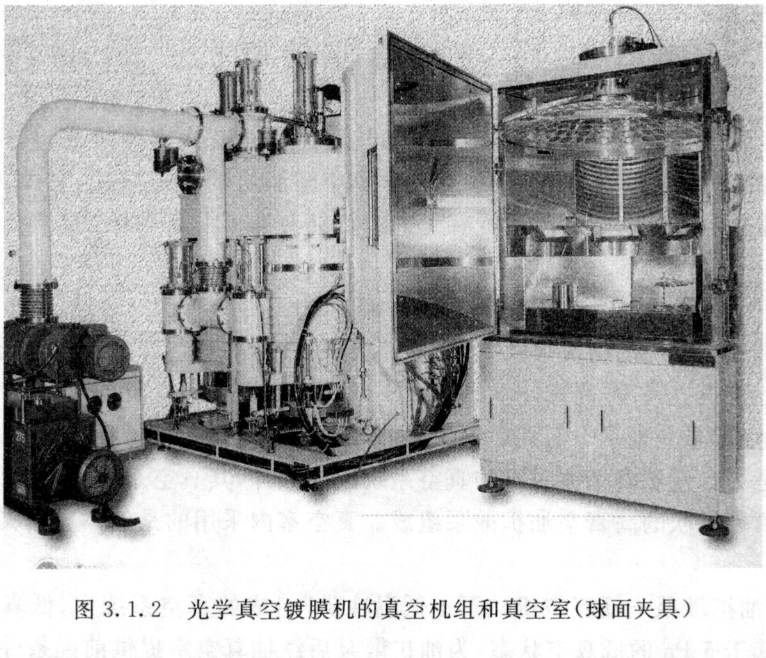

图 3.1.2 光学真空镀膜机的真空机组和真空室(球面夹具)

低温冷凝泵的最大优点是无油，有效避免了油扩散泵的油污染问题。采用低温冷凝泵无油真空系统的镀膜机镀制的膜层的牢固度明显优于有油真空系统镀膜机镀制的膜层。

3.1.2　热蒸发系统

光学真空镀膜机中设置有电阻热蒸发电极两对，电子束蒸发源一个或两个。电阻热蒸发电极用于蒸发低熔点材料，电子束蒸发源用于蒸发高熔点材料。

3.1.3　膜层厚度控制系统

精密的膜层厚度控制系统是光学真空镀膜机不同于机械、电子行业镀膜机的地方。

用于光学镀膜机的膜层厚度控制系统有两大类：

第一类是石英晶体膜厚仪，它是基于石英晶体振荡频率随膜层厚度增加而衰减的原理进行测厚的，它测量的是膜层的几何厚度。

第二类是光电膜厚仪，它以被镀零件的光透射或反射信号随膜层厚度的变化值作为测量厚度的依据，测量的是膜层的光学厚度。

这两种方法用于光学膜层厚度控制，都有很高的测量精度。需要注意的是：光电膜厚仪控制的是光学厚度，光电膜厚仪的灵敏度比较低；石英晶体膜厚仪测量的是几何厚度，但测量灵敏度为 0.1 nm。不过，近年来，利用直接监测被镀零件的光谱透射或光谱反射特性的方法取代监测膜层光学厚度的宽波段光学膜层监测仪已经逐步成熟，依靠监控膜层厚度来保证光学膜层性能的年代即将过去。

3.2　真空与物理汽相沉积

由于PVD技术的特征是需要在一定环境中进行，因此，PVD设备被称做真空镀膜机。这些设备的共同突出的特点就是需要高真空。所以说，"真空"是PVD的基础，是光学镀膜机的基础。

PVD为什么要在真空中进行？真空用哪些参数计量？PVD所需要的真空条件是如何确定的？真空如何获得？这些问题将在下文叙述。

3.2.1　PVD与真空

1. 热蒸发工艺过程

图 3.2.1 示意了热蒸发的基本原理：加热使膜料汽化蒸发后，喷涂在放置在工件架上的零件表面。

2. 大气PVD存在的问题

常温常压下，空气分子的密度为 $1.28\times10^{-3}\,g/cm^3$，每克气体分子含分子个数是 2.08×10^{22} 个，气体分子间的距离是 $3.34\times10^{-6}\,mm$，气体分子的空间密度为 2.68×10^{16} 个/mm^3，因而，空气中活性气体分子与膜层、膜料、蒸发器反应，空气分子进入膜层成为杂质。常压时，气体分子密度太高，蒸发膜料大多因碰撞而无法直线到达被镀件。

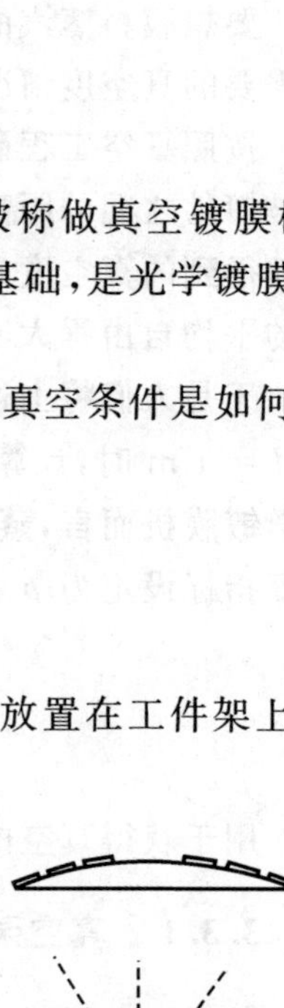

图　3.2.1

3. 真空PVD的优点

真空是压强小于101.325 kPa(1个大气压)的气体状态。PVD需要的真空条件应能够保证：气体分子的平均自由程大于蒸发源到被镀件之间的距离，被镀膜层材料容易蒸发(高真空条件下,膜料蒸发温度大幅下降);容易获得高纯膜,膜层坚硬,成膜速度快。

3.2.2 真空与压强

真空是一种气体状态(并非一无所有)。真空度是表征真空状态气体稀薄程度的物理量。

真空度的计量采用与压强相同的方法和单位。需要注意的是:低压强对应高真空度;高压强对应低真空度。

压强计量单位现已统一采用 Pa,1 标准大气压 $= 760\text{mm Hg} = 1.01325 \times 10^5\text{Pa}$。

在真空行业中,真空区间还被不严格地划分为:粗($10^5 \sim 10^2$ Pa)、低($10^2 \sim 10^{-1}$Pa)、高($10^{-1} \sim 10^{-5}$ Pa)、超高($10^{-5} \sim 10^{-12}$Pa)、极高($< 10^{-12}$Pa) 五个真空段。

3.2.3 PVD 所需真空度

PVD 所需真空度的基本确定原则是"气体分子的平均自由程大于蒸发源到被镀件之间的距离"。按照气体分子运动理论,气体分子平均自由程 $\bar{\lambda} = \dfrac{1}{\sqrt{2}\pi\sigma^2 n} \approx \dfrac{2}{3}p$ (cm),其中,σ 是气体分子的直径,n 是气体分子的密度,p 是对应于 n 的气体压强。如果假定蒸发源到被镀件之间的距离 $d = 1$ m,由此确定的 PVD 所需真空度应当是 $p < \dfrac{2d}{3} = 7 \times 10^{-3}$Pa。

要想膜料蒸汽的每一个分子都无碰撞地喷镀到零件表面是不可能的。但是应当弄清楚,在所需要的真空度情况下,分子的碰撞概率到底有多大?

按照真空工程研究所得到的气体分子的碰撞概率 N_P/N_0 与分子平均自由程 $\bar{\lambda}$ 及蒸发源到被镀件之间的距离 d(cm) 之间的关系是 $N_p/N_0 = 1 - \exp(-d/\bar{\lambda}) \approx 1 - \exp(-3pd/2)$。将上面得到的真空度参数代入计算得到 $N_p/N_0 = 63\%$,如此高的碰撞概率使我们对于"气体分子的平均自由程大于蒸发源到被镀件之间的距离"的原则感到不妥。

于是人们将上述原则修正为"气体分子的碰撞几率 $N_p/N_0 < 10\%$"。按照这一新的原则,当 $d = 1$ m 时,计算得出 $p \approx 7 \times 10^{-4}$ Pa。如果 $d = 0.5$ m,则 $p \approx 1.4 \times 10^{-3}$ Pa。对于大多数光学镀膜机而言,蒸发源到被镀件之间的距离都在 50 cm 左右,所以光学镀膜机制造商就将真空度指标设定为 $p < 1.3 \times 10^{-3}$Pa。

3.3 真空获得与检测

用于获得真空的设备叫真空泵,检测真空度的仪器叫真空计。

3.3.1 真空泵

1. 真空与真空泵

"抽真空"是指抽出容器内气体,获得真空状态的过程或动作。"真空泵"是用于抽出容器内气体的机器。

抽气机主要性能参数:

抽气速率(体积流率):L/s,m^3/s;

极限真空:可以抽到的最低压强(最高真空度);

启动压强：泵无损启动，并有抽气作用时的压强；

前级压强：排气口压强；

最大前级压强(反压强)：超过了就会使泵损坏或不能正常工作的前级压强。

2. 常见真空泵类型

(1) 分类。

1) 气体传输泵 —— 能使气体不断吸入和排出而达到抽气目的。

变容式：泵腔容积周期性变化完成排、吸气。如油封旋片式机械泵、滑阀泵、罗茨泵。

动量传递泵：用高速旋转的叶片或高速射流，把动量传递给气体分子，使气体分子连续地从入口向出口运动。如分子泵、油扩散泵。

2) 气体捕集泵：利用泵体、工作物质对气体分子的吸附和凝结作用抽出容器内的气体。如吸附泵、吸气剂泵、低温泵。

(2) 工作范围。常见真空泵的使用范围是机械泵在 $1 \sim 10^5$ Pa，罗茨泵在 $10 \sim 10^4$ Pa，油扩散泵在 $1 \sim 10^{-5}$Pa，涡轮分子泵在 $1 \sim 10^{-8}$Pa，溅射离子泵在 $1 \sim 10^{-8}$Pa，低温泵在$10^{-1} \sim 10^{-8}$Pa。

实际工程中，能够直接用于抽大气并向大气中排气的真空泵只有机械泵，而单独使用机械泵只能获得低真空。上述可以获得高真空的任何一台真空泵，其最大前级压强都低于 101.325 kPa。因此，镀膜机的真空机组最少需要两个真空泵形成接力式真空机组，才能获得所需要的高真空度。

3. 旋片式机械泵

图 3.3.1 所示是油封旋片式机械泵的结构图。

抽、排气工作是由转子带动始终与定子保持紧切的旋片的旋转进行的。油封的作用是密封和润滑。

(1) 理论基础。根据 Boyle-Malotte 定律：$pV = RT$，若能将原压强为 p_0 的容器体积 V 扩展 ΔV，扩展容积后的压强为 p_1，且温度 T 不变，则由

$$p_0V = RT, \quad p_1(V + \Delta V) = RT$$

得

$$p_0 - = p_1(V + \Delta V)$$

即

$$p_1 = \frac{p_0V}{V + \Delta V}$$

显然，容器体积扩展 ΔV 时，压强由 P_0 下降为 P_1，具有了抽气能力。

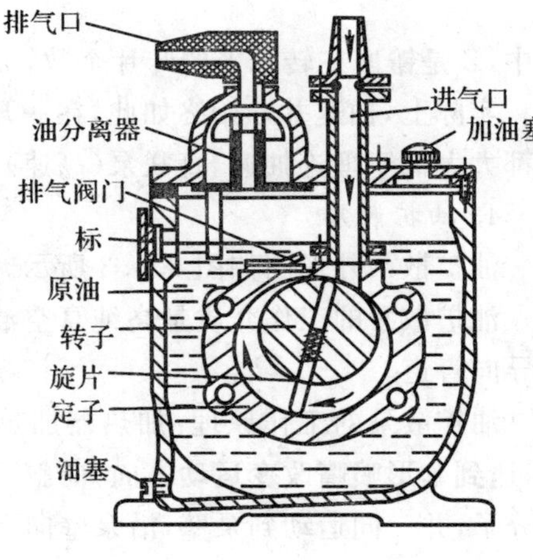

图 3.3.1 油封旋片式机械泵结构图

(2) 工作过程。图 3.3.2 是机械泵转子转动一周过程中三个瞬间的状态图。在时刻(1)，镶嵌在转子上的叶片 1 位于转子与定子的"切点"(惟一)，从此刻开始，沿顺时针方向旋转。到第(2) 时刻，转子叶片 1 与"切点"之间的空间已经由时刻(1) 时的 0 扩展为 V_1，其中充入了由进气口扩散进入的气体。到第 (3) 时刻，转子叶片 1 与"切点"之间的空间已经由时刻(2) 时的 V_1 扩大为转子叶片 1 与叶片 2 形成的最大吸气空间 V_2，其中由进气口扩散进入的气体量也达到最大。而与此同时，叶片 1 的抽气作业已经结束。当叶片 1 再次回到"切点" 位置时，转子叶片 1 与叶片 2 形成的空间已与排气口接通，叶片 1 与叶片 2 之间的空间已经缩小，其中的气体压力也随着增大而挤出排气口，当叶片 2 转到"切点" 位置时，在时刻(3) 时叶片 1 与叶片 2 之间的

气体已经全部经排气口排出，转子完成了一个抽、排气周期的工作。转子周而复始的重复上述周期运转，与进气口相连接的容器中的气体便被抽出，容器中的气压不断下降。

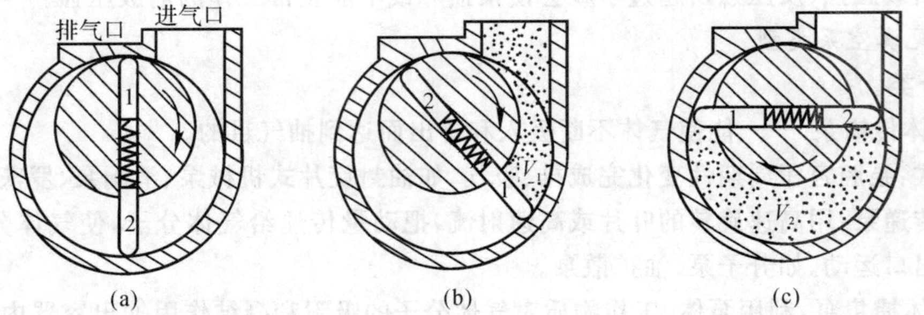

图 3.3.2 机械泵转子三个不同时刻的转子状态

(a) 时刻(1)； (b) 时刻(2)； (c) 时刻(3)

(3) 性能指标。

前级压强：1.013×10^5 Pa(1 个标准大气压)

启动压强：1.013×10^5 Pa(1 个标准大气压)

工作压强：$1.013\times10^5\sim1.333\times10^{-1}$ Pa

极限真空：5×10^{-2} Pa

油封旋片式机械泵的理论抽速为

$$S_{\mathrm{th}}=ZnV_{\mathrm{S}}$$

式中，Z 是镶嵌在转子上的叶片个数，n 是转子的转速，V_{S} 是泵腔的容积。

实际上，抽速并非始终如此，在一开始抽大气和容器压强较低(小于 1Pa)时，机械泵的抽速都大大低于理论抽速。直联泵(高速)的抽速明显高于普通机械泵。

4. 油扩散泵

油扩散泵外形图如图 3.3.3 所示。油扩散泵的内部构造图如图 3.3.4 所示。

油扩散泵的工作介质是高纯真空油，加热器用于使油加热汽化，泵芯是油蒸汽流动 / 喷射的导向管道。

油扩散泵的工作原理：加热器加热真空油使其汽化蒸发，油蒸汽沿泵芯导向管道向上喷射，遇到伞形喷嘴改变运动方向，向斜下方喷出，油蒸汽分子俘获由进气口扩散进入泵腔的气体分子，并一同运动到泵壁，沿泵壁向下流动，到达油槽时，气体分子遇热蒸发，被与排气口连接的机械泵抽走。

其中，多级喷嘴的作用是形成“接力”向下的运动动能，以阻止“反扩散”(气、油)。位于油槽底部的分馏槽的作用是将真空油分级，重馏分低蒸汽压油蒸汽沿中心高级导流管蒸发，利于获得高极限真空。

油扩散泵的性能指标：启动压强为 10^{-1} Pa，最大前级压强为 1 Pa ，工作压强为 $10^{-1}\sim10^{-6}$ Pa ，极限真空度为 10^{-7} Pa 。

使用油扩散泵时，有两点问题值得注意：一是油扩散泵既不能直接抽大气，也不能直接向大气中排气；二是油扩散泵必须在有水冷的条件下使用。

(a)

(b)

图 3.3.3 油扩散泵外形图

(a) 突腔式；(b) 直腔式

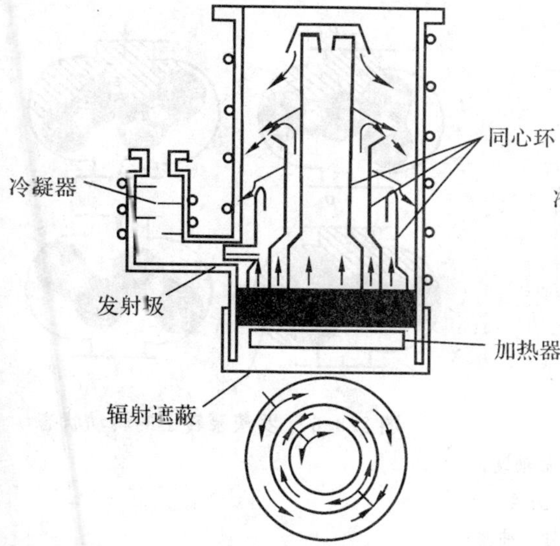

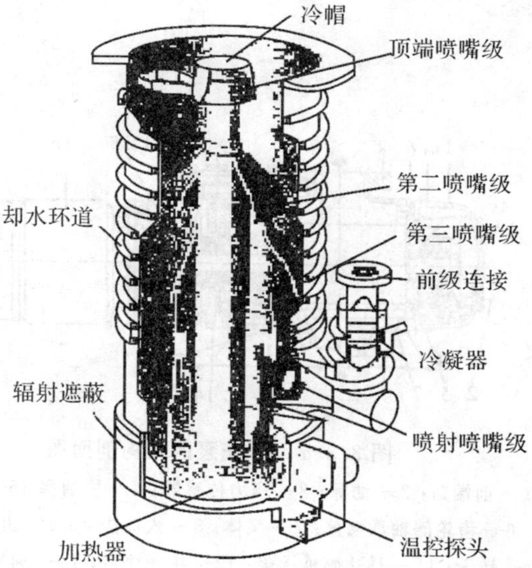

图 3.3.4　油扩散泵的内部构造图

5. 罗茨泵

为了提高由机械泵和油扩散泵组成的真空机组的抽气速度，现在大多数镀膜机都增设有一种罗茨泵。

(1) 罗茨泵的特点。罗茨泵是一种旋转式变容真空泵，它是由罗茨鼓风机演变而来的。根据罗茨真空泵工作范围的不同，又分为直排大气的低真空罗茨泵、中真空罗茨泵（又称机械增压泵）和高真空多级罗茨泵。一般来说，罗茨泵具有以下特点：在较宽的压强范围内有较大的抽速；启动快，能立即工作；对被抽气体中含有的灰尘和水蒸气不敏感；转子不必润滑，泵腔内无油；振动小，转子动平衡条件较好，没有排气阀；驱动功率小，机械摩擦损失小；结构紧凑，占地面积小；运转维护费用低。

由于罗茨泵是一种无内压缩的真空泵，通常压缩比很低，故高、中真空罗茨泵都需要前级泵。

罗茨泵的极限真空除取决于泵本身结构和制造精度外，还取决于前级泵的极限真空。为了提高极限真空度，可将多个罗茨泵串联使用。

(2) 罗茨泵的结构。罗茨泵的结构如图 3.3.5 所示。在泵腔内，有二个“8”字形的转子相互垂直地安装在一对平行轴上，由传动比为 1 的一对齿轮带动做彼此反向的同步旋转运动。在转子之间、转子与泵壳内壁之间，保持有一定的间隙，可以实现高转速运行。

(3) 罗茨泵的工作原理。罗茨泵的工作原理与罗茨鼓风机相似。转子不断旋转，被抽气体从进气口吸入到转子与泵壳之间的空间，由于吸气后空间 V_2 是全封闭状态，所以，在泵腔内气体没有压缩和膨胀。但当转子顶部转过排气口边缘时，V_2 空间与排气侧相通时，由于排气侧气体压强较高，则有一部分高压气体返冲到 V_2 空间中去，使泵腔内气体压强突然增高达到排气压力。当转子继续转动时，气体排出泵外。

图 3.3.6 是罗茨泵转子从 0° 转动 90° 过程中的四个瞬间状态图，示意了罗茨泵转子的转动状态。

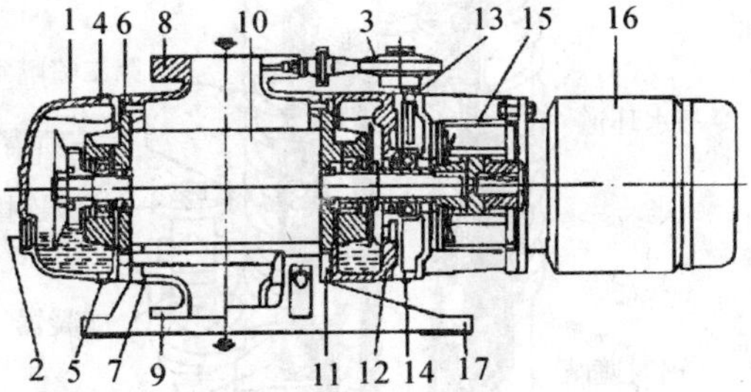

图 3.3.5 罗茨泵的结构剖面图

1— 前端盖；2— 油标；3— 压力传感器；4— 注油塞；5— 放油塞；6— 齿轮侧轴承端盖；7— 泵体；8— 入口法兰；9— 出口法兰；10— 转子；11— 马达侧轴承盖；12— 中间法兰；13— 油封处注油塞；14— 油封处放油塞；15— 笼形支架；16— 电动机；17— 泵底座

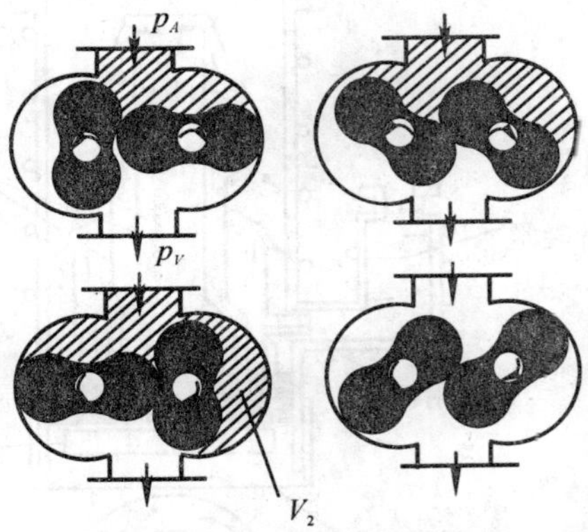

图 3.3.6 罗茨泵转子的转动状态

3.3.2 低温冷凝泵

图 3.3.7 是低温冷凝泵的结构示意图。低温冷凝泵是一种利用低温冷凝和低温吸附原理抽气的容积式真空泵，是无油高真空环境获得的设备。低温泵的最大特点是无油污染，因而被广泛应用于半导体、集成电路、光电器件的制造工艺过程。

低温冷凝：用液 He 冷却固体表面达 4.2 K，空气中除 H_2，He 以外，大部分气体的饱和蒸气都低于 1 Pa，即空气中主要气体成分都会被冷凝，即达到抽真空的目的。

低温吸附:在低温表面上粘贴一些固体吸附剂,气体分子到达这些多孔的吸附剂上而被捕集。

低温泵的特点:

(1) 真正的无油真空泵:利用低温冷板来冷凝、吸附气体而获得和保持真空,清洁无污染;

(2) 抽速大:特别是对 H_2O,H_2 等气体抽速很大;

(3) 运行费用低:运行时只需电力和冷却水,不需液氮等低温液体,操作简单方便;

(4) 适应性强:真空腔内无运动部件,来自外界的干扰或来自真空系统的微粒不影响低温泵工作;

(5) 可以安装在任何方位;

(6) 运动部件少且低速运行,寿命长;

(7) 所有型号的低温泵都可以达到 10^{-7} Pa 的极限真空度,部分特殊品种的极限真空度可达 10^{-9} Pa。

3.3.3 PVD 使用的高真空系统

图 3.3.7 示意的是目前广泛应用于光学薄膜制造的真空镀膜机的真空系统。其中,1 是进行薄膜制造的真空容器。2 是高真空阀门。3 是低温冷阱,低温冷阱作为有油真空机组必须配套的挡油装置,对于防止油蒸汽进入真空室,获得牢固镀层,有无法替代的作用。低温冷阱的常见冷却方式有冷水、冷冻水、液态氮、液态氦。近几年,有一种专用冷却系统被广泛用于真空镀膜机的冷阱——Polycold,它可以使冷凝板降温到 −192℃,大大提高了低温冷阱的挡油效率。使用 Polycold 冷凝板,还可以有效地捕集水分子,弥补有油真空机组不能抽除水气的缺陷,对于提高膜层牢固度,特别是无烘烤低温镀制膜层的牢固度和 MgF_2 膜层的牢固度有突出的作用。4 是油扩散泵。5 是旋片式机械泵。6 是低真空阀门,通过这些阀门,可以只用一台机械泵,既完成对真空室抽低真空,为油扩散泵最终抽高真空制造必需的低真空基础,又帮油扩散泵排气于大气,保证油扩散泵正常工作。7 是低真空测量用的热偶真空规。8 是高真空测量用的电离真空规。

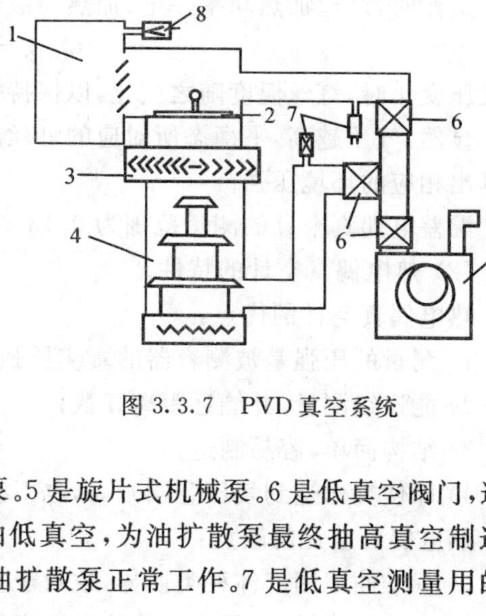

图 3.3.7 PVD 真空系统

3.3.4 真空度的检测

1. 热电偶真空计

(1) 热电偶真空计的原理。热电偶真空计是通过热电偶中热丝的温度与压强的关系确定真空度。

所谓热电偶是指任何两根不同材料的金属,当其两个接通处的温度不相等时,便出现了温差热电效应。在材料选定后,回路的热电动势仅取决于两个接头处的温度。如果热电偶不是由两根金属丝组成,而是由多根金属丝串接,则回路的热电动势等于各个节点处分热电动势的代数和。

热电偶真空规管由玻璃制成，通过小管 8 和真空系统相接，如图 3.3.8 所示，在规管内的两根引线上装有热丝 3，另外两根引线上焊着一对温差电偶 4，温差电偶的另一端与热丝在 A 点焊接。

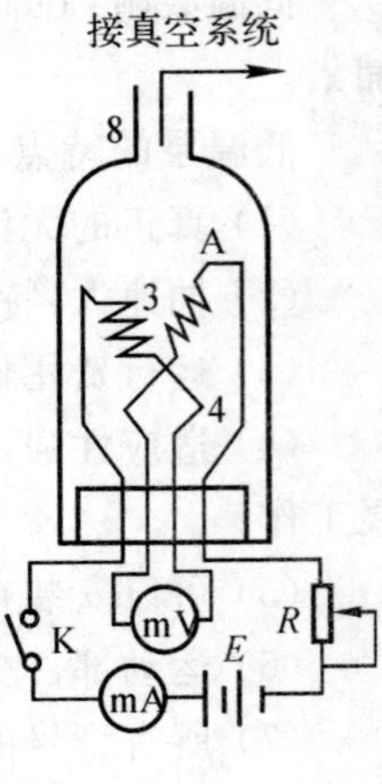

图　3.3.8

由于在低压下，气体的热传导系数与压强成正比，所以在通过热丝的电流一定的条件下，热丝的温度随着规管内真空度的提高而升高，温差电偶电动势也就随之而增大。因此，通过测量温差电偶电动势，就可确定出被测系统的真空度。

灯丝通电后，其热量散失的途径有以下三种：

灯丝辐射损失 Q_1 为

$$Q_1 = C_1(T_4 - T_{04})$$

灯丝引线的热传导损失 Q_2 为

$$Q_2 = C_2(T - T_0)$$

气体碰撞的热传导损失 Q_3 为

$$Q_3 = C_3(T - T_0)p$$

式中，C_1，C_2，C_3 是常数，T 是灯丝的温度，T_0 是管壁的温度。

工作时，灯丝加热功率一定，加热与散热达到热平衡时，则有

$$Q_{灯丝} = Q_1 + Q_2 + Q_3$$

当气压变化时，灯丝温度随之变化，以保持平衡态。

显然，气压越高，平衡态所对应的灯丝温度越低。因此，用热电偶测出灯丝的温度，就可以换算出相应的环境压强。

温差电偶真空计的测量范围为 0.13 ～ 13 Pa。

(2) 热电偶真空计的特性。

热电偶真空计的优点：

1) 测量的压强是被测容器的真实压强；

2) 能连续测量，并能远距离读数；

3) 结构简单，容易制造；

4) 即使突然遇到气压急剧升高，也不会烧毁。

热电偶真空计的缺点：

1) 标准曲线因气体种类而异，故对于空气测量得到的标准曲线不能直接用于其他气体；

2) 由于热惯性，压强变化使热丝温度的改变将滞后，读数亦必定滞后；

3) 受外界的影响很大，所以规管必须安装在不易受辐射热或对流热的位置；

4) 老化现象严重，必须经常校准。

2. 热阴极电离真空计

(1) 热阴极电离真空计的原理。具有足够能量的电子在运动中与气体分子碰撞，可能引起分子的电离，产生正离子及电子。而电子在一定的“飞行”路程中与分子的碰撞次数，又正比于分子的密度，一定温度下也正比于气体压强，故产生的正离子数也正比于压强。由此可见，电离现象是与压强有关的现象，可作为一种真空测定原理的依据。借助于电测量技术，不难成为一种非常有效的测量技术。

最简单的热阴极电离真空规管就是一只三极管，如图 3.3.9 所示，通过 B 管与真空系统相

接，使用时，在灯丝电路中通以电流，灯丝受热后便发射电子，由于栅极加上正电压，便吸引电子使电子加速，中途与气体分子相碰，气体的密度越大，碰撞机会越大，产生的正离子也越多。另外，由于板极电压为负，便吸引正离子在板极电路中形成板极电流 I_p，气体分子密度越大（即压强越大），板极电流也越大。所以，通过测量板极电流便可以确定气体的压强，热阴极电离真空计就是根据这个原理制成的。热阴极电离真空计是测量极高真空的仪器，测量范围为0.1 ～ 1×10^{-5} Pa。

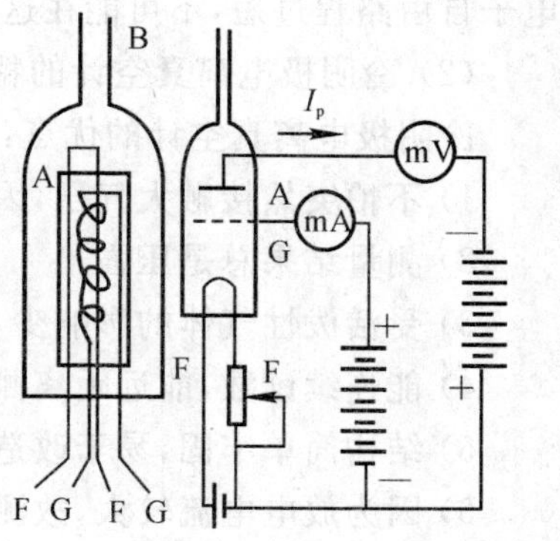

图 3.3.9　热阴极电离真空规管原理示意图

(2) 热阴极电离真空计的特性。

热阴极电离真空计的优点：

1）测出的是总压强；

2）反应迅速，可连续读数，还可以远距离控制；

3）可测很低的压强。一般的电离计就可测量到 5×10^{-5} Pa，如改进后制成超高真空计，可测量到 10^{-7} Pa；

4）规管小，易于连接到被测量处；

5）一般电离真空计的校准曲线直线范围宽，通常在 10^{-1} ～ 10^{-5} Pa 之间；

6）对机械振动不敏感；

热阴极电离真空计的缺点：

1）灵敏度与气体种类有关；

2）压强大于 10^{-1} Pa 时，灯丝易于烧毁，但一旦真空系统突然漏气，如不设置专门保护线路，规管灯丝往往立即烧毁；

3）在工作时产生化学清除作用及电清除作用，造成压强的改变，影响测量准确度；

4）玻璃壳、电极的放气，会导致产生测量误差；

3. 冷阴极电离真空计

(1) 冷阴极电离真空计的原理。放电管在压强（10^{-1} ～ 10^{-2} Pa）较低时自持放电就熄灭，想要将下限扩展到高真空范围，可用磁场控制电子运动的方法，增加电子的路程。利用这种方法制成的真空计，就是冷阴极电离真空计，也称磁控放电真空计。图 3.3.10 是冷阴极电离真空计的原理示意图。两块相对放置的金属板 2 为阴极，中间用一金属方框 1 当阳极，外加磁场 N，S 是垂直于电极平板的永久磁铁。当电子向阳极运动时，因其速度方向与磁场成一角度，所以其轨道不是直线而是螺旋线。又因阳极是框形，故电子不一定第一次就碰上它，而是穿过去，然后受对面阴极的排斥，又返回。电子是以螺旋状轨迹（打滚直线前进）在阳极前后振荡多次，然后才打上阳极的。由于电子路程大大加长，故碰撞和电离的分子数增加，使得在较低压强（10^{-6} Pa 左右）下仍能维持放电。外电路中的电流是由电子及离子的电流共同组成，比热阴极电离真空计的离子流大得多，以致可以直接用微安表直接测量。

放电电流与压强关系的校准曲线如图 3.3.10 右图所示，当压强过低时，放电不稳定，最后熄灭；当压强偏高（10^{-1} ～ 1Pa）时，曲线逐渐趋于饱和，放电电流几乎与压强无关。因为这时的电子自由路程很短，电子在每一自由路程中从电场获得的能量少，电离的可能性小。尽管这时碰撞次数较多，但总的电离效果几乎没有增加。如果压强继续增高，则放电最后亦会熄灭。此时电子自由路程过短，不可能在这么短的路程中获得足够能量以引起电离。

(2) 冷阴极电离真空计的特性。

冷阴极电离真空计的优点：

1) 不怕突然接触大气压，因为放电会自动熄灭，管子可不遭受任何损害，使用寿命很长；

2) 测量结果总是压强；

3) 受活泼性气体的影响少，不怕毒化或影响电子发射；

4) 能连续读数，能远距离测量和实现自动控制；

5) 结构简单牢固，易于改造；

6) 因为放电电流较大，故测量电路无须用放大器。

冷阴极电离真空计的缺点：

1) 在低压强范围，它的灵敏度不如热阴极电离计高；

2) 电清除作用严重，导致很大的测量误差；

3) 常发生放电形式的跃迁，使电流产生与压强无关的变动；

4) 由于使用电压高，电极存在场致发射，这也是与压强无关的现象，它限制了测量下限，故一般只能测到 $10^{-6}\sim10^{-5}$ Pa；测量上限为 1Pa。

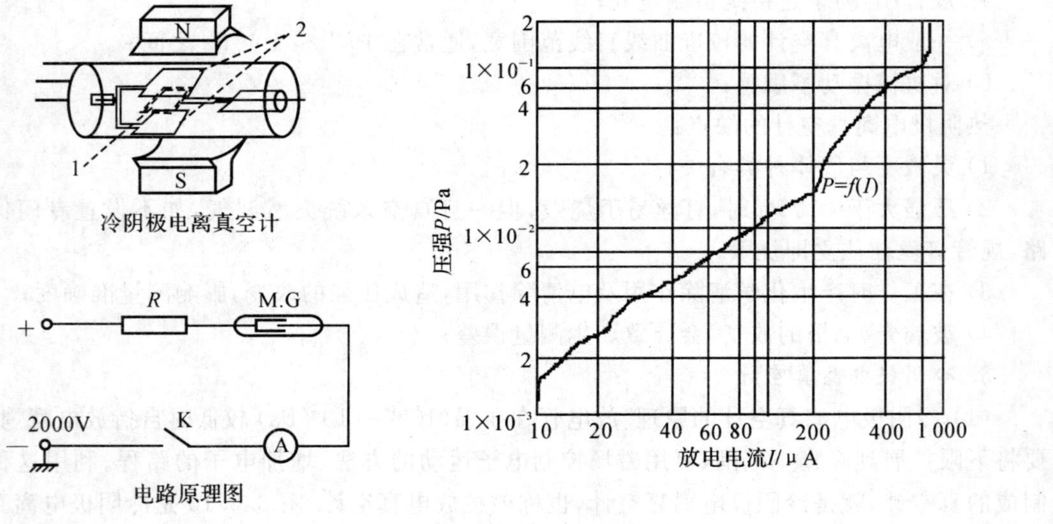

图 3.3.10　冷阴极电离真空规管原理示意图

3.4 热蒸发

光学薄膜器件主要采用真空环境下的热蒸发方法制造。本节主要介绍用热蒸发方法制造光学薄膜的原理，详细的热蒸发工艺将在下一章中介绍。

3.4.1　蒸发源

1. 电阻加热

(1) 电阻热蒸发特性。低压大电流使高熔点金属制成的蒸发源产生焦耳热，使蒸发源中承载的膜料汽化或升华。

优点：简单、经济、操作方便。

缺点：

1）不能蒸发高熔点材料；

2）膜料容易热分解；

3）膜料粒子初始动能低，膜层填充密度低，机械强度差。

（2）选用蒸发源应考虑的因素：

1）熔点高，热稳定性好；

2）蒸发源在工作温度有足够低的蒸气压；

3）不与膜料反应；

4）高温下与膜料不相湿（相渗），或虽相湿，但不相溶；

5）经济实用。

（3）常用蒸发源材料及其特性，如图 3.4.1 和表 3.4.1 所示。

表 3.4.1　几种蒸发源材料的熔点和蒸气温度

蒸发源材料	熔点 /℃	平衡温度 /℃	
		蒸气压在 1×10^{-6} Pa 时	蒸气压在 1×10^{-3} Pa 时
钨(W)	3 410	2 117	2 567
钽(Ta)	2 996	1 957	2 407
钼(Mo)	2 617	1 592	1 957
铌(Nb)	2 468	1 762	2 127
铂(Pt)	1 772	1 292	1 612

（4）常用蒸发源形状。可以采用电阻加热蒸发的膜料有金属、介质、半导体，它们中有先熔化成液体然后再汽化的蒸发材料，也有直接从固态汽化的升华材料，有块状、丝状，也有粉状，其蒸发特性更是各有特点，不能一概而论。为了适应不同膜料的不同的蒸发特性，几乎每一种膜料都有与其相适应的电阻加热蒸发源材料和形状。图 3.4.1 是目前使用的电阻加热蒸发源的实物照片。

3.4.2　电子束加热

1. 结构

图 3.4.2 是目前广泛使用的 e 型电子束蒸发源（简称电子枪）的原理示意图，右图是实物结构照片。

常用的电子束蒸发源有电子束偏转角度 270°、运行轨迹为“e”的 e 型枪和电子束偏转角度 180°、运行轨迹为“c”的 c 型枪两种。

优点：① 电子束焦斑大小可调，位置可控，既方便使用小坩埚，也方便使用大坩埚；② 可一枪多坩埚，既易于蒸发工艺的重复稳定，也方便使用多种膜料；③ 灯丝易屏蔽保护，不受污染，寿命长；④ 使用维修方便。

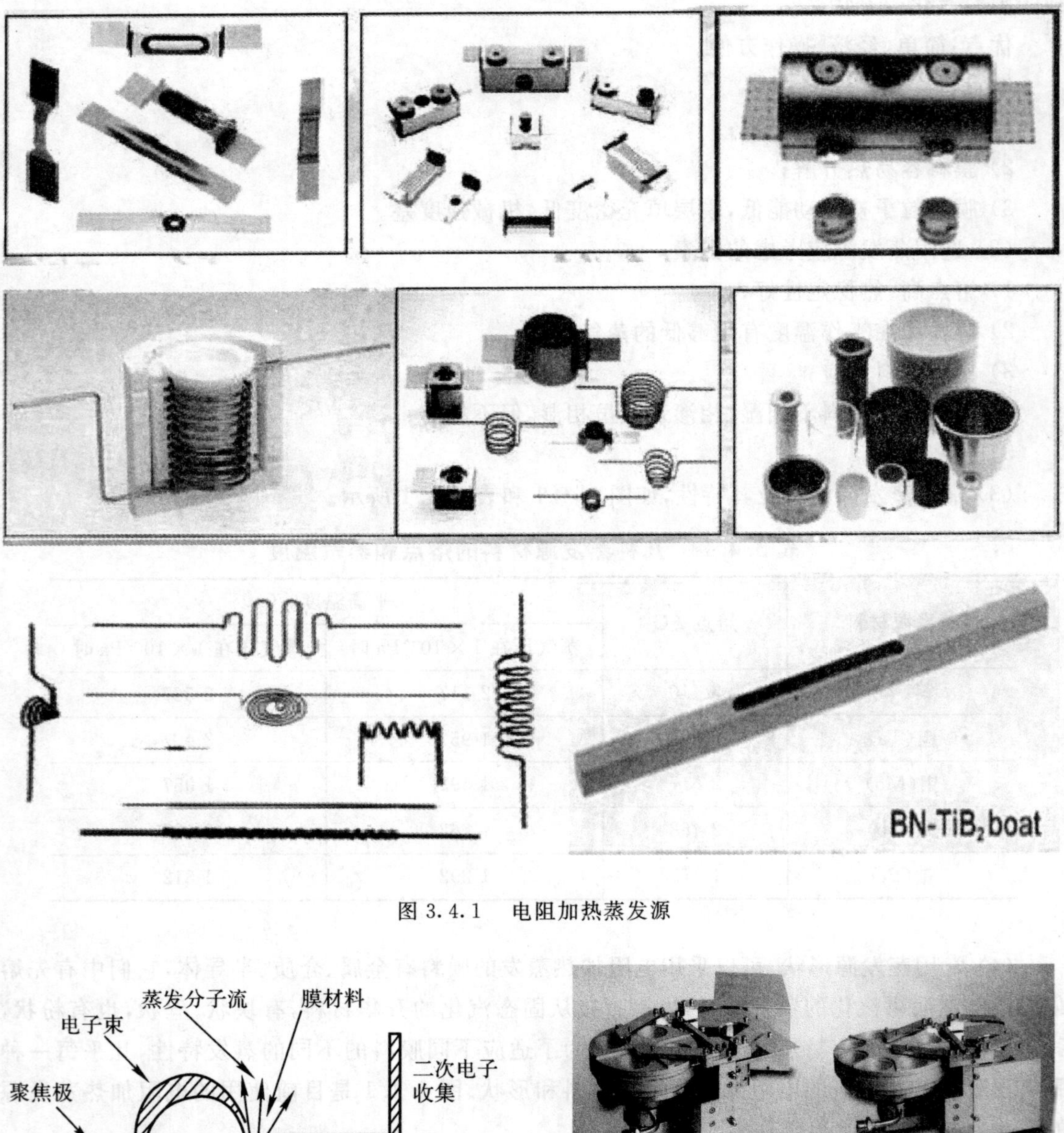

图 3.4.1　电阻加热蒸发源

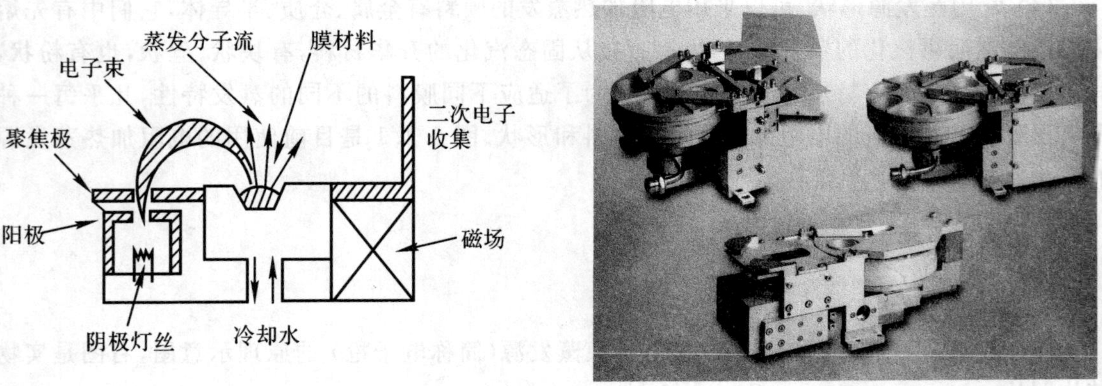

图 3.4.2　电子束蒸发源

2. 原理

灯丝通大电流，形成热电子发射流：$I_e \propto KT^2$，电子流在电位差为U的电场中被加速至v，即由

$$\frac{1}{2}m_e v^2 = eU$$

得
$$v = 5.93 \times 10^5 \sqrt{U} \quad (\mathrm{m/s})$$

例如当 $U = 6 \sim 10$ kV 时，$v = 4.6 \sim 6 \times 10^7$ m/s。

电子流被加速的同时，由电磁场使其聚成细束，并对准坩埚内的膜料，造成局部高温而汽化蒸发。

3. 特点

(1) 可蒸发高熔点材料(W，Ta，Mo，氧化物，陶瓷 ……)；

(2) 可快速升温到蒸发温度，化合物分解小；

(3) 膜料粒子初始动能高，膜层填充密度高，机械强度好；

(4) 蒸发速度易控，方便多源同蒸。

热蒸发镀膜技术的优缺点：

优点：设备简单，大多数材料都可以作为膜层材料蒸发。

缺点：膜层不能重复再现块状材料的性能。

原因：膜层的微观柱状结构。

改进措施：改中性粒子沉积为带电离子在电场辅助(作用)下的电沉积。

3.5 溅　射

溅射指用高速正离子轰击膜料(靶)表面，通过动量传递，使其分子或原子获得足够的动能而从靶表面逸出(溅射)，在被镀件表面凝聚成膜。

溅射镀与热蒸发镀相比较，优点：膜层在基片上的附着力强，膜层纯度高，可同时溅射多种不同成分的合金膜或化合物；缺点：需制备专用镀料，靶利用率低。

3.5.1　辉光放电溅射

辉光放电溅射指利用电极间的辉光放电进行溅射。

1. 辉光放电

辉光放电指气压在 $1 \sim 10$ Pa 时，高压电极间气体电离形成低压大电流导体，并伴有辉光的气体放电现象。

气体放电等离子体：

离子 —— 电子与气体粒子间非弹性碰撞的产物 —— 失去电子后的气体粒子。

等离子体 —— 电子和离子总数基本相等，整体呈现电中性的气态导体。

气体放电 —— 正、负两电极间的间距、电压、气压满足一定条件时，绝缘气体变成导电气体的现象。

(1) 直流辉光放电。

1) 伏安特性。图 3.5.1 是气体放电的伏安特性曲线。

图中：

AB 段 —— 非自持暗放电状态；

BC 段 —— 自持暗放电状态；

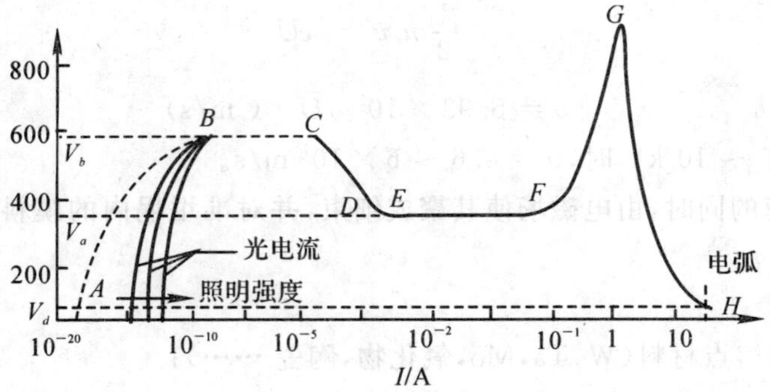

图 3.5.1 气体放电伏安特性曲线

CE 段 —— 气体击穿，辉光出现，建立稳定放电状态之前的过渡段；

EF 段 —— 正常辉光放电状态（增加放电功率时，放电电流增大，极间电压不变）；

FG 段 —— 非常辉光放电状态；

GH 段 —— 增大放电功率时，电流急剧增大，极间电压反而迅速下降，是辉光放电向弧光放电过渡的阶段；

H 后段 —— 弧光放电状态。

气体放电的典型应用：① 正常辉光放电用于离子源。增大电流时，离子浓度增加，而电压不变，离子能量不变。② 反常辉光放电用于溅射。电流电压可调，方便成膜速率和轰击能量的控制。③ 弧光放电用于弧源离子镀。一源同时完成快速成膜和离子轰击双重功能。

2）辉光放电中的阴极暗区。

A. 辉光放电时的极间"光区""电压""电荷"分布。图 3.5.2 示意了直流辉光放电的发光区、电压降及净空间电荷与位置的关系。显然，发光区是由多个辉区和暗区相间而成。极间电压也并不是均匀降落在每一段，而是主要降落在阴极辉区和阴极暗区。电子和带正电的离子也不是均匀分布在两个电极之间，离子主要集中在阴极暗区，电子主要集中在阴极辉区和负辉区。

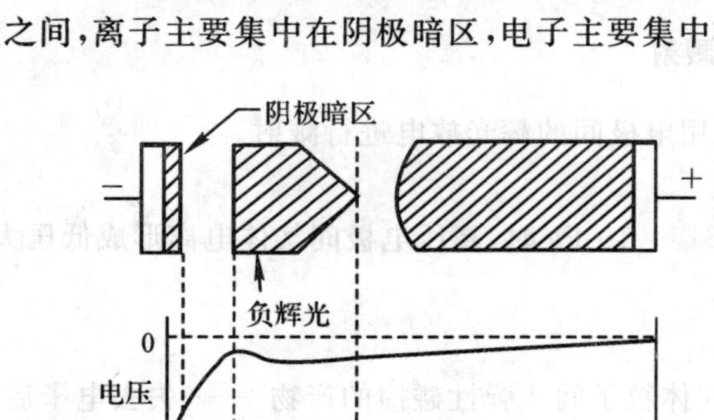

图 3.5.2 直流辉光放电的发光区、电压降及净空间电荷的位置

B. 阴极暗区(克鲁克思暗区)。

Ⅰ. 正离子只在此区占优势,可形成明显的冲击阴极的离子流;

Ⅱ. 两极间压降几乎全部降落在此区,电场对离子的加速作用主要在此区间完成。

辉光溅射就是建立在此实验基础之上,靶材作为阴极,被镀零件作为阳极或偏置,可以放在阴极暗区之外任何方便的地方。

(2) 低频交流辉光放电。低频交流辉光放电用于零件同时双面镀。两靶交替成为阴阳极,在每半周内,两极间足以建立直流辉光放电。

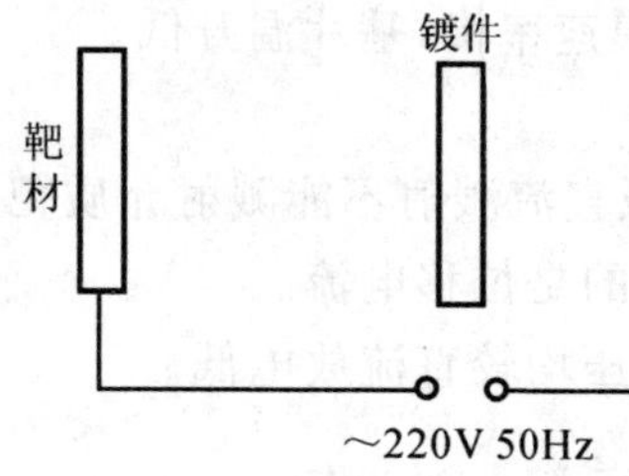

图 3.5.3　低频交流溅射

2. 射频辉光放电

板间电压变化频率超过 10 MHz。此时,电场能够通过任何一种类型的阻抗耦合进去,电极不再要求一定是导体。因此,可用于溅射任意一种材料。即可以溅射非金属靶,又可以在绝缘体上镀膜。

3. 溅射方式

(1) 二极溅射(阴极溅射/直流溅射)。原理如图 3.5.4 所示。

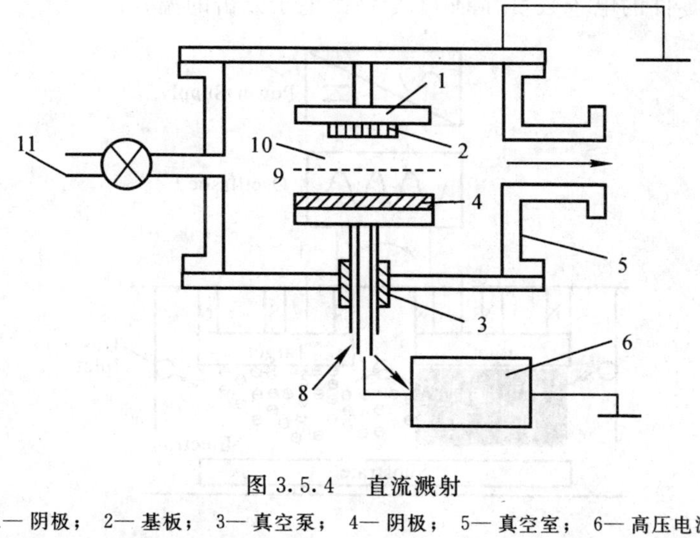

图 3.5.4　直流溅射

1— 阴极;　2— 基板;　3— 真空泵;　4— 阴极;　5— 真空室;　6— 高压电源
7— 绝缘体;　8— 水冷;　9— 阴极位降区域;　10— 放电、等离子体区域;　11— 气体导入口

阴极 —— 靶材;阳极 —— 被镀件。一般情况下,两极间距离只有 3 ～ 4 倍于阴极暗区宽度即可。

优点:结构简单,操作方便,可长时间工作。

缺点:① 成膜速率低——二极直流辉光放电离化率低(百分之几)所致;② 基片温度升高(二次电子轰击),不耐高温镀件不宜;③ 工作气压高,气体对膜层有污染;④ 不能溅射介质靶材。

(2) 三极/四极溅射。三极和四极溅射是为了克服二极直流溅射基片温度升高的缺点而设计的,其特点是:① 热阴极与阳极间的低压大电流弧光放电形成等离子体,靶和基片虽置于等离子体边缘,但不参与放电;② 靶上施加负偏压,将离子从等离子体引向靶,形成溅射镀。四极溅射相对三极溅射在热阴极前增设了一个辅助阳极,有稳定放电的作用。

优点:离子密度高,工作气压低,成膜速率快,基片温升低。

缺点:仍不能溅射介质靶。

(3) 射频溅射。射频溅射是为了克服直流溅射不能溅射介质靶材的缺点而设计的,靶材作为一个电极,其上施加高频电压,穿过靶的是位移电流。

优点:可溅射介质靶材,工作电压气压均较直流放电低。

缺点:成膜速率低,仍有基片过热问题。

3.5.2 磁控溅射

磁控溅射指平行于阴极表面施加强磁场,将电子约束在阴极靶材表面近域,提高电离效率。

1. 常见结构

(1) 被镀件参与放电(阳极)型。

1) 平面磁控溅射。平面磁控贱射装置结构示意图如图 3.5.5 所示。靶为平面阴极,平行于阴极表面的磁场将电子约束在阴极靶材表面附近,形成高密度等离子体,有效地提高溅射速度,并减少了轰击零件的电子数目,降低了零件因电子轰击的温升。

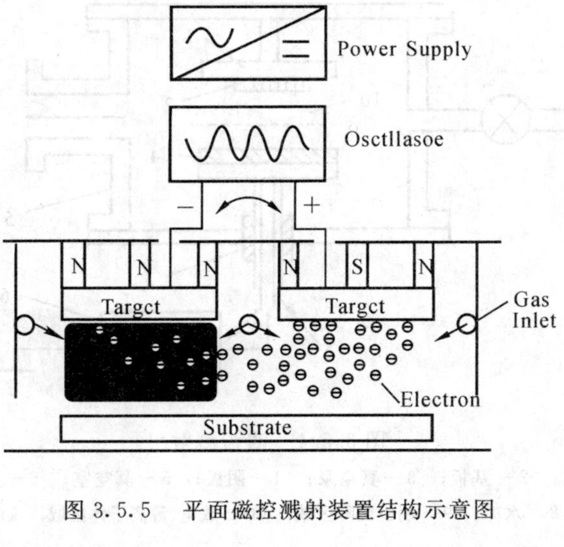

图 3.5.5 平面磁控溅射装置结构示意图

2) 柱面磁控溅射。常见的有图 3.5.6 所示的几种结构形式。它最大的特点是既可以用于柱形零件的外表面溅射沉积,也可以用于管状零件的内表面溅射沉积,还可以用于大面积平面的均匀溅射沉积(柱面靶扫描溅射沉积)。

(2) 被镀件不参与放电型 —— 磁控溅射源。在磁控器内自设一个阳极，形成一个可独立工作的溅射源。被镀件独立于溅射源之旁。

1) S枪型磁控溅射源。图 3.5.7 所示是S构型磁控贱射源剖面示意图。这是一种既可以直流工作，也可以射频工作的溅射源。其工作功率密度可达 50 W/cm²。

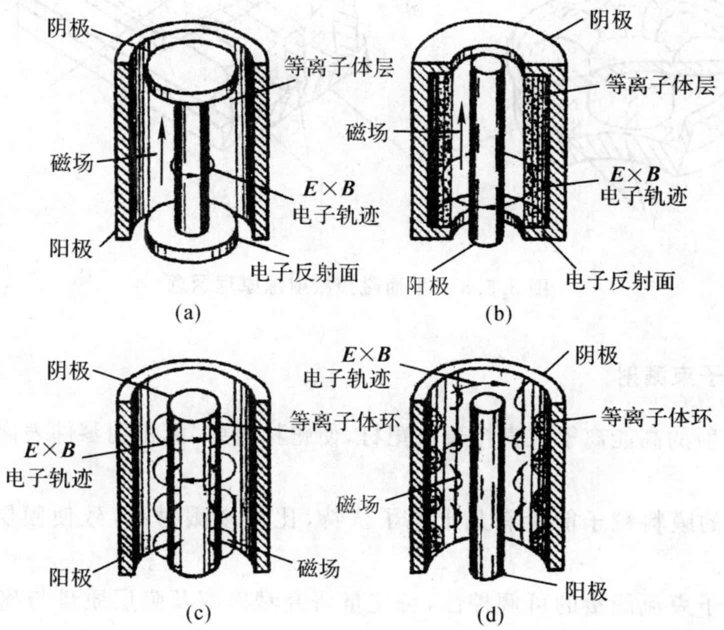

图 3.5.6　柱形磁控溅射装置示意图
(a)，(c) 内圆柱状；(b)，(d) 外圆柱状

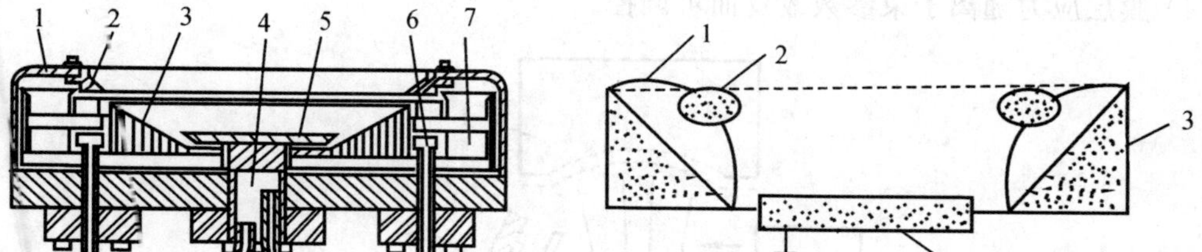

图 3.5.7　S枪型磁控溅射源剖面示意图

2) 平面磁控溅射源。图 3.5.8 是圆形和矩形平面磁控溅射源原理性结构示意图。其中阳极是平行置于阴极靶旁的条形或圆环形金属(图中未画出)。

2. 特点

(1) 电场与磁场正交设置，约束电子在靶面近域，致使靶面近域有高密度等离子体，溅射速率很高；

(2) 磁控溅射源相对被镀件独立，基片不再受电子轰击而升温，可对塑料等不耐高温的基片实现溅射镀；

(3) 磁控溅射源可以像热蒸发源一样使用，从而使被镀件的形状和位置不再受限制。

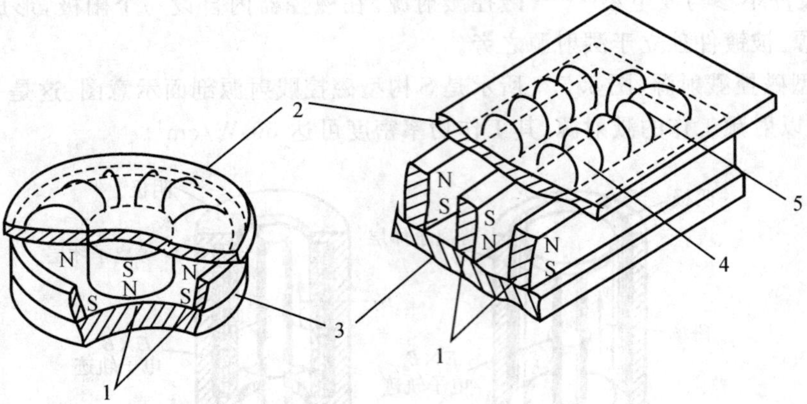

图 3.5.8　平面磁控溅射源原理示意

3.5.3　离子束溅射

用离子源发射的高能离子束直接轰击靶材，使靶材溅射、沉积到零件表面成膜。

特点：

(1) 溅射出的膜料粒子能量有几十电子伏特，比常规溅射高，致使膜层附着力强，结构致密；

(2) 利用离子束流能量的可调控性，可定量研究溅射率及膜层质量与离子束性能参数之间的关系；

(3) 溅射率与离子能量、离子束入射角有关(不同质靶材的溅射率差别不超过一个数量级)；

(4) 膜层应力随离子束参数改变而可调控。

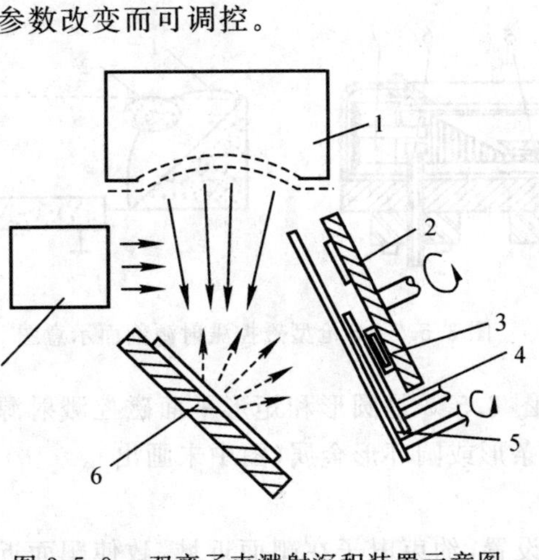

图 3.5.9　双离子束溅射沉积装置示意图

1— 离子源(＃1)；　2— 基片；　3— 沉积监测；　4— 屏蔽罩；　5— 挡板；　6— 靶；　7— 离子源(＃2)

3.5.4　离子、靶材与溅射率

热蒸发中影响蒸发速率的是膜料的汽化温度和蒸发源的加热温度。在溅射镀膜中，影响溅射速率的靶材的溅射率和溅射装置的功率。

溅射率又称溅射产额，定义为一个入射离子可以击出的靶材原子数。研究表明，溅射率的高低与入射离子的种类，靶材的种类，入射离子的能量以及入射角有很大关系。

1. 溅射率与入射离子能量

图 3.5.10 是溅射率与入射离子能量之间的关系曲线。图中表明：溅射率是在入射离子能量超过某一值 A 之后才有的，即存在入射离子能量阈值；溅射率与入射离子能量之间在 AB 段是平方关系；在 BC 段有线性关系；在 CD 段出现饱和；在 D 之后因注入而使溅射率下降。

2. 溅射率与入射离子种类

图 3.5.11 是溅射率与入射离子原子序数的关系曲线。显然，对应每一种惰性气体离子都有峰值；而且，在惰性气体离子中，原子序数大者，溅射率高。

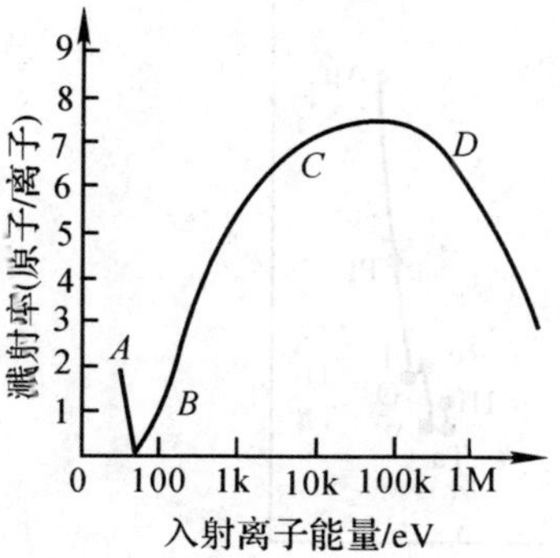

图 3.5.10　溅射率与入射离子能量的关系

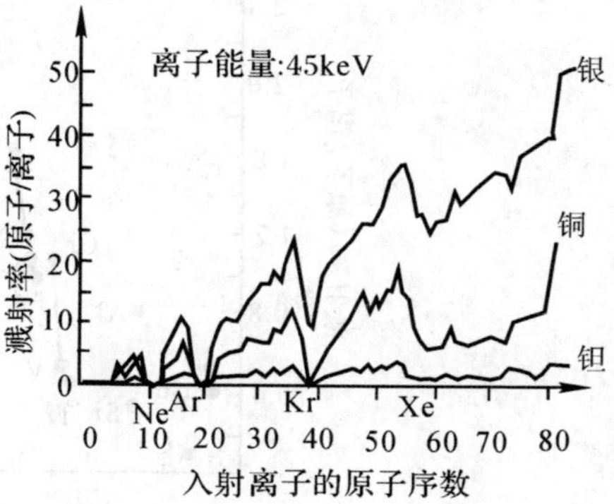

图 3.5.11　溅射率与入射离子原子序数的关系

3. 溅射率与入射角

图 3.5.12 是溅射率与入射角的关系曲线。很明显，存在最佳入射角，但其与入射离子以及靶材种类有关。

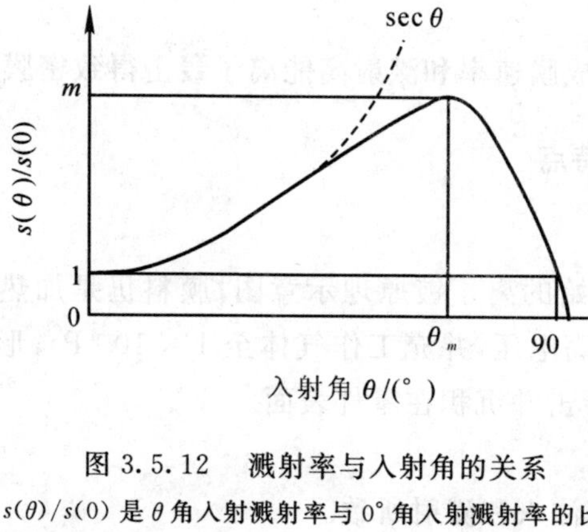

图 3.5.12　溅射率与入射角的关系

$s(\theta)/s(0)$ 是 θ 角入射溅射率与 0° 角入射溅射率的比值

4. 溅射率与靶材

表 3.5.1 显示同一靶材在不同惰性气体离子轰击时也有不同的溅射率，而同一惰性气体离子对不同靶材有不同的溅射率。

表 3.5.1 离子能量为 500 eV 时的溅射率[10]

氧化元素	He	Ne	Ar	Kr	Xe
B	0.24	0.42	0.51	0.48	0.35
C	0.07	—	0.12	0.13	0.17
Al	0.16	0.73	1.05	0.96	0.82
Si	0.13	0.48	0.50	0.50	0.42

图 3.5.13 显示：溅射率随着靶材原子 d 壳层电子填满程度的增加而增大

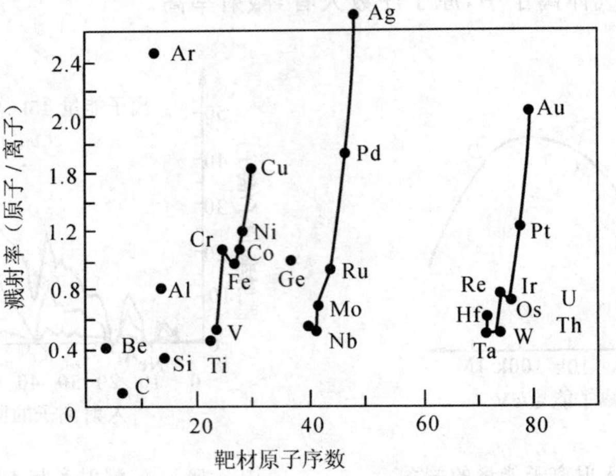

图 3.5.13 溅射率与靶材原子序数的关系

3.6 离子镀

离子度兼有热蒸发的高成膜速率和溅射高能离子轰击得致密膜层的双优效果。

3.6.1 离子镀原理及特点

1. 原理

图 3.6.1 是最简单最原始的离子镀原理示意图，膜料仍是加热蒸发，但蒸发源设置为阳极，工件为阴极，在其间施加高电压，并充工作气体至 1×10^{-1} Pa，形成辉光放电，膜料原子部分被离化，在强电场加速下轰击并沉积在零件表面。

2. 特点

(1) 膜层附着力强 —— 注入和溅射所致。

(2) 绕镀性好 —— 原理上，电力线所到之处皆可镀上膜层，有利于面形复杂零件膜层的镀制。图 3.6.2 对比示意了热蒸发与离子镀的绕镀特点。

(3) 膜层致密 —— 溅射破坏了膜层柱状结构的形成。

(4) 成膜速率高 —— 热蒸发的成膜速率。

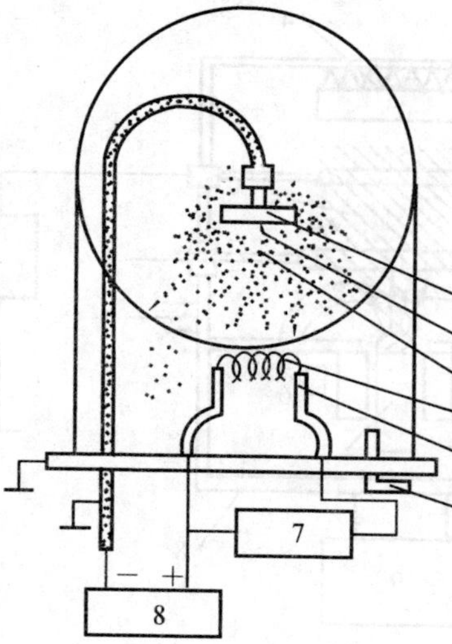

图 3.6.1 两极型离子镀原理示意图

1— 基片； 2— 阴极暗区； 3— 辉光区； 4— 加热电阻丝； 5— 镀料；
6— 进气管； 7— 电阻丝加热电源； 8— 负偏压电源(1 ～ 5 kV 可调)

(5) 可在任何材料的工件上镀膜 —— 绝缘体可施加高频电场。

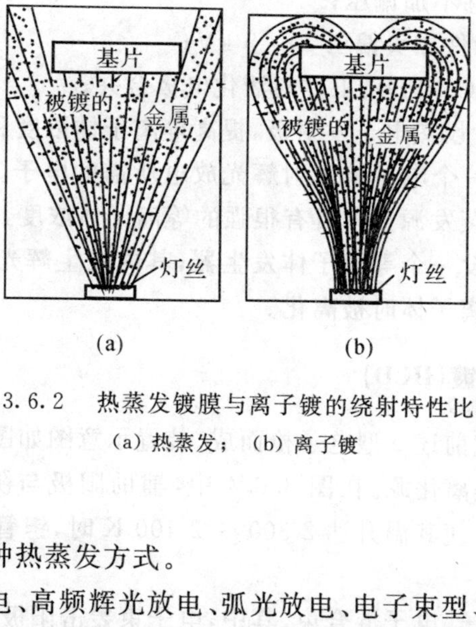

图 3.6.2 热蒸发镀膜与离子镀的绕射特性比较

(a) 热蒸发； (b) 离子镀

3. 常见类型

蒸发源:可以是任何一种热蒸发方式。

离化方式:直流辉光放电、高频辉光放电、弧光放电、电子束型、热电子型 ……。

已形成的实用技术有活化反应离子镀、空心阴极离子镀、弧源离子镀 ……。

3.6.2 活化反应离子镀(ARE)

1. 原理

图 3.6.3 是典型的活化反应离子镀装置及原理图。

工作时,工作气体和蒸发膜料蒸气在电子枪散焦电子和膜料发射二次电子以及外加高压作用下,通过辉光放电,发生强烈化学反应,生成化合物沉积在被镀件表面。

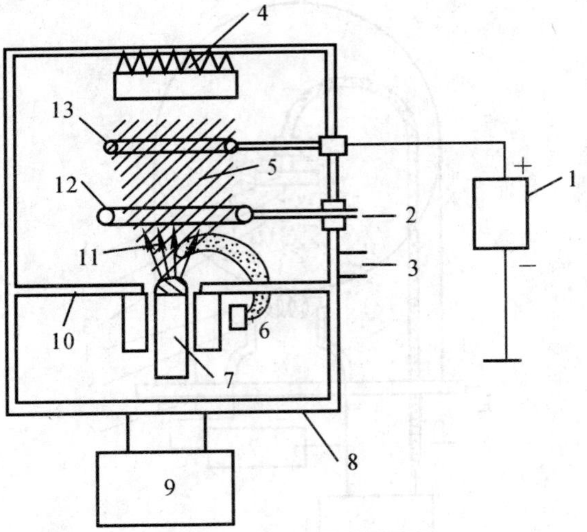

图 3.6.3 活化反应离子镀装置及原理图

1— 电源； 2— 反应气体； 3— 真空机组； 4— 基板； 5— 等离子体； 6— 电子枪； 7— 电子束蒸发源； 8— 真空室； 9— 真空机组； 10— 差压板； 11— 镀料蒸发原子束流； 12— 反应气体导入环； 13— 探测电极

2. 种类

(1) 基本型(ARE):工件不加偏压；

(2) 负偏型(BARE):工件加负偏压 1 ～ 5 kV；

(3) 低压等离子体沉积(LPPD):工件与活化电极合并；

(4) 强化型(EARE):专设热电子发射极，提高等离子体浓度和膜料粒子离化率；

(5) 双电子枪型:专设一个电子枪发射辉光放电所需的电子。其特点是:能够将电子约束在电子枪蒸发源的上方，使蒸发源上方具有很强的等离子体浓度，以增强离化率；

(6) 等离子体源型:专设一个等离子体发生器，其内发生辉光放电，等离子体被外扩引出到蒸发源上方，蒸气穿过等离子体时被离化。

3.6.3 空心阴极离子镀(HCD)

用空心阴极电子枪取代前述 e 型电子枪而成。装置示意图如图 3.6.4 所示。

HCD 既是蒸发源，又是离化源。在图 3.6.4 中，辅助阳极与阴极之间先发生反常辉光放电，放电离子轰击钽管阴极，使其温升达 2 300 ～ 2 400 K 时，钽管发射大量热电子参与放电，使放电转变为弧光放电。

从 HCD 枪引出的是离子、电子混合束。其中，电子束轰击阳极膜料，使其温升蒸发；离子在坩埚上方与蒸发膜料原子碰撞，产生高速中性粒子(离子与金属蒸气原子之间发生共振型电荷交换碰撞所致) 和金属蒸气离子，并形成对负偏工件的冲击溅射效果，形成致密、均匀的膜层。

与高压电子枪相比，HCD 枪的优点是:可在 10 ～ 10^{-2} Pa 的宽气压范围稳定工作，不像高压电子枪只能工作在气压低于 10^{-1} Pa；低压大电流电源较高压电源简单、安全、操作方便。

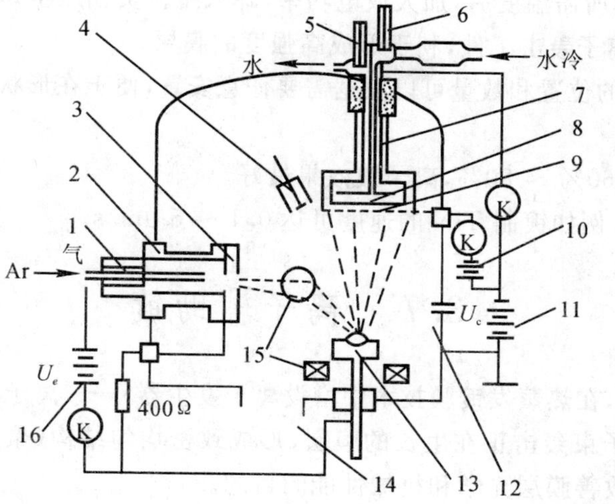

图 3.6.4　HCD装置示意图

1— 阴极钽管；2— 空心阴极；3— 辅助阴极；4— 测厚装置；5— 热电偶；6— 流量计；7— 收集极；8— 基片；9— 抑制栅极；10— 抑制电压(25 V)；11— 基片偏压；12— 反应气体入口；13— 水冷铜坩埚；14— 真空机组；15— 偏转聚焦极；16— 主电源

3.6.4　弧源离子镀(多弧离子镀)

1. 电弧蒸发源及其特性

图 3.6.5 是电弧蒸发的结构示意图。

(1) 引弧机构。图中采用接触短路引弧器，是一种完成类似电焊引弧动作的结构装置。在接触引弧的瞬间，引弧点形成高温，致使金属靶材蒸发，极间电场使金属蒸气原子离化，并依靠离化金属维持弧光放电。

(2) 磁场稳弧。弧光放电形成后，阴极靶面出现高电流密度(10^5 ～ 10^7 A/cm^2) 的放电亮斑(阴极弧斑)，其形状位置多样易变，作无规则运动。

无磁场时：弧斑会跑出靶面，使放电不稳定；同时，弧斑较大，使靶面刻蚀不均匀；并且容易产生大颗粒(微米级) 金属熔滴，导致膜层质量劣变。

加磁场后：阴极弧斑被约束在靶面内；弧斑被破散成均匀分布的微小弧斑，形成均匀刻蚀并消除了熔滴。

(3) 水冷稳弧。阴极靶面温度过高将导致放电不稳或灭弧，采用水冷，可以起到很好的稳定放电作用。

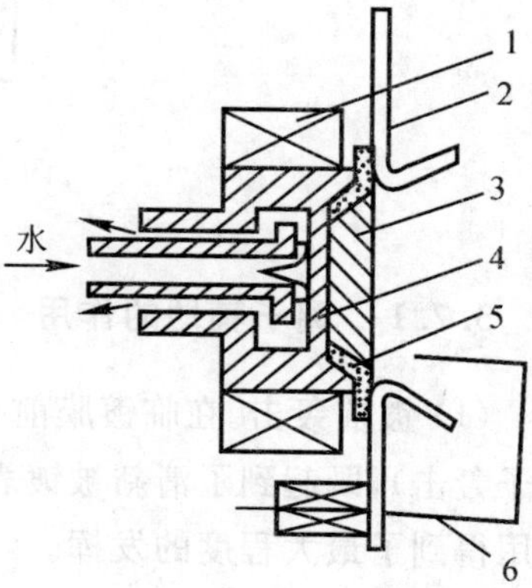

图 3.6.5　电弧蒸发的结构示意图

1— 磁场线圈；2— 阳极；3— 阴极靶；4— 水冷阴极座；5— 屏蔽；6— 接触启动器

2. 弧源离子镀的特点

(1) 蒸发源离子源合二为一。只用一台电弧放电蒸发源，即可完成下列工作。

1) 镀前(10^{-2} ～ 10^{-3} Pa) 用金属离子轰击净化工件。即，给工件加 0.5 ～ 1 kV 负偏压，引弧后，采用小电流弧光放电产生金属离子，在工件负偏压吸引下轰击工件，使其净化并升稳。

2) 在工件升温至所需温度后，加大放电功率，降低工件负偏压至 0.2 ～ 0.3 kV，靶材开始蒸发，同时伴有金属离子轰击工件，利于形成高强度的膜层。

(2) 电弧蒸发源的位置和数量可以根据需要任意安置，便于在形状复杂、体积较大的工件上镀制均匀膜层。

(3) 离化率高达 60% ～ 80%，离子镀效果最好。

(4) 蒸发速度快，例如镀制 TiN 的速度可达 0.1 ～ 5 μm/s。

3.7 离子辅助镀

如图 3.7.1 所示，在热蒸发镀膜技术中增设离子发生器——离子源，产生离子束，在热蒸发进行的同时，用离子束轰击正在生长的膜层，形成致密均匀结构（聚集密度近于 1），使膜层的稳定性提高，达到改善膜层光学和机械性能的目的。

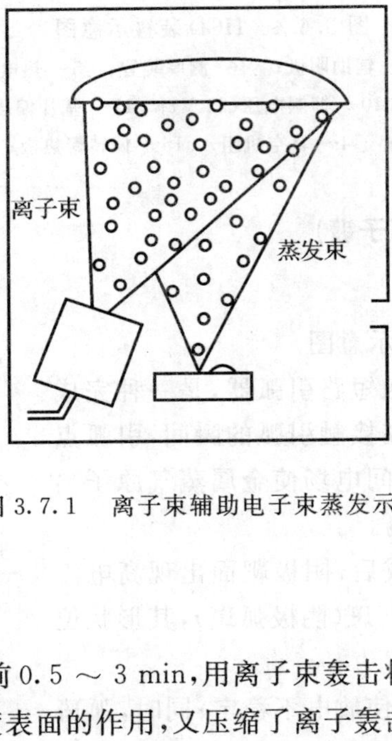

图 3.7.1 离子束辅助电子束蒸发示意图

3.7.1 离子辅助的作用

(1) 镀前轰击。在临镀膜前 0.5 ～ 3 min，用离子束轰击将要镀膜的零件表面（取代低真空离子轰击），既起到了清新被镀表面的作用，又压缩了离子轰击时间，更重要的是使离子轰击的作用得到了最大程度的发挥。

(2) 镀中轰击。

1) 溅射突出岛，消除阴影效应，破坏柱状结构，形成均匀填充生长；

2) 膜层粒子受离子轰击而获得高于离位阈能的能量时，就可以产生级联碰撞，增加原子/分子迁移率，促使膜层粒子间紧密结合，有利于形成致密结构；

3) 膜层粒子受离子轰击而获得高于离位阈能的能量时，其晶格振动加剧，形成局部热峰。当多数粒子均因此而形成局部热峰时，将产生强烈的淬火效应。

3.7.2 用于离子辅助的离子源

离子源利用气体放电产生等离子体，并能从等离子体中引出离子束。

1. 冷阴极辉光放电离子源与热阴极弧光放电离子源

图 3.7.2 和图 3.7.3 分别是冷阴极辉光放电(PIG) 离子源与热阴极弧光放电(Kaufman)离子源的原理示意图。

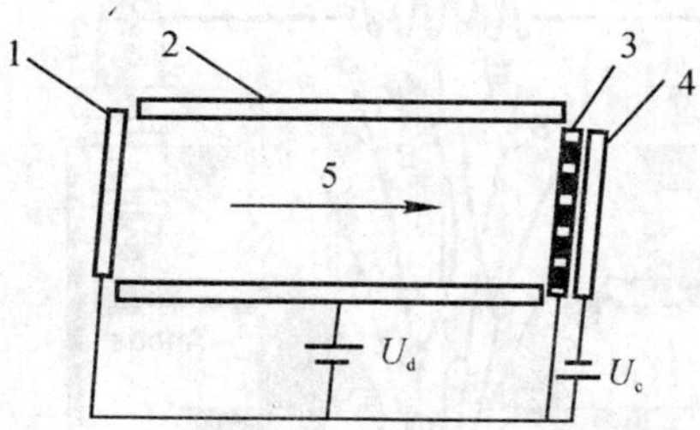

图 3.7.2　PIG 离子源原理示意图

1— 阴极；2— 阳极；3— 下阴极；4— 引出极；5— 轴向磁场

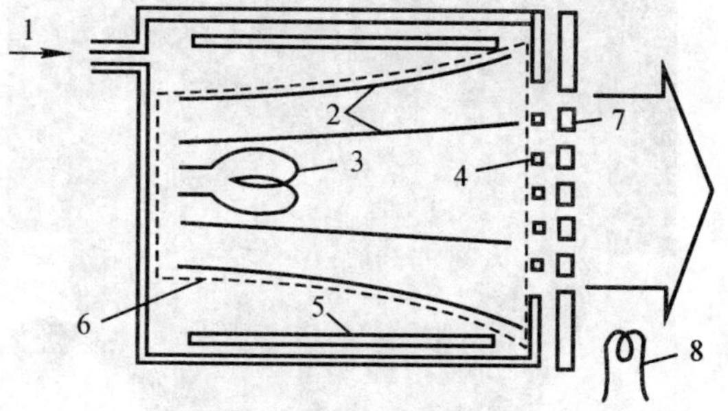

图 3.7.3　Kaufman 离子源原理示意图

1— 气体入口；2— 磁力线；3— 阴极；4— 下阴极；5— 阳极；6— 原初电子边界；7— 引出极；8— 中和器

原理比较：

PIG:冷阴极二次电子发射维持辉光放电;Kaufman 离子源:热阴极电子发射维持弧光放电。

共同点:采用磁场辅助维持放电。

特性比较：

PIG:① 冷阴极工作寿命长,适用于活性气体;② 结构简单,操作方便;③ 放电电压高(400 ～ 500 V),束流小(10 ～ 20 mA),能散度大,束流与能量不能非相关调节。

Kaufman 离子源:① 低工作气压,低放电电压(50 V),束流大(数百毫安),能散度小,束流与能量可以非相关调节;② 热阴极灯丝寿命短,不宜使用活性气体,结构较复杂。

2. 等离子体源

早期的离子源只能发出一束直径有限的离子束,用于离子辅助的面积往往受到离子束直径的限制,导致膜层性能的不均匀。

等离子体源作为在真空室中产生整体均匀等离子体的离子发生器,近年来得到迅速发展,正在逐步取代离子束源,成为离子辅助技术中的主体。而目前应用中的主流等离子体源当属 End-Hall 源(见图 3.7.4) 和 Leybold 公司的 APS 源(见图 3.7.5)。

End-Hall 源和 APS 源的共同特征是单源大面积均匀辅助,辅助效果受到等离子体源放电功率及其稳定性,以及工作真空度的影响。

过去的 10 年时间里,大量的文献介绍了离子辅助工艺制作各种膜层的工艺参数及其膜层性能的对比测试结果。从这些文献的研究结果看,离子辅助对于提高膜层的填充密度和表面光洁度有非常明显的效果。正是由于离子辅助明显地提高了膜层的填充密度,所以,与膜层填充密度相关的光学性能、机械性能和环境稳定性等薄膜器件的综合性能得到提高。因此,离子辅助技术已经成为光学薄膜制造工艺中不可缺少的组成部分。

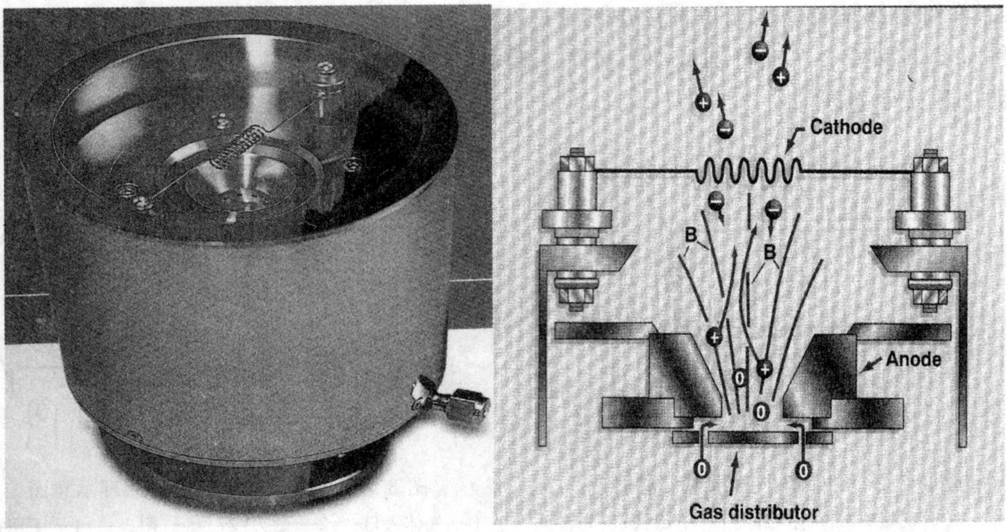

图 3.7.4　End-Hall 源结构及原理示意图

(a) End-Hall 源实物照片；(b) End-Hall 源的工作原理图

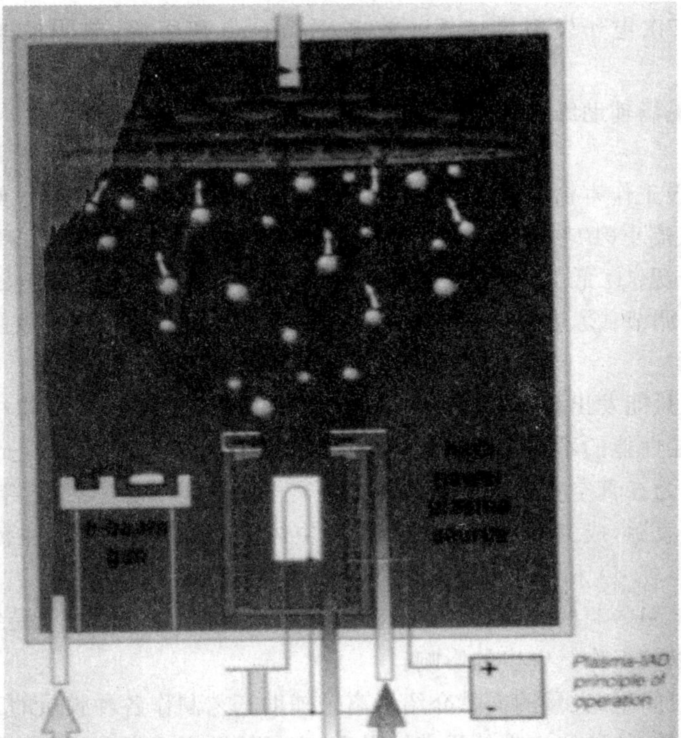

图 3.7.5　APS 源的工作状态示意图

第四章 光学薄膜制造工艺

4.1 光学薄膜器件的质量要素

在许多现代光学系统中,光学薄膜器件作为一类功能性光学器件,其质量的优劣直接影响整个系统的工作质量,甚至对整个系统能否正常工作起着决定性的作用。因此,客户对于光学薄膜器件质量的要求越来越高,各种质检试验条件越来越苛刻,验收要求越来越严格。对于薄膜工作者来说,制造出优良质量的光学薄膜器件要比设计出性能一流的光学薄膜器件更加重要,也更加困难。

当然,一个光学薄膜器件性能质量的好坏,同时来自两个方面,一是膜系结构的设计性能,二是薄膜器件的制造性能。从制造的角度来说,保证制造出符合设计性能要求的薄膜,顺利通过客户的质量验收是终极目标。

为此,需要了解每一层膜层的结构参数对薄膜器件整体性能的影响关系。下面以质量检验的内容作为分类,分析膜层结构性能对薄膜器件整体性能的影响关系。

4.1.1 薄膜器件光学性能

一个光学薄膜器件设计完成后,形成的设计结果包括膜系结构、每一层膜层的折射率和厚度。对于制造者而言,只要制造出的每一层膜层的折射率和厚度准确地与设计要求值相等,制造出的薄膜器件就一定具有设计的光学性能。因此,与制造有关系的影响薄膜器件光学性能的膜层光学参数是膜层的折射率 N 和厚度 d,统称为光学常数。

像所有行业的零件制造一样,经过制造实现的光学膜层的折射率和厚度都有制造误差,最终得到的薄膜器件的光学性能与设计性能是有差距的。差距一定存在,但是如何可以减小差距呢?首先,应当搞清楚膜层的折射率和厚度制造误差产生的原因。

对于 PVD 技术制造的光学薄膜器件,膜层折射率的误差主要来自三个方面:

一是膜层的填充密度,也叫聚集密度。它是膜层的实材体积与膜层的几何轮廓体积之比。到目前为止,几乎所有的 PVD 技术都无法得到填充密度等于 1 的膜层。但是,通过实验分析膜层填充密度与各项制造工艺因素之间的关系,是完全可以通过对制造工艺参数的控制和采用新的工艺方法控制膜层的填充密度,达到减小膜层折射率误差的目的。

二是膜层的微观组织物理结构。由于采用不同的 PVD 制造方法,或者不同的制造工艺参数,就可能由同一膜层材料得到不同晶体结构状态的膜层,不同的晶体结构状态对应不同的介电常数,膜层的折射率也就不同。

三是膜层的化学成分。光学薄膜大多采用 PVD 中的热蒸发技术制造,几乎每一种化合物膜层材料在蒸发时都有一定程度的热分解，沉积在基片表面的膜层，是蒸发源材料热分解后又在零件表面再次化合反应生成的化合物膜层。由于在零件表面进行的再化合反应的充分程度受到工艺条件的影响，反应进行的程度差异很大，造成再化合反应生成的膜层成为多种化合成分的混合体，因此，制造得到的膜层的折射率就是这些成分的折射率的综合平均值。

按照上面的分析，欲获得所需要的折射率，就需要严格控制膜层上述三方面的性能。

4.1.2 薄膜器件机械性能

光学薄膜器件的机械性能是与其光学性能同样重要的产品质量要素，它包括膜层的硬度和牢固度。

硬度是由膜层材料本征性能和膜层内部结构的紧密程度共同决定的宏观性能。因此，高硬度膜层首先要选用高硬度材料来制造，为高硬度提供先天条件。当然，更为重要的是膜层内部结构的紧密程度，即膜层的填充密度必须达到较高的水平，才能保证由高硬度先天条件材料制造的膜层仍然是高硬度的。

牢固度是指膜层对于基片的附着/黏接程度。它主要由膜层与基片之间结合力的性质来决定，化学键力的结合要比物理性质的范德华力的结合牢固得多。此外，还受到基片表面的清洁程度和成膜粒子的迁移能，特别是与注入效应有关的迁移能分量的大小的影响。带电离子沉积技术——溅射、离子镀、离子辅助镀——都获得了比单纯用热蒸发工艺强的膜层牢固度的实验结果，已经充分证实了注入效应对于提高膜层牢固度的重要作用。

4.1.3 薄膜器件环境稳定性

薄膜器件光学性能和机械性能随着时间的推移，使用条件的变化都将有所变化。特别是当使用环境条件比较恶劣时，薄膜器件光学性能和机械性能是否还能满足要求，也是薄膜器件性能的一个重要指标。

常见的环境因素包括盐水盐雾、高湿高温、高低温突变、全水浴半水浴、酸碱腐蚀等。理想要求是希望薄膜器件的光学性能和机械性能在经历上述恶劣环境条件较长时间后仍然不变。

为此，应当从两方面入手提高膜层的环境稳定性：一是选用化学稳定性好的材料作为膜料，二是制作结构致密无缝可钻的膜层，这两方面缺一不可。

结构致密、酸、碱、盐、水对膜层的腐蚀是单一的面腐蚀，速度慢，必然耐久性强；结构疏松、酸、碱、盐、水对膜层的腐蚀是渗入膜层内部的体腐蚀，速度快，必然耐久性差。

从上面的分析来看，薄膜器件光学性能、机械性能及其环境稳定性，除了在选用材料时应当注意选用高纯度、高硬度、耐腐蚀的材料作为膜料之外，更重要的是提高膜层的填充密度。高填充密度，对应着优良的机械性能和光学性能的环境稳定性。

填充密度成为影响薄膜器件质量的综合质量要素和结构要素。

4.1.4 膜层填充密度对膜层质量的影响

从上面的分析可以看到，填充密度的高低对膜层质量有重大影响，它可以影响到折射率、膜层的机械强度和环境稳定性，还对膜层应力、散射等有直接影响。

填充密度低，膜层与基底的吸附能减小，膜层结构疏松、牢固度差。在膜层的生长过程中，较差的填充密度导致晶核无序生长，凝结可能在大的聚集体上进行，从而沉积出结构疏松、大颗粒的膜层,使整个膜层呈现出不规则形状或柱状结构。

图 4.1.1 是不同放大倍率的电子显微镜下拍到的热蒸发工艺制备的膜层的微观结构。

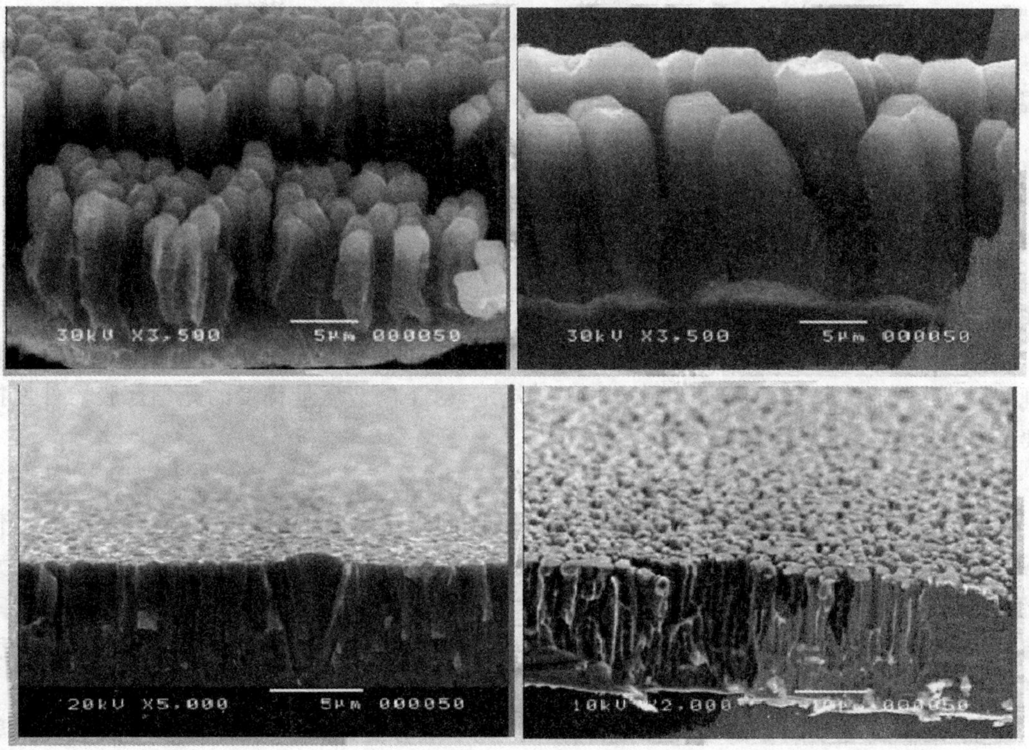

图 4.1.1 热蒸发制备的膜层微观结构图

大颗粒、柱状结构的低填充密度膜层，其光学性能的主要问题是：① 光线在粗糙表面的散射损失很大；② 有研究结果表明,膜层的折射率 n_f 与膜层的聚集密度 P 紧密相关,若大略地用一级近似表示,则有

$$n_f = Pn_s + (1-P)n_v$$

式中,n_f 为薄膜的折射率,n_s 为实心柱体的折射率,通常取块状材料的折射率值。而 n_v 是空隙内介质的折射率,如干燥空气或真空即为 1,如注满潮湿水汽则为 1.33。空隙对环境气体的吸入导致膜层的有效光学厚度随环境和温度的变化而变动,光学特性严重不稳定;同时，吸收也因为环境气体的吸入而增大。

同样大颗粒、柱状结构的低填充密度膜层，给膜层的机械性能带来严重的问题：首先，大颗粒、柱状结构就意味着表面粗糙,摩擦因数比较大,抗摩擦损伤能力差；第二，结构疏松,又意味着松散易摧垮，必然不结实。

而对于使用在非密封仪器内部的低填充密度膜层，腐蚀性气体、高盐含量海水的侵蚀,已经由对于致密膜层的面腐蚀变为渗入内部的体腐蚀，其腐蚀速度可想而知。

因此,获得一个较好的膜层填充密度对膜层的质量至关重要。

提高膜层的填充密度应当着重考虑以下几个工艺因素:① 基片温度，② 沉积速率，③ 真空度，④ 蒸汽入射角,⑤ 离子轰击。

4.2 影响膜层质量的工艺要素

真空镀制光学薄膜的基本工艺过程是：清洁零件→清洁真空室/装零件→抽真空和零件加温→膜厚仪调整→ 离子束轰击→ 膜料预熔→ 镀膜→镀后处理→ 检测。

上述工艺流程中每一步骤的完成质量，都会影响到膜层的质量。

4.2.1 影响薄膜器件质量的工艺要素及作用机理

光学薄膜器件的制造是在真空室内进行的，同时膜层的生长又是一个微观过程，而我们目前能够直接控制的却是一些与膜层质量有间接关系的宏观因素的宏观过程。

即便如此，人们还是通过长期坚持不懈的试验研究，找到了膜层质量与这些宏观因素之间的规律性关系，成为指导薄膜器件制造的工艺规范，对于制造质量优良的光学薄膜器件发挥着重要的作用。

1. 真空度的影响

(1) 对真空度的基本理解。真空度对薄膜性能的影响是由于汽相碰撞后能量损失和化学反应。若真空度低，致使膜料蒸气分子与剩余气体分子碰撞几率增加，蒸气分子动能大大减小，使得蒸气分子达不到基片，或无力冲破基片上的气体吸附层，或是勉强能冲破气体吸附层但与基片的吸附能却很小，从而导致光学薄膜器件沉积的膜层疏松，机械强度差，聚积密度低，化学成分不纯，使得膜层折射率、硬度变差。

通常，随着真空度的提高，膜层的结构改善，化学成分变纯，但应力增大。金属膜和半导体膜的纯度愈高愈好，它们对真空度的依赖性很大，从而需要更高的真空度。

(2) 受真空度影响的最主要薄膜性能有：折射率、散射、机械强度、不溶性。

2. 沉积速率的影响

沉积速率是描述薄膜沉积快慢的工艺参量，用单位时间内在被镀表面上形成的膜层厚度表示，单位为 $nm \cdot s^{-1}$。

沉积速率对膜层的折射率、牢固度、机械强度、附着力、应力有明显的影响。如果沉积速率较低，大多数蒸气分子从基底返回，晶核生成缓慢，凝结只能在大的聚集体上进行，从而使膜层结构疏松；沉积速率提高，会形成颗粒细而致密的膜层，光散射减小，牢固度增加。因此，如何适当地选择薄膜沉积的速率是蒸镀工艺中的一个重要问题，具体选择应根据膜层材料确定。

提高沉积速率的方法主要有两种：① 提高蒸发源温度法；② 增大蒸发源面积法。

3. 基片温度的影响

基片温度是膜层生长的重要条件之一。它对膜层原子或分子提供额外能量补充，它主要影响着膜层结构、凝集系数、膨胀系数、聚集密度。宏观反映在膜层折射率、散射、应力、附着力、硬度和不溶性都会因基片温度的不同而有较大差异。

(1) 冷基片：一般用于蒸镀金属膜。

(2) 升温优点：

1) 将吸附在基片表面的剩余气体分子排除，增加基片与沉积分子之间的结合力；

2) 促使膜层物理吸附向化学吸附转化，增强分子之间相互作用，使膜层紧密，附着力增大，提高了机械强度；

3）减少蒸气分子再结晶温度与基片温度之间的差异，提高了膜层密集度，增加了膜层硬度，消除内应力。

（3）温度过高弊端：使膜层结构变化或膜料分解。

4. 离子轰击的影响

镀前轰击：使基片表面因离子溅射剥离而再清洁和电活化，提高膜层在基片表面的凝集系数和附着力。

镀后轰击：提高膜层聚集密度，增进化学反应，使氧化物膜层的折射率增加，机械强度和抗激光损伤阈值提高。

5. 基片材料的影响

（1）基片材料的膨胀系数不同将导致薄膜热应力不同；

（2）化学亲和力不同影响膜层附着力和牢固度；

（3）基片的粗糙度和缺陷是薄膜散射的主要来源。

6. 基片清洁的影响

残留在基片表面的污物和清洁剂将导致：

（1）膜层对基片的附着力差；

（2）散射吸收增大抗激光能力差；

（3）透光性能变差。

7. 膜层材料的影响

膜层材料的化学成分（纯度和杂质种类）、物理状态（粉或块）预处理（真空烧结或锻压）影响膜层结构和性能。

8. 蒸发方法

不同的蒸发方法提供给蒸发分子和原子的初始动能差异很大，导致膜层结构有较大差异。表现为折射率、散射、附着力有差异。

9. 蒸气入射角

蒸气入射角指蒸气分子入射方向与基片沉积表面法线的夹角，它影响着膜层的生长特性和聚集密度，对膜层的折射率和散射性有较大影响。为了获得高质量薄膜，须要控制膜料蒸气分子的入射角，一般应限制在30°之内。

10. 烘烤处理的影响

在大气中对膜层加温处理，有利于应力释放和环境气体分子及膜层分子的热迁移，可使膜层结构重组。所以，对膜层折射率、应力、硬度有较大影响。

表4.2.1汇总了镀制工艺参数与薄膜性能之间的关系，表中“△”表示该工艺参数对薄膜性能有严重影响，“□”表示有关系，“♯”表示有依赖关系。

本节目的旨在分析用PVD法制备的膜层性质与工艺因素之间的一些关系，尽管分析不是很完整，但是至少能够说明它们之间的联系。薄膜制备是一个复杂的过程，在制备过程中因各种因素的交互作用，它们对膜层性能的影响在实际中是综合性的。

图4.2.1示意了一些主要工艺因素对膜层微观结构和化学成分的影响，从另一个角度说明了工艺因素对膜层光学性能、机械性质和抗激光损伤等特性的影响。

表 4.2.1　镀制工艺参数与薄膜性能间的影响

工艺参数 / 性能	基片材料	基片清洁	离子轰击	初始材料	蒸发方法	蒸发速率	真空度	基片温度	蒸气入射角	烘烤处理
折射率			□	□		△	△	△	△	△
透射比			□	□	□	#	#	#		△
散　射	△	□	#	#	□	#		△	□	△
几何厚度		□	□			□	□	△	□	#
应　力	△	#		△		□	□	□	□	□
附着力	□	△	△		□	□	□	△	□	□
硬　度		□	□			□	△	□	□	△
温度稳定性	□					□	□	△	□	□
不溶性	#	□	□	□		□	△	△	□	□
抗激光辐射	#	□	□	□	□	□		□		□
缺　陷	△	□	□	□	△	□	#	□		□

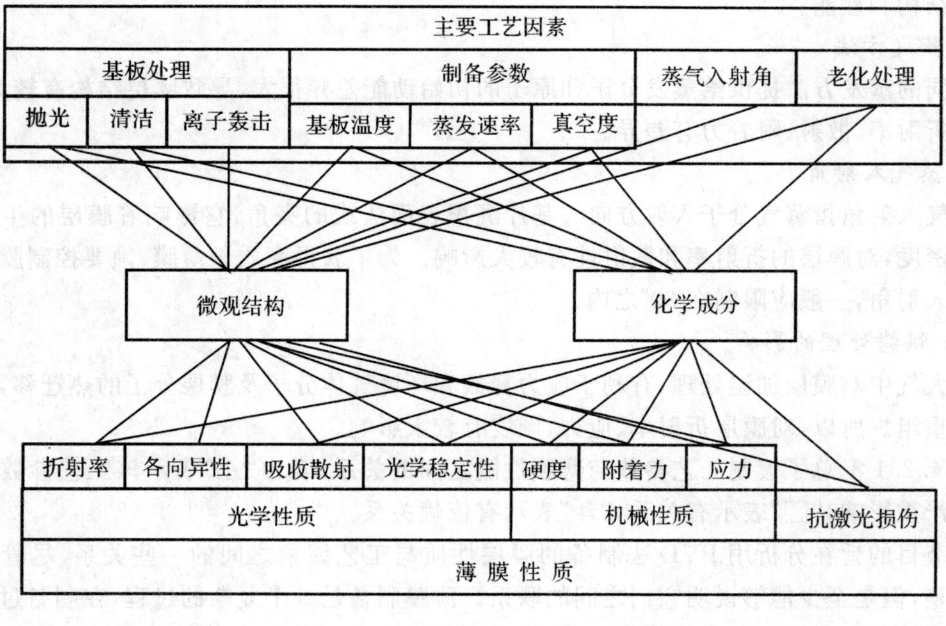

图 4.2.2　主要工艺因素对薄膜性能的影响

4.2.2　提高膜层机械强度的工艺途径

膜层的机械性能受附着力、应力、聚集密度等的影响，由膜层材料和工艺因素之间的关系可知，如果要提高膜层的机械强度就应该着重考虑以下几个工艺参数：

(1) 真空度。真空度对薄膜的性能影响是很明显的。膜层绝大部分性能指标的好坏对真空度的依赖性很大。通常，随着真空度的提高，膜层聚集密度增大，牢固度增加，膜层结构得到改善，化学成分变纯，但同时应力也增大。

(2) 沉积速率。提高沉积速率不仅可以用提高蒸发速率，即提高蒸发源温度的办法，还可以用增大蒸发源面积的办法来达到。但是采用提高蒸发源温度的办法有其缺点：使得膜层应力太大；成膜气体易分解。所以有时增大蒸发源面积比提高蒸发源温度更为有利。

(3) 基片温度。提高基片温度有利于将吸附在基片表面的剩余气体分子排除，增加基片与沉积分子之间的结合力；同时会促使物理吸附向化学吸附转换，增强分子之间相互作用，使膜层结构紧密。例如，MgF_2 膜，基片加热到 250～300℃，可减少内应力，提高聚集密度，增加膜层硬度；基片加热到 120～150℃ 制备的 ZrO_2-SiO_2 多层膜，其机械强度提高了许多，但基片温度过高会造成膜层变质。

(4) 离子轰击。离子轰击对高凝聚力表面的形成、表面粗糙度、氧化作用和聚集密度有影响。蒸镀前的轰击可以清洁表面、增加附着力；镀后轰击可以提高膜层聚集密度等，从而使机械强度和硬度增大。

(5) 基片清洁。基片清洗方法不适当或不洁净，在基片上残留有杂质或清洁剂，则引起新的污染，在镀膜时产生不同的凝聚条件和附着力，影响到第一膜层的结构特性和光学厚度，也使膜层容易从基片脱落，从而改变膜层特性。

4.2.3 控制膜层折射率的主要工艺途径

折射率是描述光学薄膜性能的主要参数之一，是薄膜光学性能实现的重要参数条件。因此，在薄膜的镀制过程中应该通过对一些工艺参数的控制来实现与理论值相符合。在实际镀制中应着重从以下几方面考虑：

(1) 控制真空度。例如：基片温度为 30℃，在 6.5×10^{-2} Pa 下形成 ZrO_2 膜的折射率为 1.6；在 6.5×10^{-3} Pa 下折射率为 1.84；在 2.6×10^{-3} Pa 下折射率为 1.90。

(2) 控制沉积速率。通过控制蒸发速率实现。如用电子束蒸发 TiO 和 Ti_3O_5，在氧压为 3.3×10^{-2} Pa 和 300℃ 基片上镀制 TiO_2 膜时，TiO_2 的折射率与沉积速率的关系如表 4.2.2 所示。

表 4.2.2 沉积速率对膜层折射率的影响

折射率 / 膜层材料 / 沉积速率/($nm\cdot s^{-1}$)	TiO_2	Ti_3O_5
0.15	2.26	2.18
0.40	2.31	2.21
0.60	2.35	2.23
1.00	2.39	2.26

(3) 控制基片温度。提高基片温度可以促进沉积的膜料分子与剩余气体分子的化学反应，改变膜层的结晶形式和晶格常数，从而改变膜层的光学性能。例如：在 $(1\sim2)\times10^{-2}$ 真空

温度下，基片温度为30℃时ZrO_2膜的折射率为1.70；当基片温度为130℃时，折射率为1.88。

(4) 控制膜料蒸气分子入射角，尽可能以小角度蒸发成膜，以获得致密膜层。例如：MgF_2膜层，当蒸气分子入射角从0°增加到45°时，折射率下降了1.5%；对于Al膜，当蒸气分子入射角为60°时，波长460 nm处的反射率降低了4%，当蒸气分子入射角为70°时，膜层的颗粒度急剧增加，散射增大，反射率更低。

综上所述，可以将PVD工艺因素对膜层性能的影响总结为四大类工艺因素对膜层四种性能的影响(见表4.2.3)。

表4.2.3　工艺因素对膜层性能影响的概括、总结

工艺因素 \ 膜层性能	膜层原子迁移能聚集力	制膜环境物、化条件	膜层与基底物、化差异
填充密度	△	△	
附着力	△	△	△
应　力	△		△
缺　陷	△		

显然，成膜原子/分子迁移能和凝聚力的大小，几乎对膜层所有性能都有影响。因此，PVD技术的发展，主要是针对提高成膜离子迁移能、凝聚力而进行的。

4.2.4　获得致密膜层的方法

在前面分析工艺因素对膜层质量的影响时，我们已经认识到：膜层填充密度的高低，既影响膜层的光学性能，特别是光学性能的环境稳定性和制造重复性，也影响膜层的机械性能，特别是牢固性和耐久性。

事实上，长期以来人们对膜层质量与工艺因素之间内在关系的研究，已经使我们深刻地认识到，能够全面影响和反映光学薄膜质量的特性参数就是膜层的填充密度。特别重要的是，工艺因素对膜层质量各项性能的影响，几乎可以通过工艺因素对膜层填充密度的影响一项来取代或概括。所以，提高膜层填充密度，就能全面提高膜层质量。

既然从膜层质量的角度来说，膜层填充密度的高低就反映膜层质量的好坏，那么，从制造工艺的角度来看，对膜层质量有影响的工艺因素，就一定对膜层的填充密度有影响。以此而论，讨论提高膜层填充密度的方法，必将涉及几乎所有的工艺因素。但是，各项工艺因素对膜层填充密度的影响程度并不一致，多项工艺因素对膜层填充密度的影响又有交互影响作用，因此，既不能单纯地说哪一项工艺因素对膜层填充密度有决定性的作用，更不能抛开其他工艺因素，一味追求某一项工艺因素的最佳化。正因为这样，薄膜制造的技术新发展，主要就是针对提高膜层填充密度的新途径新方法。

1. 提高膜层填充密度的工艺途径

从前面的分析中已经知道，膜层的聚集密度是影响薄膜性能的关键因素，只要提高了聚集密度，薄膜的性能将会有大幅度提高。

研究表明，决定金属膜和介质膜结构的重要参数是基片温度与蒸发物熔点温度之比。只要基片温度低于蒸发物熔点的0.45倍左右，热蒸发的光学薄膜都具有显著的柱状结构。这种柱体从基片开始沿着薄膜的生长方向一直延伸到薄膜的外表面，薄膜就好像由许多大小为数百埃的小柱体紧密地聚集在一起构成的，如图4.2.3所示。所有柱体颗粒的外表面形成了比薄膜大得多的内表面。对于光学厚度为可见光区的波长的1/4的一层薄膜，其内表面的面积通常大约是外表面面积的10倍。而且柱体之间留下了大小从数埃到数十埃的贯穿的毛细孔空隙。

薄膜中的每一个柱体颗粒是靠四周的柱体来支持的。柱体聚集得愈疏松，即聚集密度愈低，那么牢固度也愈差。

(1) 真空度的影响及改进方法。在抽真空的过程中，真空室的气体分子随真空度的提高而减少，但并不能全部抽出。残余气体分子的数量与容器的压强成正比，与绝对温度成反比，即

$$n = N/V = p/KT$$

式中，n为残余气体分子数；N为分子浓度；V为容器的体积；p为容器内的压强；K为常数；T为容器内的绝对温度。

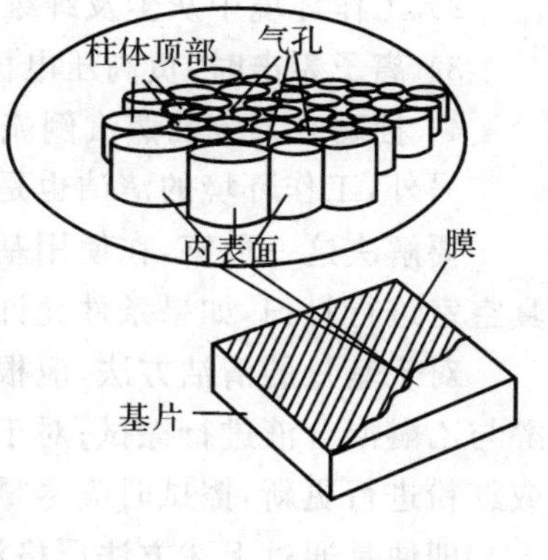

图4.2.3　膜层柱状结构示意

残余气体主要来源于抽真空系统极限压强的限制而遗留的一部分气体。此外还有真空系统的漏气，以及真空室内各种材料表面的放气、真空泵油与扩散泵油分解的碳氢化合物等。真空室内残余气体的成分和真空室内环境、真空系统的材料及真空泵油和扩散泵油的性质有关，一般来讲，它们由水汽、氢气(特别是含有氢原子的气体)、一氧化碳、二氧化碳及空气等组成。

残余气体分子对膜层的附着性能有很大的影响，对于膜层的结构和性质也有很大的影响。一部分残余气体吸附在基片表面，使得原子沿表面的延伸能力减弱，影响膜的凝结。

在镀膜工艺中，不同的镀膜方法，需要的真空度也不同。一般情况下，光学薄膜要求在10^{-3} Pa的真空度下镀制。

真空度对薄膜的作用体现在如下两个方面：一是膜料蒸汽分子在真空室内会受到残余气体分子的碰撞而改变速度和方向，严重时会导致不能沉积成膜，或者淀积成松散粗糙的膜层。二是残余气体分子吸附在基底上，或直接和蒸汽分子发生复杂的化学反应，从而影响薄膜的化学成分和结晶构造，甚至使薄膜完全变质。

因此，提高真空度，使蒸发分子、原子的平均自由程比蒸发源到基底的距离大很多，这样残余气体对蒸发膜料的分子(原子)的碰撞才会减少，残余气体对膜层的污染也减少，膜层的纯度就提高了。同时，蒸发分子、原子的动能大，打击基底的力也大，故对基底的附着力增强，膜层粒子之间的结合紧密，有利于获得高度致密的膜层。

机械泵、扩散泵、罗茨泵、低温泵是获得真空的主要设备。

机械泵和扩散泵是传统的真空获得设备，其性能的提高并不能彻底解决真空的问题，真空室内仍然有少量残余气体，会影响到膜层的性能。但是现代化的真空获得设备中不仅包括机械泵和扩散泵，还有罗茨泵和低温泵，这就基本上可以解决残余气体的危害了。莱宝RUVAC

系列罗茨泵，在极限真空处的抽速都相当高，而且还将前级真空度提高一个数量级。莱宝Coolvac系列低温泵，除了对水蒸气有极大的抽速以外，还没有碳氢化合物的污染，可以用来产生洁净的高真空和超高真空。另外，莱宝低温泵所独有的FIRST快速再生方式，避免了吹氮气再生中气体同时放出后产生腐蚀性或危险性气体（如H_2和O_2，H_2O和CO_2）的可能。

另外，还可以利用深冷技术除去残余气体，特别是含有H^+的气体（如H_2，H_2O），在短时间内实现快速冷凝，最高真空度可达2×10^{-5}Pa。实践证明，对于不能加热烘烤的零件，深冷技术对于室温基底上沉积膜层的质量起着无可替代的作用。

(2) 基片表面清洁度的影响及改进方法。基片表面的脏物会妨碍膜料直接与基底接触，减小了附着力，如被油污染会造成膜层脱落。脏物或微尘等在基底上，将会潜伏于膜层，形成针孔、痕迹等疵病，甚至会影响到膜层的光学性能。

以最常用的光学薄膜基片玻璃来讲，表面污染来源于以下几个方面：

1) 玻璃抛光后储存时间较长，表面产生水渍、油斑或霉斑。

2) 工作环境中灰尘及纤维物质被零件表面吸附，这也是造成针孔的原因之一。

3) 离子轰击时，负高压电极的溅射，在基片表面形成的斑点。

4) 抽真空系统油蒸汽倒流造成的基片表面的污染。

另外，工作环境的清洁也是非常重要的，工作室的湿度应低于70%。

要解决这一危害，在使用基片时就应该对基片表面进行清洁，还要不间断地对工作环境和真空室进行打扫，如果条件允许，应当建立无尘工作间。

对于基片的清洁方法，应根据具体情况而定。对于新抛光的基片表面，可用脱脂纱布蘸乙醇与乙醚混合液进行擦拭；对于储存时间较长的基片，则需用脱脂纱布或棉花蘸最细的氧化铈或红粉进行更新，擦拭时应尽量均匀，不可破坏表面光圈；对于较脏的，最好不要使用。

即便是通过上述方法严格清洁的基片，人们往往以为表面很洁净了，其实表面还有一层极薄的油脂、水或溶剂的单分子层，会影响到膜层的附着性能。因此，还需经过最后一道清洗工序——离子轰击，它是利用辉光放电所产生的离子对蒸发室的器壁及基底进行轰击，因为离子的质量比较大，所以能驱逐吸附在表面的气体分子，提高了真空度，清洁了基片表面，另外对基片也有加热的作用，提高了膜层的附着能力。

(3) 基底温度的影响。聚集密度通常随基片温度的增加而增加，因而在较高的温度下沉积薄膜会增加牢固度。

基底的温度对膜层的结构、密度、颗粒大小以及应力都有一定的影响。基底温度也会影响薄膜的内应力。当膜层与基底温差太大时，冷却后收缩变形不一致，产生内应力，从而造成膜层龟裂或脱落。

实验表明，许多金属对基片的温度是很敏感的，如铂、铑、铬，随着基底温度升高，膜的反射率就增加。而铝、银就不同，基底温度太高会造成膜面的粗糙，会导致光的漫射。又如大多数的氧化物、氟化物淀积在高温基底上，密度大、折射率高，而且机械强度、化学稳定性都好。所以，根据不同的薄膜，选择最佳的基底温度，既可获得牢固的膜层又可得到理想的光学特性。只不过选择最佳的基底温度是光学零件镀膜工艺中一个复杂的问题，必须以理论和实验相结合起来才能达到。

提高基底温度，主要依靠烘烤来达到。烘烤还有一个与离子轰击类似的作用，可使吸附在基底表面及器壁的气体分子逸出，起到清洁作用，使膜与基底的附着力增加。

烘烤加热有碘钨灯位于工件架下方加热和镍铬电热丝位于工件架上方加热两种方法。前者是自下而上的辐射，直接加热于镀膜表面，而且比较清洁。后者温度高且上升得很快。

(4) 蒸发速率的影响及改进方法。蒸发速率的大小，直接影响到膜层的沉积速率。沉积速率对膜层的结构与厚度分布都有很大的影响。当沉积速率慢时，临界核少，生长慢，吸附原子在平均滞留时间内，能充分地沿表面移动。在适于生长的位置上，形成岛状结构，并捕获飞来的分子、原子再继续生长成膜。这些膜的颗粒粗大，空隙较多。当沉积速率过快时，临界核多，很快地普遍生长成颗粒。但颗粒不大，平均厚度转薄时，颗粒就连接成致密的薄膜。

若提高沉速率，膜料中含残余气体的量相对减少，对膜层的污染也减少。因此，要想获得高纯度的膜，除了提高真空度外，还需尽可能快速蒸发。

2. 获得致密膜层的新技术

除了在热蒸发工艺中按照上述原则采取措施提高膜层填充密度，还可以在镀膜机上安装离子束源或等离子体源，利用离子辅助提高膜层填充密度，也可以改用溅射或离子镀膜机，通过带电离子沉积工艺，可以获得非常致密的膜层。

离子束辅助沉积镀膜方法(IBAD)就可以消除柱状结构，提高聚集密度，改进膜层质量，提高器件性能、寿命和可靠性。它是在原有真空镀膜设备上添加一台宽光束离子源就可以了。

离子束辅助镀膜对于光学薄膜的成膜过程有着非常重要的贡献，离子束的清洗作用，可以有效地去除基片物理吸附的各类杂质，并且清除油扩散泵系统微量返油带来基片的污染，从而大大地改善膜层牢固性；离子束在辅助沉积过程中，由于荷能离子对膜层粒子的动量传递，增加了膜料粒子的能量和迁移率，使膜层中的柱状结构被破坏，空隙被填充，提高薄膜的聚集密度，从而改善膜系光谱性能的稳定性和镀膜工艺的稳定性。

例如，为了提高 Nb_2O_5 薄膜的聚集密度，改善氧化铌薄膜的光学特性和机械特性，采用霍尔源离子辅助沉积(IDA)技术在 K_9 玻璃基板上制备了 Nb_2O_5 单层薄膜，并与常规沉积条件下制备的 Nb_2O_5 薄膜作了比较。由于 IAD 技术使 Nb_2O_5 膜的聚集密度提高了 14%，膜层折射率从常规工艺的 2.03 上升到 2.18，膜层的附着力和牢固度从常规工艺的 $1.0\times107N/m^2$ 提高到 $129.7\times107N/m^2$。

在使用离子束辅助沉积镀膜方法(IBAD)时，为了得到理想的薄膜和器件性能，应处理好各工艺参数之间的关系。主要的工艺参数有工作室真空度、基片加热温度、膜层沉积速率、荷能粒子动量、离子与膜料粒子的到达比率 C、入射角与靶距等。

在光学薄膜制造行业中，很多人选用了热蒸发工艺制作光学薄膜器件，但同时他们采纳了离子辅助技术作为获得致密膜层的措施。正是由于大多数企业仍然采用离子辅助技术，离子源的开发近几年得到了迅速的发展，离子源的种类已有 10 种以上，离子辅助工艺研究的论文已经层出不穷，离子辅助工艺制作的膜层性能不断提高，离子辅助技术的普及程度令人欣慰。

由于溅射和离子镀技术是使膜料粒子成为带电离子后在电场作用下的定向加速沉积，充足的动能，使得成膜粒子既有注入基片一定深度的能力，又有彼此紧密接触的结合能。还有人认为，与溅射和离子镀过程相伴随的溅射剥离效应，是生成致密膜层不可或缺的重要因素。溅射技术在电子、微电子以及生物薄膜器件制造业中的成就，离子镀技术在利用超硬薄膜进行表面改性方面突出表现，使光学薄膜器件制造业对于使用溅射和离子镀技术制造光学薄膜器件有着很高的期望。21 世纪初，为适应光纤通信领域使用的光学薄膜无源器件的高要求，光学溅射镀膜机已经问世，其制造的膜层的聚集密度是热蒸发技术无法比拟的。相信更多高性能的致密膜层将由溅射工艺得到。

4.3 获得精确厚度的方法

光学薄膜的特性与其每一层薄膜的厚度密切相关，为了镀制符合要求的光学薄膜，在蒸镀过程中对薄膜厚度的监控就显得相当重要。下面介绍几种主要的膜厚控制方法。

4.3.1 目视法

目视法是膜厚控制的最简单的方法，它是利用人眼对薄膜厚度变化时引起光束透过强度的变化，或薄膜的干涉色的变化，来判断膜层的厚度。

根据薄膜干涉色的变化来控制膜厚是因为当单层薄膜的光学厚度为$\frac{\lambda}{4}$，薄膜的折射率为基底折射率的平方根时，则对波长为λ的光而言，产生零反射。而对其他波长的光仍有不同程度的反射。这样，如果入射光是白光，因反射光缺少某些颜色的光而带有颜色，颜色的变化决定于光学厚度的变化。对于一定的颜色，必定相应地对应一定的厚度，于是就可以根据反射光的颜色近似判断薄膜的光学厚度。反射光和透射光的颜色是互补的，当采用白光做入射光源时，由于白光是各色光的混合，如果让其中的红光透过，则反射光呈蓝绿色，所以红与蓝绿就互为补色，相应地紫色与黄绿色互为补色。各互补色如下：紫 — 黄绿；紫蓝 — 黄；蓝 — 橙；蓝绿 — 红；绿 — 紫红。

此方法结构简单，操作方便，但判读精度低，受人为、外界环境等因素影响较大。

4.3.2 极值法

利用极值法测量正在镀制膜层的T或R随膜层厚度增加过程中极值个数，获得以$\frac{\lambda}{4}$为单位的整数厚度的膜层。

1. 原理

单层介质膜层的反射率公式为

$$R=\frac{(n_0-n_2)^2\cos^2\delta_1+\left(\frac{n_0n_2}{n_1}-n_1\right)^2\sin^2\delta_1}{(n_0+n_2)^2\cos^2\delta_1+\left(\frac{n_0n_2}{n_1}+n_1\right)^2\sin^2\delta_1}$$

式中

$$\delta_1=\frac{2\pi}{\lambda}n_1d_1,\qquad n_1d_1=m\,\frac{\lambda}{4}$$

当$\lambda=\frac{4}{m}n_1d_1$，$n_1d_1=m\,\frac{\lambda}{4}$，$m=1,2,3,\cdots,n_1d_1$时，$R$或$T$就为极值。

(1) 对一个确定的λ，当$n_1d_1=m\,\frac{\lambda}{4}$时，$T$和$R$有极值；

(2) 对一个确定的n_1d_1，当$\lambda=\frac{4}{m}n_1d_1$时，$T$和$R$有极值。

因此可以总结出形成极值法监控膜层厚度的基础：

1）当选定一个 λ 作为监控波长时，只要膜层的光学厚度是 $\frac{\lambda}{4}$ 的整数倍，其透射和反射光信号就具有一个或多个可供明确判断的极值；

2）对一个欲得到的膜层任意光学厚度 $(n_1 d_1)$，一定存在一个或多个波长的光可用来依极值原理监控其厚度。

2. 极值法使用中存在的两大缺陷

(1) 因为在 T 或 R 的极值点，有

$$\frac{dR}{d(n_1 d_1)} = 0 \quad 和 \quad \frac{dT}{d(n_1 d_1)} = 0$$

所以在 T 或 R 极值点附近，有

$$\frac{\Delta T}{\Delta(n_1 d_1)} \quad 和 \quad \frac{\Delta R}{\Delta(n_1 d_1)}$$

也很小，所以极值点的准确判断是很困难的。

(2) 对于任意膜层厚度 $n_1 d_1$，虽然理论上存在波长 λ，当 $n_1 d_1 = \frac{1}{4} m\lambda$ 时，T 或 R 有极值，但是在实际中，由于用于膜厚监控的光电系统中，光源、光学元件、光电传感器，以及膜料透明区的限制，使实际可用的波长限制在很短的波段范围内。因此，必定会经常出现找不到可使用波长的情况。

3. 实验室镀膜机实用膜厚监控系统

光电膜厚监控装置如图 4.3.1 所示。

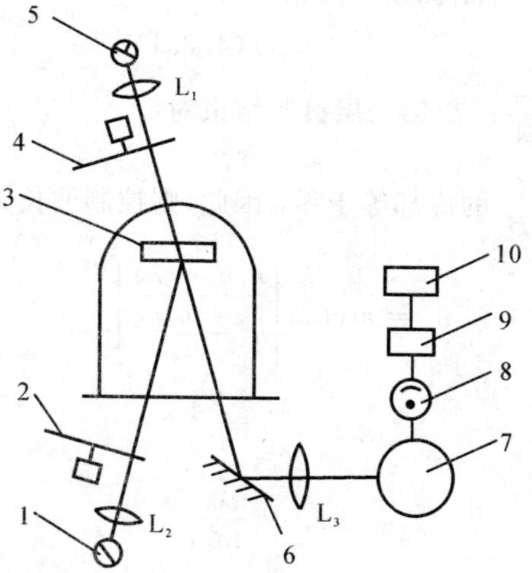

图 4.3.1　光电膜厚监控装置

1— 反射光源；2— 调制器；3— 镀件；4— 调制器；5— 透射光源；6— 反射镜；7— 单色仪；8— 光电倍增管；9— 放大器；10— 监视器

4. 极值法监控技巧

从前面的分析可见，极值法监控精度不高的主要原因是极值点的判读精度不高所致，也是极值法监控的原理所决定的。为了克服这一缺点，常采用如下办法：

(1) 过正控制 —— 选用比由 $nd=\dfrac{\lambda}{4}$ 确定的波长稍短一点的波长作为监控波长，允许 T 或 R 有一定的过正量，让停镀点避开极值点。

(2) 高级次监控 —— 增大 T 或 R 的变化总幅度，减小 T 或 R 的相对判断误差，提高膜层厚度的控制精度。

(3) 预镀监控片 —— 通过提高监控片的 Y，增大 T 或 R 的变化幅度，减小 T 或 R 的相对判读误差。

4.3.3 光电定值法

定值法是用于干涉截止滤光片监控的方便有效的方法。

为了提高精度，定值法采取控制波长并不选在中心波长 λ_0，而是选取位于通带的波长 λ_c 控制。镀制过程中反射率的变化如图 4.3.2 所示。

分析：将膜系 $G\left|\left(\dfrac{H}{2}L\dfrac{H}{2}\right)\right|^{s}A$ 展开成为 $G\left|\dfrac{H}{2}\dfrac{L}{2}\dfrac{L}{2}\dfrac{H}{2}\dfrac{H}{2}\cdots\dfrac{L}{2}\dfrac{L}{2}\dfrac{H}{2}\right|A$，其每一层的厚度均为 $\dfrac{\lambda}{2}$，其第一、二层与基片组合的特征导纳矩阵为

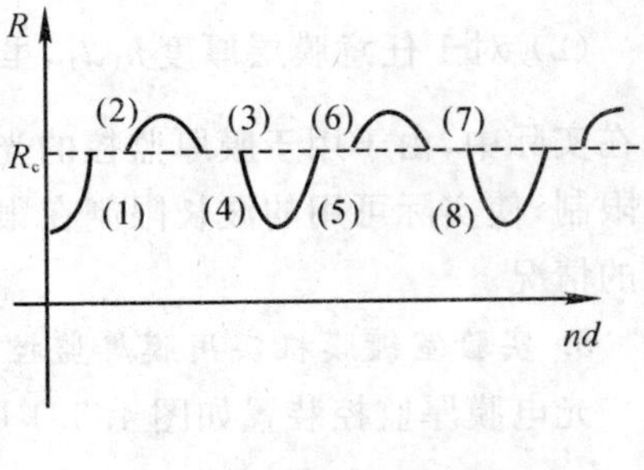

图 4.3.2 定值法监控中反射率随膜层厚度的变化规律

$$\begin{bmatrix}B\\C\end{bmatrix}=\begin{bmatrix}\cos\delta_2 & \dfrac{\mathrm{i}}{n_2}\sin\delta_2\\ \mathrm{i}n_2\sin\delta_2 & \cos\delta_2\end{bmatrix}\begin{bmatrix}\cos\delta_1 & \dfrac{\mathrm{i}}{n_1}\sin\delta_1\\ \mathrm{i}n_1\sin\delta_1 & \cos\delta_1\end{bmatrix}\begin{bmatrix}1\\n_s\end{bmatrix} \tag{4.3.1}$$

考虑到：① $\delta_1=\delta_2=\delta_c=\dfrac{\pi}{4}$；② 第二层镀制结束对应的反射率是极值，所以 $Y=\dfrac{C}{B}$ 的虚部等于零，因此，则控制波长 λ_c 处的位相厚度为

$$\delta_c=\arctan\left(\frac{n_1n_2-n_S^2}{n_1^2-\dfrac{n_2n_S^2}{n_1}}\right)^{1/2} \tag{4.3.2}$$

即得

$$g_c=\frac{\lambda_0}{\lambda_c}=\frac{4}{\pi}\delta_c \tag{4.3.3}$$

监控波长为

$$\lambda_c=\frac{\pi\lambda_0}{4\delta_c}$$

镀制第一层后的反射率 R_c 可以这样计算，即

因为

$$\begin{bmatrix}B\\C\end{bmatrix}=\begin{bmatrix}\cos\delta_c & \dfrac{\mathrm{i}}{n_1}\sin\delta_c\\ \mathrm{i}n_1\sin\delta_c & \cos\delta_c\end{bmatrix}\begin{bmatrix}1\\n_S\end{bmatrix} \tag{4.3.4}$$

所以

$$R_c=\frac{(n_S-n_0)^2+\left(n_1-\dfrac{n_0n_S}{n_1}\right)^2\tan^2\delta_c}{(n_S+n_0)^2+\left(n_1+\dfrac{n_0n_S}{n_1}\right)^2\tan^2\delta_c}$$

采用定值法监控通常都需要在控制片上先预镀适当的膜层，这样做，既可以获得邻近于截

止波长的监控波长，有利于截止波长的准确定位；也可以增大每一层膜层的控制信号的变化幅度，有利于减小监控误差。

根据上面 δ_c 的表达式可以得

$$n_S = n_1\left(\frac{n_1\tan^2\delta - n_2}{n_2\tan^2\delta - n_1}\right)^{\frac{1}{2}}$$

式中，n_S 为实数，说明 $\tan^2\delta$ 不能在截止带中取值。在已有预镀层的控制片上，用定值法控制更加方便。

例 4.1　对膜系 $G\left(\frac{H}{2}L\frac{H}{2}\right)^6 A$，$n_H = 2.35$，$n_L = 1.38$，$n_S = 1.52$，$H$，$L$ 表示 $\frac{\lambda_0}{4}$ 的高、低折射率层。由此得

$$\delta_c = \arctan\left[\frac{n_H n_L - n_S^2}{n_H^2 - \frac{n_L n_S^2}{n_H}}\right]^{\frac{1}{2}} = \arctan\left[\frac{2.35\times 1.38 - 1.52^2}{2.35^2 - \frac{1.38\times 1.52^2}{2.35}}\right]^{2} = 0.140\ 673\ 751\ \pi$$

$$\delta_c = \frac{4}{\pi}\delta_c = 0.563\ 0$$

根据反射带宽公式得

$$\Delta g = \frac{2}{\pi}\arcsin\left(\frac{n_H - n_L}{n_H + n_L}\right) = 0.161\ 7$$

故截止限的 g_e 为

$$g_e = 1 - \Delta g = 0.932\ 4$$

这表明控制波长远大于截止波长。考虑到膜料等色散因素，我们希望将控制波长移至截止带附近。为此目的，在 K_9 玻璃上先镀两层膜，即 $GH'L'$，H'，L' 是厚度为 $\frac{\lambda_0}{4}$ 的 ZnS 和 MgF_2。这时，λ_c 的组合导纳为

$$Y_S = \left(\frac{n_L}{n_H}\right)^2 n_S = 0.524\ 1$$

用 Y_S 代替 n_S 代入式(4.3.2)求得

$$\delta_c = \arctan\left[\frac{n_H n_L - Y_S^2}{n_H^2 - \frac{n_L Y_S^2}{n_H}}\right]^{\frac{1}{2}} = \arctan\left[\frac{2.35\times 1.38\ 0.534\ 1^2}{2.35^2 - \frac{1.38\times 0.524\ 1^2}{2.35}}\right]^{\frac{1}{2}} = 0.207\ 1\ \pi$$

由式(4.3.3)得

$$g_c = \frac{4}{\pi}\delta_c = 0.814\ 4$$

g_c 位于 g_e 附近，又在通带中。接着，根据 n_H，n_L，Y_S 和 δ_c，求出

$$R_c = \frac{(Y_S - n_0)^2 + \left(n_H - \frac{n_0 Y_S}{n_H}\right)^2\tan^2\delta_c}{(Y_S + n_0)^2 + \left(n_H + \frac{n_0 Y_S}{n_H}\right)^2\tan^2\delta_c} =$$

$$\frac{(0.524\ 1 - 1)^2 + \left(2.35 - \frac{0.524\ 1}{2.35}\right)^2\tan^2 0.207\ 1\pi}{(0.524\ 1 + 1)^2 + \left(2.35 + \frac{0.524\ 1}{2.35}\right)^2\tan^2 0.207\ 1\pi} = 0.456\ 1$$

亦即 $T_c = 0.543\ 9$，由于控制片预镀了 $H'L$，得 $R_{st} = \left(\frac{n_0 - Y_S}{n_0 + Y_S}\right) = 0.097\ 5$，而 $T_{st} = 0.902\ 5$。

至此以 T_{st} 为起始值，T_c 为定值，便可方便控制整个膜系。这种方法精度非常高，若 $\Delta T=1\%$，则高折射率层的膜层厚度相对误差为 1.35%，低折射率层厚度相对误差为 3.9%，两侧的两个 $H/2$ 层厚度相对误差分别为 2.7% 和 8.7%。

应用光电定值法监控时，选择监控波长对监控过程的重复性有很大影响。监控波长远离截止波长。监控过程中对误差是敏感的，过度频繁地使用定值修正，会造成膜系截止波长的定位误差。选择的监控波长应该尽可能地接近截止波长。在某些情况下，为监控需要而设计的预镀层可以归入膜系设计中，这样半直接监控可以转换为直接监控。

4.3.4　任意膜厚的单波长监控

(1) 对所需的膜层厚度计算出对应的极值波长，用极值法监控。

(2) 对于折射率稳定易重复的膜层，可以监控非极值波长的 T 或 R 值。

(3) 曲线比拟法。

图 4.3.3 中，曲线 TA 是理论计算得到的膜层厚度增长过程中的透过率变化曲线，曲线 TB 是膜层镀制过程中厚度增长时的透过率变化曲线，分析表明，当实际厚度与理论厚度相等时这两条曲线存在相似形关系 $\dfrac{TA1-T1}{TB1-T1}=\dfrac{TA1-TA1}{TB0-TB1}$。据此，对于理论厚度 nd，对应理论值 $TA0$ 和 $TA1$，在实际制作时，得到 $TB0$，根据此式计算出 $TB1$，到达 $TB1$ 时停镀，即得到厚度 nd。

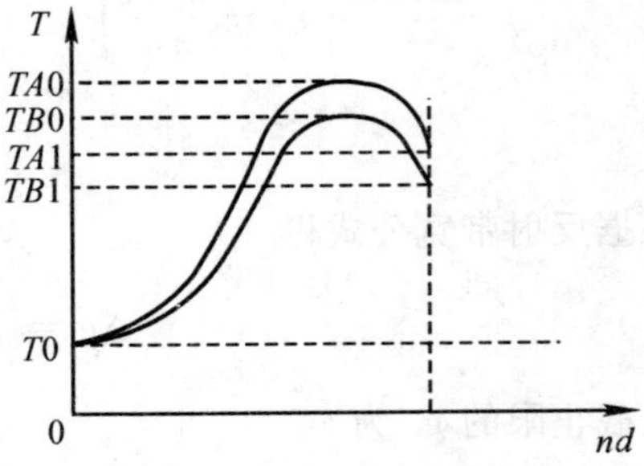

图 4.3.3　曲线比拟原理示意

4.3.5　石英晶振法

1. 频移法

利用石英晶体的压电效应，测量石英晶体振荡频率或周期随石英晶片厚度的变化量，达到测量沉积在石英晶片上的膜层厚度的目的。

依据石英晶片振动频率 f 与晶片厚度成反比的原理：$f=\dfrac{N}{d_q}$，N 为由石英晶片确定的常数。若在此晶片的一个表面镀上厚度为 Δd_f 的膜层，假设 Δd_f 对应的等效石英厚度为 Δd_q，则可以利用关系式

$$\Delta m = A\rho_f\Delta d_f = A\rho_q\Delta d_q$$

式中，A 为晶片被镀面积，得

$$\Delta d_q = \frac{\rho_f}{\rho_q}\Delta d_f$$

而由 $f=\dfrac{N}{d_q}$ 微分得

$$\Delta f = -\frac{N}{d_q^2}\Delta d_q$$

所以膜层厚度增量引起石英晶片振动频率的变化量为

$$\Delta f = -\frac{N}{d_q^2}\frac{\rho_f}{\rho_q}\Delta d_f \approx -\frac{f^2}{N}$$

$$\Delta d_{\mathrm{f}}=-\frac{\rho_{\mathrm{q}}}{\rho_{\mathrm{f}}}\frac{N}{f_{\mathrm{q}}^{2}}\Delta f$$

频移法存在的问题：

(1) 忽略了有膜晶片与无膜晶片振动模式的差异；

(2) 忽略了有膜晶片连续或继续使用时振动基频的变化。

要克服上述问题可以采用周期法膜厚监控措施。

2. 周期法

若用 f_0 和 d_0 分别表示石英晶片的振动基频和初始厚度，则由 $f_0=\frac{N}{d_0}$ 得

$$f=f_0+\Delta f=\frac{N}{d_0+\Delta f}$$

所以
$$d_0+\Delta d_{\mathrm{q}}=\frac{N}{f_0+\Delta f}$$

将 $\Delta d_{\mathrm{q}}=\frac{\rho_{\mathrm{q}}}{\rho_{\mathrm{f}}}\Delta d_{\mathrm{f}}$ 代入上式，并整理可得

$$\Delta d_{\mathrm{f}}=-\frac{\rho_{\mathrm{q}}}{\rho_{\mathrm{f}}}\left(\frac{N}{f}-\frac{N}{f_0+\Delta f}\right)$$

式中，$\frac{1}{f_0}=T_0$ 是无膜石英晶片的振动周期；

$\frac{1}{f_0+\Delta f}=T$ 是有膜石英晶片的振动周期；

$$\Delta d_{\mathrm{f}}=-\frac{\rho_{\mathrm{q}}}{\rho_{\mathrm{f}}}N(T_0-T)$$

据此测得膜层厚度，克服了频移法存在的第二个问题。

3. 声阻抗法

若将镀膜后石英晶体振动模式的改变也考虑在膜层厚度的计算公式中，则可得出更加精确的测厚公式，即

$$\Delta d_{\mathrm{f}}=\frac{\rho_{\mathrm{q}}z_{\mathrm{f}}}{\rho_{\mathrm{f}}z_{\mathrm{q}}}\arctan^{-1}\left(\frac{z_{\mathrm{q}}}{z_{\mathrm{f}}}\right)\frac{NT}{\pi}\tan\left\{\left(1-\frac{T_0}{T}\right)\pi\right\}$$

式中，z_{f} 和 z_0 分别是膜层和石英晶片的声抗值。

晶控与光控相比较。

光控法：

(1) 直接控制光学膜层的目标参数 T 或 R；

(2) 不同膜层的厚度误差有相互补偿作用；

(3) 对膜层厚度的控制精度较低。

晶控法：

(1) 控制精度高(0.1 nm)，易实现自动控制；

(2) 可直接监控成膜速率，便于工艺稳定重复；

(3) 可控制任意膜层厚度；

(4) 温度对石英晶体的频率影响较大，需要恒温措施。

4.3.6 宽光谱膜厚监控

上述膜厚测量和监控方法主要有两大类：一是利用石英晶体的质量变化和谐振频率之间的关系，间接测量所镀膜厚。其特点是灵敏度高且易于控制，但最大的缺点是在镀膜过程中无法知道制备过程的光谱特性从而达到及时修正所镀曲线的误差。另一类是光学监控方法，按判别方法又可分为极值法、定值法和宽光谱监控等。其中，极值法和定值法都是以单波长信号作为监控对象，所以在窄带滤光片镀制的过程中得到很好的应用。而对较宽波带或多波长都有要求时则显得先天不足。与之相比，宽光谱膜厚监控是利用实测的光谱曲线与理论光谱曲线进行比较，以评价函数表示比较结果并将其返回给控制系统。

法国马塞国家表面和光学薄膜实验室的 E. Pettetier 等在 1978 年提出以评价函数进行膜厚控制，并在 1981 年发表了用宽带法制备的一个 11 层长波通滤光片的结果。1986 年，加拿大国家研究院的Powell等建立了一台7通道宽带监控系统。之后，国内外的不少从事薄膜研究的工作者对此作了大量的研究。在此首先介绍宽光谱膜厚监控原理和评价函数，然后重点介绍系统硬件和软件组成，最后给出实验结果并对其精度进行分析。

1. 宽光谱膜厚监控原理

图 4.3.4 为宽光谱膜厚监控系统原理图。假设没有控制片时的系统接收到的光能量为 $\varphi_A(\lambda)$，并设 T_r 和 R_r 分别为控制片后表面的透过率和反射率；T_0，R_0 和 T_i，R_i 分别为控制片前表面镀膜前和镀膜后的透过率和反射率。那么在镀膜开始前透过的光能量为

$$\varphi_0(\lambda) = \frac{\varphi_A(\lambda) T_r T_0}{1 - R_r R_0} \tag{4.3.5}$$

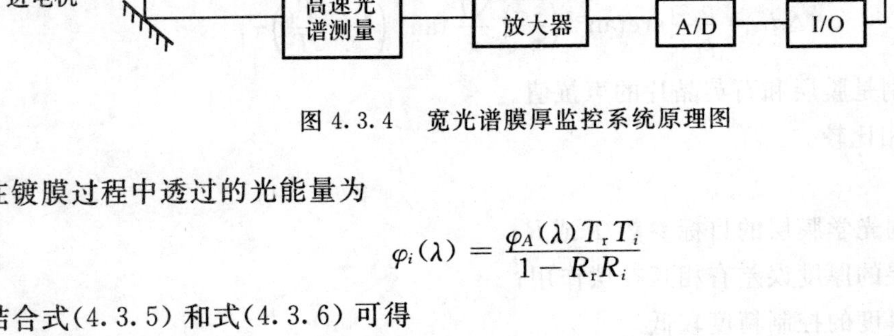

图 4.3.4 宽光谱膜厚监控系统原理图

在镀膜过程中透过的光能量为

$$\varphi_i(\lambda) = \frac{\varphi_A(\lambda) T_r T_i}{1 - R_r R_i} \tag{4.3.6}$$

结合式(4.3.5) 和式(4.3.6) 可得

$$\frac{\varphi_i(\lambda)}{\varphi_0(\lambda)} = \frac{T_i(1 - R_r R_0)}{T_0(1 - R_r R_i)} \tag{4.3.7}$$

当制备多层膜时，第 i 层的透过率 T_i，不但与该层的折射率 n_i 和膜厚 d_i 以及所测的波长 λ 有关，而且与前 $i-1$ 层膜中每层的 n 和 d 有关。若前 $i-1$ 层膜的 n 和 d 已知，以及第 i 层膜折射率 n_i 稳定的情况下，则 T_i 仅与所测波长 λ 和厚度 d 有关，即 $T_i = T_i(\lambda, d)$。若第 i 层膜厚设计

要求为 d_i，则镀完第 i 层膜后，理论上的透过率情况为 $A_{0i}=A_i(\lambda,d_i)$。于是，在 λ_1 到 λ_2 的整个宽光谱区间内，变量 d 与设计值 d_i 所表现出的光谱透射情况为

$$f_i=\int_{\lambda_1}^{\lambda_2}|A_i(\lambda,\ n_i d_i)-A_i(\lambda,\ nd)|\,\mathrm{d}\lambda \tag{4.3.8}$$

式(4.3.8)中 f_i 为第 i 层的评价函数。在镀制过程中，当 d 逐渐逼近 d_i 时，应达到一极小值，这样就可达到监控膜厚的目的。为处理计算的方便，可将式(4.3.8)写为

$$f_i=\int_{\lambda_1}^{\lambda_2}\left[\tau_i-\frac{\varphi_i(\lambda)}{\varphi_0(\lambda)}\right]\mathrm{d}\lambda \tag{4.3.9}$$

式中，以镀膜前和镀膜后的透过光能量 $\varphi_0(\lambda)$ 和 $\varphi_i(\lambda)$ 来取代实时确定透过率，其中 τ_i 是镀制每层膜前计算出的相对透过率，其值为

$$\tau_i=\frac{T_i(\lambda,\ n_i d_i)}{T_0}\,\frac{1-R_r R_0}{1-R_r R_i(\lambda,\ n_i d_i)} \tag{4.3.10}$$

由于一般膜系的光谱特性在较窄的波长内不会发生跃变，故可以求和式取代式(4.3.9)的积分，即将式(4.3.9)改为

$$f_i=\sum_{i=1}^{k}\left|\tau_i(\lambda_j)-\frac{\varphi_i(\lambda_j)}{\varphi_0(\lambda_j)}\right| \tag{4.3.11}$$

另外，人们一般只对薄膜光学特性的某些特定的波段或某几个特定的波长的要求较高，而对其他部分不太关心，因此又对式(4.3.11)进一步改进为

$$f_i=\sum_{i=1}^{k}\left|\tau_i(\lambda_j)-\frac{\varphi_i(\lambda_j)}{\varphi_0(\lambda_j)}\right|\omega_i \tag{4.3.12}$$

式中，ω_i 是权重因子。

这样就可在控制前确定所选的波长点，并将其权重因子值和透过光能存入计算机。控制过程中，根据接收到的光能量计算评价函数作出判断并反馈判断结果以进行监控。

2. 系统的硬件组成

由原理图1可知硬件部分主要包括光学、信号产生、信号采集、控制反馈输出以及相关的机械部件等部分。具体来说：

(1) 光学部分又包括光源、光路、分光等部分。其中分光部分是在WDG—3型光栅单色仪的基础上作适当的改动而成的。其结构如图4.3.5所示。

(2) 信号产生部分是由CCD和CCD驱动放大电路组成。其中CCD是选用RETICON公司的SC—0512，其主要参数：

光谱响应范围：200 nm ～ 1 000 nm

像元尺寸：25 nm × 2.5 nm(矩形)

像元数：512

有效接收长度：12.8 mm

线性动态范围：31 250 : 1

饱和光强：0.035 μJ/cm^2

最高速度：1 MHz

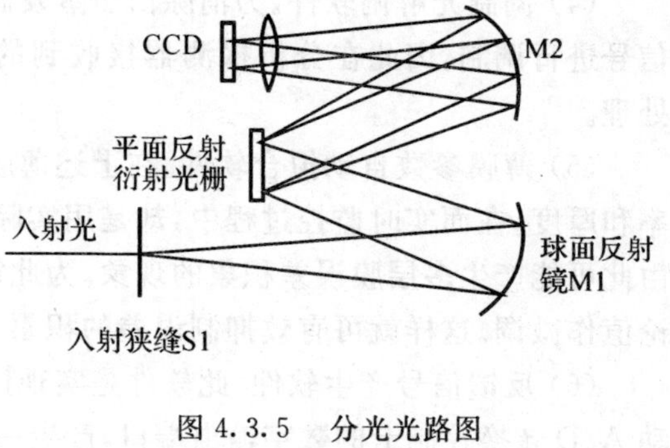

图 4.3.5　分光光路图

(3) 信号采集和控制反馈输出部分由A/D采集控制卡、计算机以及数字反馈输出电路组成。

总体硬件连接原理如图 4.3.6 所示。其工作原理是:从光源发出的光经光路聚集,照射到监控片上,再由透镜组聚焦到分光光栅上,经分光后的宽光谱入射到CCD上。调节CCD精密调节架,使待测光谱全部落在其上。启动其驱动电路、放大电路、A/D转换电路,把CCD采集到的各谱线对应的光强信号串行输入计算机。由计算机软件程序对输入信号进行处理并将处理结果和理论曲线通过评价函数作判别。将判别结果经 A/D 输出卡输出给反馈控制电路控制相关设备和仪器。

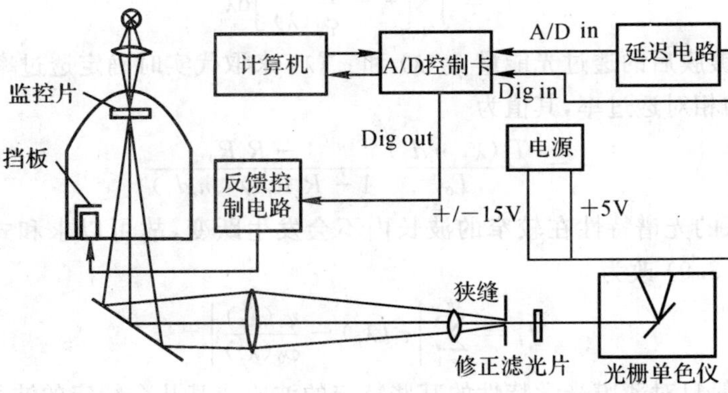

图 4.3.6 系统硬件连接原理图

3. 软件组成

软件部分的设计思路和作用主要包括以下几个部分。

(1) 监控片光谱特性实时显示软件。其目的是在屏幕上实时显示出监控片的光谱特性曲线,它是完成宽光谱膜厚监控仪监控镀膜过程的基础。

(2) 薄膜计算软件。在镀膜过程中,我们必须知道镀到什么地方为止,从而事先输入薄膜各层的膜厚和折射率计算出理论上的终点,才能和实时观察到的光谱曲线相比较,本模块为评价函数提供参考。

(3) 初始化定标软件。该部分一方面校正由于光源不稳定以及CCD温度效应引起的误差,另一方面是确定 CCD 像元和谱线位置的对应关系的定标。

(4) 调制光解调软件。为消除由于蒸发源和环境光等杂散光对探测结果的影响,需对光源信号进行调制。因此在分析探测器接收到的光信号时需首先利用本软件做信号还原即解调处理。

(5) 薄膜参数自动拟合软件。在上述薄膜计算软件程序中,输入的是理论上各膜层的折射率和厚度。在而实时监控过程中,却是用实际观察到的光谱曲线相比较判断是否到达极值点。由此可能产生多层膜误差积累的现象。为此需编制相关的处理软件以实现自动拟合,从而对理论值作微调。这样就可有效抑制误差的积累。

(6) 反馈信号产生软件。此软件是实现同硬件的联系,由评价函数达到极值时,此软件驱动 A/D 转换控制卡的数字输出端口,产生一个输出控制信号,用以控制气动阀门关闭挡板或进行其他相关操作。

(7) 总控程序。是将以上几个软件模块有机地结合到一起,并实现人机交互功能的界面。

4.4　获得均匀膜层的方法

4.4.1　影响膜层厚度均匀性的因素

影响膜层厚度均匀性的三大主要因素：

(1) 蒸发源发射特性。

1) 蒸发源结构。

A. 点源、面源、螺旋丝等不同结构的蒸发源，其发射分布特性各不相同。

理想点源在任意方向沉积的膜层厚度为

$$d=\frac{m}{4\pi\rho}\frac{\cos\theta}{h^2}$$

理想面源在任意方向沉积的膜层厚度为

$$d=\frac{m}{\pi\rho}\frac{\cos\varphi\cos\theta}{h^2}$$

式中，m 是蒸发源向所有方向蒸发的膜料总质量，ρ 是膜料的密度，h, φ, θ 如图 4.4.1 所示。

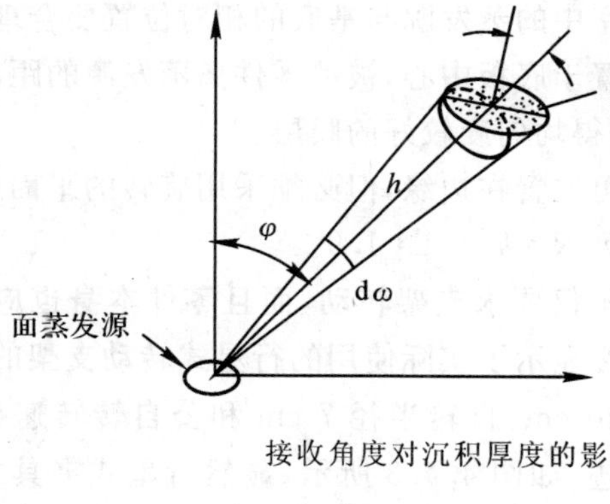

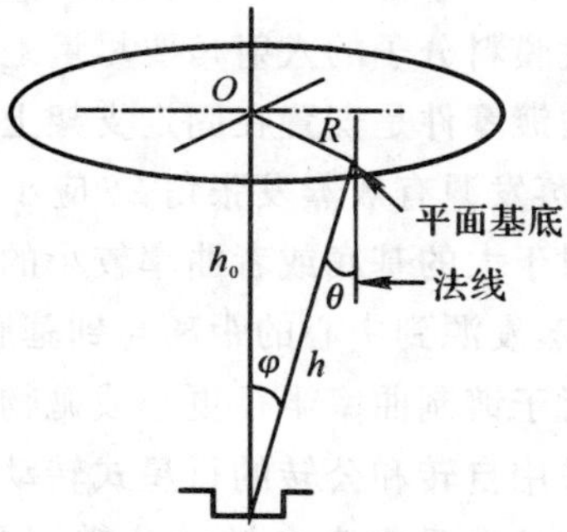

图 4.4.1　膜层厚度公式中各量的实际含义示意图

电子束蒸发源的膜厚分布为

$$d=\frac{m}{\pi\rho}\frac{\cos\theta\cos^N\varphi}{h^2}$$

式中，N 是与电子束蒸发源工作时的束斑状态及膜料有关的指数。正常工作状态下，N 在 2～3 之间取值。

B. 每一种蒸发源的发射分布既随经度不同而不同，也随纬度不同而不同，情况更为复杂。

2）同样的蒸发源，不同的膜料，也有不同的蒸发分布特性。这一问题在电子束蒸发时尤为突出，不同的材料有不同的蒸发温度和热传导率，造成蒸发点大小不同，有可能是点，也有可能更像面。更为严重的是挖坑现象使得蒸发角度变小，膜厚分布严重恶化，这是值得每一位业内工作者高度重视的问题。

(2) 蒸发源与被镀件的相对位置对于膜层厚度的分布影响非常大，大量的研究已经得出了精确的膜层厚度分布规律特性。目前广泛采用的改进膜层厚度分布均匀性的措施都是建立在这些研究结果的基础上。

(3) 被镀件的面形对于膜层厚度的分布影响也很大。大曲率零件表面膜层的厚度均匀性一直是一个棘手的工艺问题,公转又自转的行星夹具就是为解决这一类问题而专门设计的。

4.4.2 获得均匀厚度膜层的途径

(1) 可以获得均匀膜层厚度的蒸发源与零件位置;

1) 点状蒸发源置于被镀件所在球面的球心;

2) 面状蒸发源位于被镀件所在的同一球面上。

(2) 改善膜层厚度均匀性的措施。由于影响膜层厚度的因素很多,而且还有很多随机因素难于控制,所以,要得到膜厚均匀性很好的薄膜是相当困难的。实践中,首先要选择好适宜所读零件面形的工装,其次要进行试镀,根据测试结果,调整影响膜厚均匀性的参数,采取调整膜厚均匀性的必要措施,经过多次试镀、调整和修正得到符合要求的膜厚均匀性。

1) 采用旋转夹具:公转、自转、行星夹具。蒸发源的大小和形状是有限的,既不可能很大,也不可能是理想的点源或面源,蒸发的膜料分子呈辐射形飞向被镀基底,使得基底各处获得的蒸发分子概率不同,入射角也有所差异。如何获得均匀的膜层分布以及较好的附着力,关键在于蒸发膜料分子的入射角要尽量地小,亦即真空室中的蒸发源与基底的相对位置要合理布置。如果被镀零件是安置在固定支架上,蒸发源应安置于底板中心,被镀零件离蒸发源的距离越大越好。蒸发源有效蒸发张角 2θ 应小于 22°,才能获得均匀度较好的膜层。

对于大的基底或者曲率较小的透镜,蒸发源可安置在边缘,但必须采用旋转的平面或球面夹具。蒸发源到中心的距离与到基底的高度比约为 $R:h=1:1.9$。

对于镀制曲率半径更小或抛物面形的零件,不仅要求支架转动,而且零件本身也应自转,因此采用自转和公转的行星式转动支架。图 4.4.2 显示了实际使用的行星式转动支架的照片。行星式的夹具本身自转并公转,假设公转半径 20 cm、自转半径 7 cm 和公自转转速比值为 5/3,可以得到对于夹具半径 7 cm 位置之绕行轨迹,如图 4.4.3 所示。显然行星式夹具之绕行轨迹要比平面夹具绕行轨迹复杂得多,它造成夹具内外位置膜厚较均匀,可以得到大面积均匀膜厚分布。图 4.4.4 及表 4.4.1 所示是平面夹具与行星式夹具在相同蒸发特性(电子束蒸发源,指数 $N=1$)及几何位置下的基板上厚度均匀性分布图,图中所示行星式夹具之膜厚均匀性要比平面夹具来得好。另外,对于行星式夹具其公转转速和自转转速比值应避免为整数倍,惟有在非整数倍的情况下其绕行轨迹才会遍及内外圈达到厚度平均效果。

表 4.4.1 平面基板和行星式基板膜厚相对分布数据

R/cm	0	1	2	3	4	5	6	7
平面基板	1	0.976	0.908	0.808	0.693	0.576	0.467	0.372
行星基板	1	1.005	1.02	1.041	1.061	1.073	1.069	1.041

2) 增设膜层厚度调节板。设置膜层厚度调节板是长期以来一直采用的调整膜厚均匀性的行之有效的方法。但是大多数都是通过在实验中反复调整修改得到的。即便是已经采用了行星夹具,要想获得很均匀的膜层厚度,也需要设置膜层厚度调节板。图 4.4.5 显示增设了膜层厚

度调节板的行星夹具。

图 4.4.2　行星式夹具

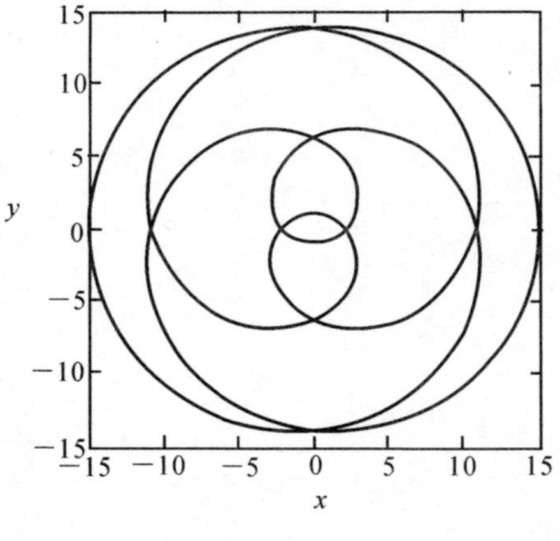

图 4.4.3　行星式基板轨迹图,公 / 自转比例 5/3

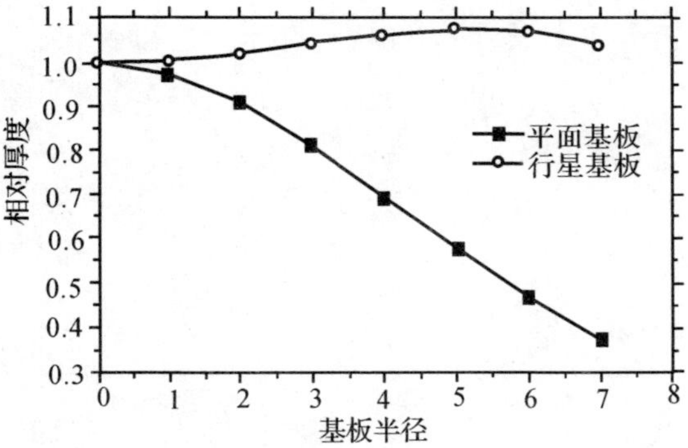

图 4.4.4　平面基板和行星式基板膜厚分布图

图 4.4.5　行星夹具使用的膜厚调节板

第五章　薄膜材料及其性质

薄膜光学理论与设计、薄膜工艺技术、薄膜材料、薄膜特性测量构成了薄膜技术研究的主要内容。薄膜材料作为其他三项研究内容的基础，在薄膜技术研究中占据重要的地位。

对于光学领域应用的薄膜材料研究，除了相关的制备工艺技术，需要关心的问题还包括薄膜的微观结构、光学性质，以及与光学应用相关的机械特性等。

本章的内容是围绕光学薄膜材料，从材料科学的角度出发，介绍光学薄膜材料的制备-结构-性质关系，并介绍常见光学薄膜材料的基本特性。

5.1　薄膜的微观结构与性质

材料学研究的重点，是材料的制备、结构与性质之间的关系，以及这三者对于材料应用的影响。薄膜作为材料的特殊形态，其制备-结构-性质关系与对应的块体之间有较大的差异，因而使其获得新的或者特殊的应用。在材料种类确定以后，薄膜的组分通常就得以确定，此时，在材料学关心的制备-结构-性质-应用关系中，最值得关注的就是薄膜的微观结构。微观结构的差异，将使得薄膜对外表现出不同的特性，进而得到不同的应用。影响薄膜微观结构的因素，除了薄膜的化学组份以外，重要的是其制备工艺。例如在光学薄膜中广泛应用的氧化钛薄膜，由于制备条件的差异，可以呈现出非晶结构、锐钛矿结构、板钛矿结构或者金红石结构，不同微观结构的氧化钛薄膜具有完全不同的光学特性和稳定性特征。研究和了解光学薄膜材料微观结构与其性质的关系，是获得优良薄膜器件的重要基础。

本节的目的，是介绍薄膜作为特殊形态的物质，其微观结构的一般特点，以及薄膜微观结构对其光学特性和力学特性的影响。

5.1.1　薄膜结构的材料学基础

1. 薄膜的结晶学特性

薄膜材料的种类繁多，按照不同的标准可以划分成为不同的类型，例如按照化学键的不同，薄膜材料可以区分为金属型、离子型和共价键型；按照工程应用的特点可以区分为金属、半导体、陶瓷、聚合物等。

同块体材料一样，薄膜材料还可以依照其结晶特性区分为三大类，即晶态、非晶态和多晶态，其中晶态和非晶态是材料结构的两种极端状态，大多数光学薄膜材料呈现出介于两者之间的状态，即多晶态。

薄膜微观结构研究的主要内容除了化学组成以外，最重要的是研究其结晶形态、结构缺陷等。核心问题是薄膜材料的结晶状态与结晶形式。

(1) 晶态结构。晶态物质的特征是其内部的原子或者分子按照一定的空间对称性规则排列。构成整个晶体的最小化的基本对称单元叫做晶胞,晶胞在三维空间的重复排列就构成了晶体的完整结构。如果把具体的晶体中的原子或分子抽象成为一个点,则晶体结构可以抽象为一系列点构成的阵列,此时,把晶体结构对应的空间结构称为点阵,点阵中的每个点称为阵点。对于理想的晶体,点阵结构的对称性是延伸到整个晶体的,即阵点的有序排列是长程的,在晶体结构中任选一个阵点,其周围的结构都是相同的。

布拉菲(Bravais)通过对晶体结构对称性的归纳得出结论,自然界的晶体结构可用 7 大类(7 种晶系)14 种点阵结构来描述,这 14 种点阵结构也称做布拉菲点阵。7 种晶系和 14 种布拉菲点阵的特点可以分别用图 5.1.1 和表 5.1.1 来描述。

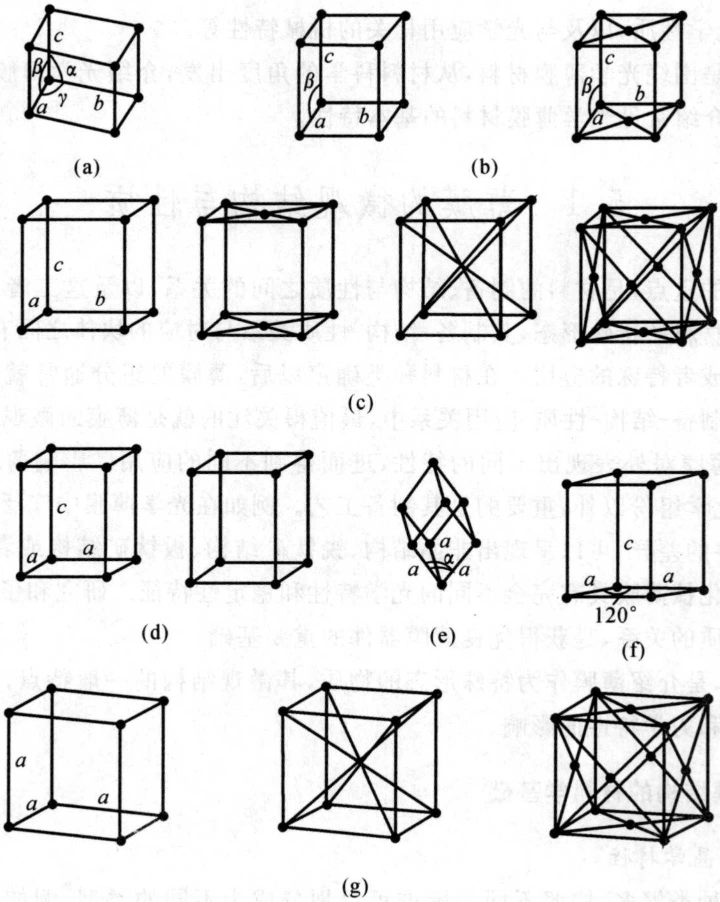

图 5.1.1 14 种布拉菲点阵的基本单元

表 5.1.1　7 种晶系和 14 种布拉菲点阵的特点

晶　系	点阵的特性	布拉菲点阵
三斜(a)	$a \neq b \neq c,\ \alpha \neq \beta \neq \gamma \neq 90^\circ$	简单三斜
单斜(b)	$a \neq b \neq c,\ \alpha = \gamma = 90^\circ, \beta = 90^\circ$	简单单斜
		底心单斜
正交(c)	$a \neq b \neq c,\ \alpha = \beta = \gamma = 90^\circ$	简单正交
		底心正交
		体心正交
		面心正交
三角(d)	$a = b = c,\ \alpha = \beta = \gamma < 120^\circ \neq 90^\circ$	三　角
四方(e)	$a = b \neq c,\ \alpha = \beta = \gamma = 90^\circ$	简单四方
		体心四方
六角(f)	$a = b \neq c, \alpha = \beta = 90^\circ, \gamma = 120^\circ$	六　角
立方(g)	$a = b = c, \alpha = \beta = \gamma = 90^\circ$	简单立方
		体心立方
		面心立方

对于实际中的晶体，由于其尺寸有限，必然存在一个表面，超越此表面晶体的对称结构中断，因而材料表面的对称性将不同于体内，其对称性高于体内。同样可以归纳出表面结构（二维或者平面结构）对应的点阵，共有 4 种晶系 5 种布拉菲点阵。图 5.1.2 表示了二维布拉菲点阵的特点。其中四种晶系分别为斜角（$a \neq b, \gamma \neq 90^\circ$）、长方（$a \neq b, \gamma = 90^\circ$）、正方（$a = b, \gamma = 90^\circ$）和六角（$a = b, \gamma = 120^\circ$）。5 种布拉菲点阵分别为图(a)斜角；图(b)长方；图(c)面心长方；图(d)正方；图(e)六角。

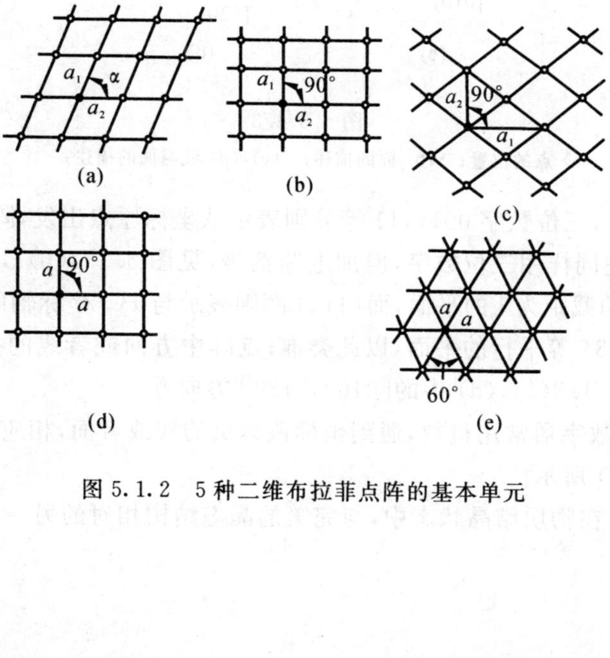

图 5.1.2　5 种二维布拉菲点阵的基本单元

需要注意的是，晶体点阵结构只代表构成晶体的原子或分子在空间中周期性排列的规律，影响和决定晶体性质的除了点阵所描述的对称性，还有原子或分子的种类、原子间距（常用晶格常数来描述）、原子结合的化学键种类等。如果材料相同而晶体结构不同，则材料会表现出不同的性质，如金刚石结构与石墨结构在性质上的差异。而即使两种材料具有相同的晶体结构，其性质也可能有极大的差异。如金刚石和氯化钠晶体均为面心立方结构，但两者的硬度却有天壤之别，原因之一是金刚石以共价键结合，而氯化钠以离子键结合。

了解薄膜材料晶态结构的意义在于掌握不同晶体结构所对应的光学性质，进而在薄膜器件的设计与制备过程中考虑相关性质。

从晶态材料的结构特点中可以看到，由于晶态材料的对称性具有方向性，造成晶态结构具有空间上的各向异性，并造成材料性质的各向异性。由于这一特点，在描述晶态材料的性质时，往往需要指明其所对应的方向。

为了便于描述晶体中的点、线和面，引入米勒指数，其基本思想是在正交坐标系中，以 x，y，z 三个方向的晶格常数 a，b，c 为单位，描述阵点的空间位置。图 5.1.3 是如何用米勒指数描述晶体中阵点位置、平面及方向的实例。

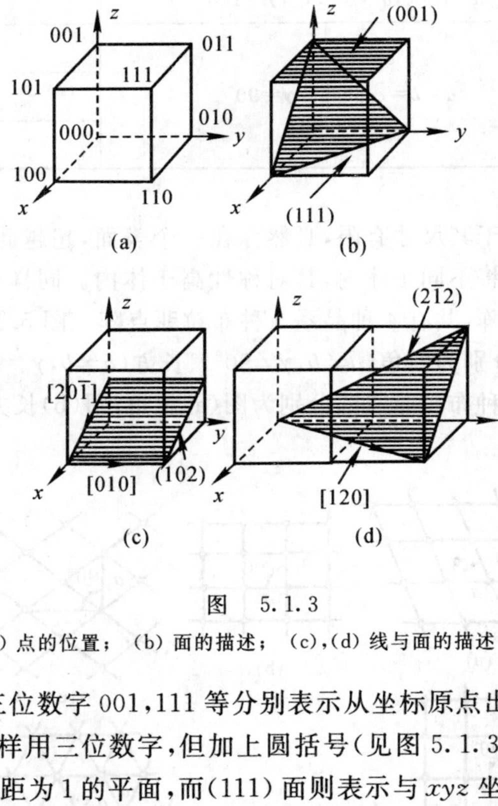

图　5.1.3

(a) 点的位置；（b) 面的描述；（c)，(d) 线与面的描述

在图 5.1.3(a) 中，三位数字 001，111 等分别表示从坐标原点出发，阵点的 xyz 坐标值，即其空间位置；面的描述同样用三位数字，但加上圆括号（见图 5.1.3(b)），如(001) 面表示平行于 xOy 平面，与 z 轴的截距为 1 的平面，而(111) 面则表示与 xyz 坐标轴的截距均为 1 的平面。(001) 是与(002)，(003) 等平行的平面，以此类推；点阵中方向或者线的描述是用方括号中的三位数字表示，如图 5.1.3(c)，(d) 中的[010]，[120] 方向等。

描述点、线、面的数字通常用整数，遇到坐标值为负的线或者面，相应的数字上方加短横表示，如图 5.1.3(c)，(d) 所示。

(2) 非晶态结构。在物质结晶状态中，与完美的晶态结构相对的另一种极端状态就是非晶态。非晶态材料典型的例子如玻璃材料、无机氧化物混合物、聚合物等。

非晶态的基本特点可以用图 5.1.4 表示。理想的氧化硅晶体结构在整个空间中都是有序的，即具有长程有序的结构，如图 5.1.4(a) 所示。理想的非晶氧化硅结构则是完全无序的，空间中任意位置的氧化硅分子周围的结构均与其他位置不同，如图 5.1.4(b) 所示。在实际中，要获得完全的非晶结构与获得理想的晶态结构一样困难，所以往往把具有短程有序结构的材料也称为非晶材料，如图 5.1.4(c) 所示的结构也可以认为是非晶的氧化硅。在纳米科学研究中，也把图 5.1.4(c) 所示的结构称为纳米晶结构，即材料结构在纳米尺度上是有序的。

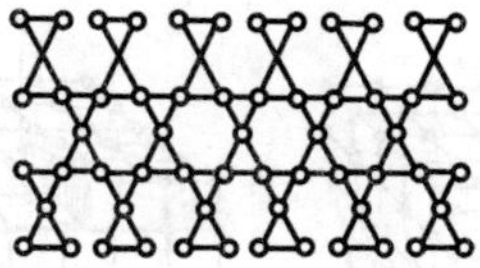

(a)

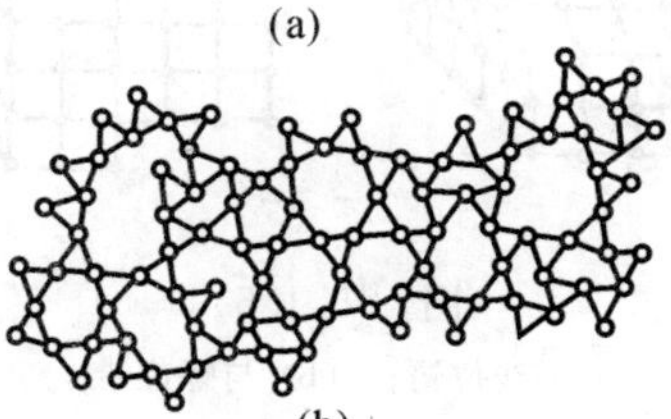

(b)

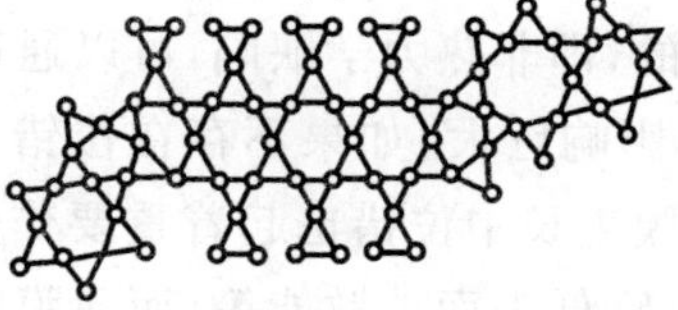

(c)

图 5.1.4　氧化硅结构

(a) 长程有序；(b) 无序；(c) 短程有序

我们常遇到的薄膜材料往往不是理想的晶态或者非晶态，而是所谓的多晶结构。多晶结构可以看做为晶态结构中存在非晶区域，或者看做非晶结构中存在大量的有序结构。通常把多晶结构中的结晶区域称做晶粒，晶粒尺寸可以从亚微米一直到数百微米，与薄膜的材料、厚度、制备方法等有关。

(3) 固体中的缺陷。目前已经可以制备近乎完美的晶体。即便如此，晶体中仍然存在数量巨大的缺陷。如半导体需要的高质量的硅单晶，单位体积中仍会存在数量高达 10^{12} 个缺陷。缺陷的存在大大影响了晶体的性质。有必要了解材料缺陷的类型及其对材料性质的影响。

晶体中的缺陷按照其维度可以分为点缺陷、线缺陷和面缺陷，这些缺陷出现的原因及影响各不相同。

晶体中的点缺陷通常为空位，即阵点上没有原子或者分子占据。点缺陷是晶体的主要缺陷，通常由原子或者分子的热运动造成。当原子或者分子的热运动剧烈到一定程度，将会摆脱周围原子或分子的束缚，运动到晶体的其他位置而留下空位。可以用统计学规律描述晶体中点缺陷在特定温度 T 时的比率 f，即

$$f = \exp\left(\frac{-E_f}{k_B T}\right) \tag{5.1.1}$$

式中，E_f 为将晶体内部原子移动到晶体表面所需要的能量，也称为缺陷能，典型值约 1 eV；k_B 为波耳兹曼常数。由上式可以估算出 1 000 K 下点缺陷比率约为 10^{-5}。考虑到单位体积内原子数目之巨大，点缺陷密度也就可想而知。

点缺陷对薄膜中与扩散相关的过程影响巨大，如再结晶、晶粒生长、烧结、相变等，点缺陷的存在降低了原子在材料中扩散所需要的能量。

晶体中另一类缺陷称做位错，即线缺陷。位错分两类：线位错和螺位错。图 5.1.5 表示了这两种位错的特点。

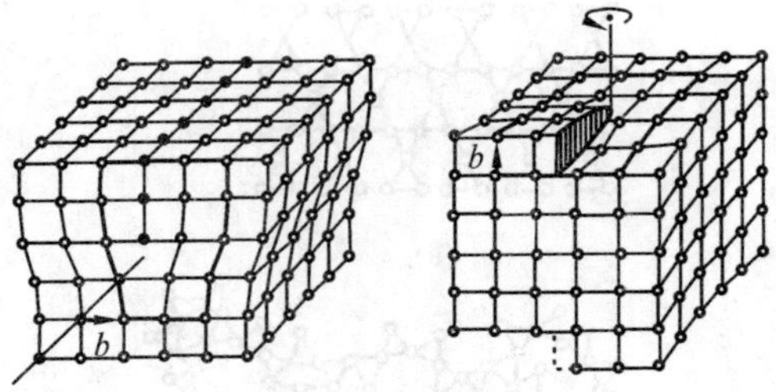

图 5.1.5

(a) 线位错；(b) 与螺位错

线缺陷不是由温度变化造成的，即非热力学缺陷，可以通过晶体制备过程的控制来消除。

线缺陷对于材料的机械强度影响巨大，如果不存在位错，则金属材料的强度会极大地提高，但其延展性也将会减弱。在薄膜生长中位错也起着重要作用，如位错的出现可以弥补薄膜外延生长过程中晶格常数的失配，降低表面扩散能等。而薄膜应力、热诱导的机械弛豫、原子扩散等均可由位错诱发。

还有一类缺陷为面缺陷，往往称做晶粒间界。晶粒间界存在于两个结晶区域之间，或者两个结晶取向不同的晶粒之间。晶粒间界处的原子与晶体表面原子十分类似，处于较高的能量状态，所以晶粒间界往往是固态扩散、相变、杂质沉积、腐蚀、机械弛豫等过程容易发生的区域。晶粒间界在尺寸上可以达到数个微米，也可以小到一个原子层。

在多晶薄膜中存在大量的晶粒间界，其影响超过表面，薄膜的机械、电子、光学特性极大地受到其影响。所以在薄膜制备过程中需要设法控制晶粒间界的数量与其结构。

2. *薄膜的形成*

薄膜究竟呈现何种结构，将影响到其表现出的性质，而影响薄膜结构的关键是其形成过程。薄膜制备工艺对薄膜结构的影响实质上是通过影响薄膜形成过程来实现的。

薄膜形成大多数是从汽相开始的，通过蒸发、溅射、汽相分解等过程获得薄膜蒸气，气态原子或分子在衬底表面吸附、凝结、团聚、长大形成连续的薄膜。所以可以定性地将薄膜形成过程划分为吸附过程、成核过程和长大过程。

(1) 吸附过程。沉积过程中，蒸气原子与衬底相遇，产生相互的吸引，这一过程称为吸附过程，吸附是薄膜形成的最初阶段。

吸附发生后蒸气原子或分子和衬底的总能量降低，因此会产生放热现象，放出的热量称为吸附热。吸附热的多少与吸附的性质有关，吸附分为物理吸附和化学吸附。物理吸附通过原子间的范德瓦尔兹力发生，对应的吸附热约 8 ～ 25 kJ · mol^{-1}，而化学吸附则是通过化学反应形成化学键发生，对应的吸附热约 40 ～ 130 kJ・mol⁻¹。

吸附是一个动态过程，由于发生吸附的原子仍然具有热动能等能量，当吸附原子动能超过解除吸附所需要的能量，则会从衬底上脱离出来。吸附原子在衬底表面的平均驻留时间 τ 与解除吸附能 E_d 及温度 T 有关，关系如下：

$$\tau = \tau_o \exp(E_d/RT) \tag{5.1.2}$$

式中，τ_o 是单原子层的振动常数，约 10^{-13} s，R 为气体常数。若 $E_d = 41.868\ \mathrm{kJ \cdot mol^{-1}}$，则 τ 约 3 μs；而 $E_d = 125.604\ \mathrm{kJ \cdot mol^{-1}}$，则 τ 可长达 130 a。温度升高也会造成吸附原子在衬底表面的驻留时间减小。

(2) 成核过程。当蒸气原子到达衬底表面通过吸附形成永久驻留的团聚体时，称其为成核过程，核的大小与成核条件有关，大多在数纳米甚至更小尺度。成核过程分为三种类型：三维成核、单层生长和单层生长结合三维成核，如图 5.1.6 所示。

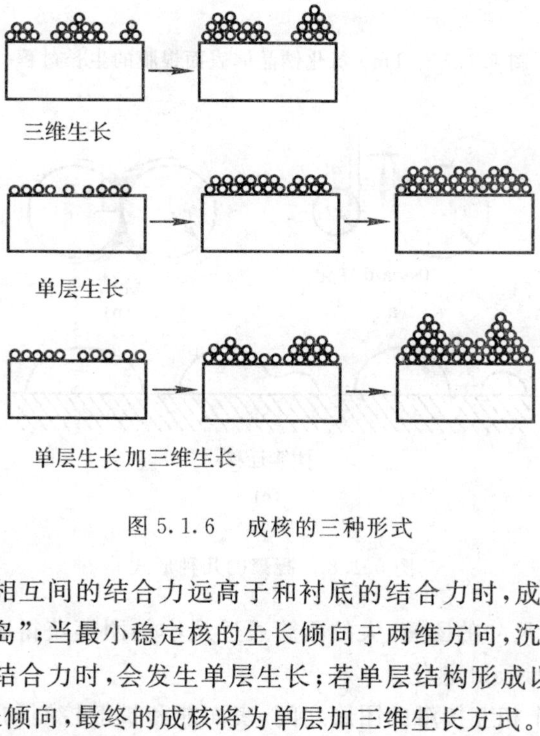

图 5.1.6　成核的三种形式

当沉积分子或原子相互间的结合力远高于和衬底的结合力时，成核倾向于三维成核的形式，每个核构成一个“孤岛”；当最小稳定核的生长倾向于两维方向，沉积分子或原子相互间的结合力远低于和衬底的结合力时，会发生单层生长；若单层结构形成以后，原子间的结合力开始增强，将出现岛状生长倾向，最终的成核将为单层加三维生长方式。

成核的过程基本上决定了薄膜最终的结晶结构。三维生长、高密度的成核形式往往导致多晶薄膜的形成，而单层生长则有利于形成单晶外延薄膜。

(3) 长大过程。成核以后，随着蒸气原子的入射和吸附持续进行，核将长大，进入薄膜的长大过程或者生长过程。

通过高分辨透射电子显微镜观察的结果（见图 5.1.7），可以将薄膜的生长过程细分为四个阶段，即岛状阶段、凝聚阶段、沟道阶段和连续阶段。

（从左至右：成核、岛状、凝聚、沟道、连续阶段）

在岛状阶段，核开始三维生长，其中横向生长速度高于垂直方向，因为生长主要依靠吸附原子的表面扩散，而不是依靠蒸气原子的直接吸附。

在岛的尺寸增大相遇后，便进入凝聚阶段。此时岛的密度由于合并而急剧减小，空出的位置上将会发生新的成核与生长过程。凝聚过程可以通过不同的途径实现，包括奥斯瓦尔德(Oswald)熟化、烧结和团簇迁移等形式，如图 5.1.8 所示。

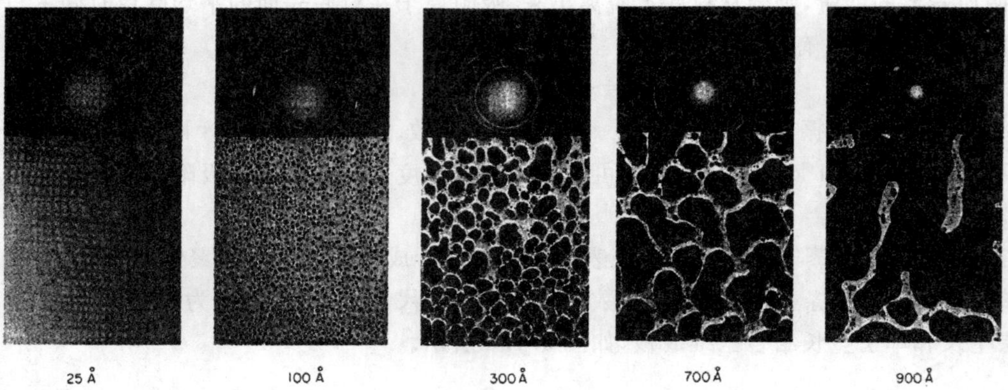

图 5.1.7　(111) 氯化钠晶体表面银膜的生长过程

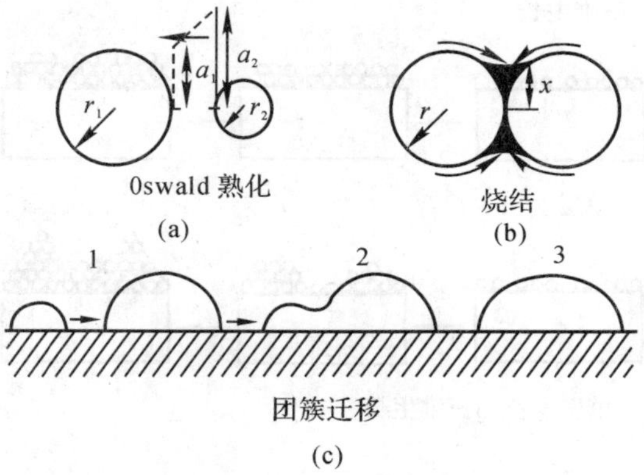

图 5.1.8　凝聚的几种形式

在团聚前，存在各种尺寸的团簇，大的团簇通过从小的团簇获得吸附原子逐渐长大，或者“成熟”，这就是所谓的 Oswald 熟化。

烧结过程发生在两个相互接触的团簇之间，表面能和扩散控制的质量传输机制是发生烧结凝聚的主要驱动力。

另一种凝聚是由于团簇在随机迁移过程中相遇而发生。

在沟道阶段，岛的分布达到临界状态而相互连接，形成网络结构，随着蒸气原子的持续入射和吸附，只留下尺寸在 5 ～ 20 nm 的沟道，沟道内再次成核、长大，最终使沟道消失而进入连续生长阶段。在沟道阶段末期，往往会在薄膜中留下孔洞结构，特别是当沉积原子表面迁移率低、沉积速度快时更易发生。

凝聚过程往往决定了薄膜最终的结构。

3. 薄膜的微观结构

理想的单晶薄膜和非晶薄膜结构较易描述，只需要确定其结晶结构，则其微观结构就可以借助对相应的块体材料研究的结果来描述。由于大多数光学薄膜的微观结构为多晶态，所以本节重点介绍多晶薄膜的微观结构。

影响薄膜微观结构的因素很多，其中研究最广泛、影响最大的是沉积温度。通过电子显微镜观察，可以总结出薄膜微观结构的基本特点。

在热蒸发和溅射薄膜中最常观察到的微观结构就是柱状结构，图 5.1.9 所示就是一个典型的例子。

柱状结构的出现主要是由于吸附原子在衬底表面的迁移率低，造成薄膜在水平方向的生长速度低于垂直方向。在蒸气流斜入射的情况下，三维岛状结构在垂直方向的快速生长对侧向薄膜的生长还会产生“阴影”效应，最终造成柱状结构的形成。柱体的方向与蒸气流入射方向有关，如图 5.1.9 所示，若蒸气流入射角度为?，则柱体与衬底法线的夹角 β 与 α 之间满足：

$$\tan\alpha = 2\tan\beta \quad (5.1.3)$$

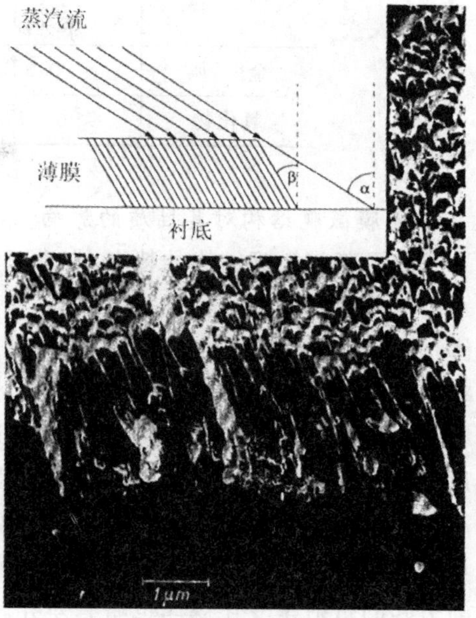

图 5.1.9　2 μm 厚铝膜的微观结构

柱状结构的特点是柱体加孔隙，用聚集密度 p 来描述柱状结构中孔隙的比率，即

$$p = \frac{\text{薄膜中固体部分的体积(住体体积)}}{\text{薄膜的总体积(柱体 + 孔隙)}} \quad (5.1.4)$$

对于热蒸发薄膜，p 介于 0.75 ～ 0.95 之间。

柱状结构中柱体的直径、聚集密度等微观特性主要受沉积温度的影响。通过总结实验规律，Movchan 和 Demichishin 提出了薄膜微观结构的“区域”模型，如图 5.1.10 所示。Thornton 随后对模型又做了细化。

从图 5.1.10 可以看到，薄膜微观结构受衬底相对温度 T/T_m 影响呈现明显的差异，进而可以划分为不同的区域，其中 T 为衬底绝对温度(单位为 K)，T_m 为薄膜材料的熔点温度。

当衬底相对温度较低时，薄膜结构呈现区域 1 的特点：薄膜由较为疏松柱体加孔隙结构组成，柱体尺寸在数十纳米，柱体之间有明显的分界，柱体顶部呈拱形，薄膜表面较为粗糙，聚集密度较低。

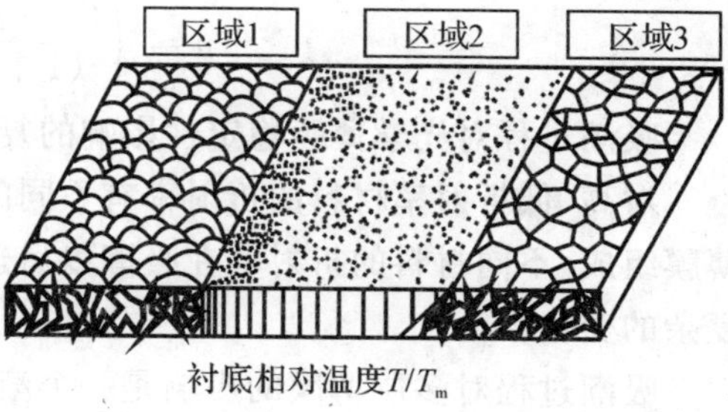

图 5.1.10　薄膜微观结构的区域模型

随着衬底相对温度升高，薄膜结构呈现区域 2 的特点：柱体聚集密度增大，柱体间分界变得不明显，柱体直径增大，薄膜表面粗糙度降低。

衬底相对温度进一步升高后，薄膜结构呈现区域 2 的特点：柱体结构基本消失，薄膜主要由尺寸近似相同的晶粒组成，聚集密度接近 1，薄膜表面光滑。

对于不同种类的材料，在何种衬底相对温度下进入何种微观结构区域，还要受到沉积方法、沉积速度、沉积气压等因素影响，但有一个大致的范围，如表 5.1.2 所示。

表 5.1.2　区域结构出现的典型温度

	区域 1	区域 2	区域 3
金　属	$< 0.3T_m$	$0.3 \sim 0.45T_m$	$> 0.45T_m$
氧化物	$< 0.26T_m$	$0.26 \sim 0.45T_m$	$> 0.45T_m$

4. *薄膜微观结构对其性质的影响*

了解了薄膜微观结构的特点，有助于解释和预测薄膜器件的性质特点。

由于薄膜材料大多呈现多晶结构，在生长过程中出现柱状结构，其性质往往不同于相应的块体材料。薄膜各项性质都将不同程度地受其微观结构影响，我们主要关心其光学稳定性和折射率均匀性所受到的影响。

(1) 薄膜光学稳定性。在实践中经常遇到的问题就是薄膜器件的光学特性，特别是窄带滤光片的光学特性在镀制结束后及使用过程中发生变化，如通带特性变差、中心波长漂移等。造成薄膜光学特性不稳定的主要原因之一就是其柱状结构吸附潮气。

吸潮对薄膜光学特性影响的直接后果是薄膜的折射率变化。对于折射率不同的薄膜材料，吸潮引起的折射率变化规律也略有差异。

对于低折射率薄膜材料，孔隙结构的折射率与聚集密度 p 之间的关系可写为

$$n = pn_s + (1-p)n_v \tag{5.1.5}$$

式中，n_s 为柱体的折射率，n_v 为孔隙的折射率。孔隙折射率在薄膜完全吸潮后可以用水的折射率 1.33 代入。

而对于中等折射率薄膜，孔隙结构的折射率与聚集密度 p 之间的关系为

$$n = \left\{\frac{(1-p)(n_s^2+2)n_v^2 + p(n_v^2+2)n_s^2}{(1-p)(n_s^2+2) + p(n_v^2+2)}\right\}^{\frac{1}{2}} \tag{5.1.6}$$

对高折射率薄膜，孔隙结构的折射率与聚集密度 p 之间的关系为

$$n = \left\{\frac{(1-p)n_v^2 + (1+p)n_v^2 n_s^2}{(1+p)n_v^2 + (1-p)n_s^2}\right\}^{\frac{1}{2}} \tag{5.1.7}$$

吸潮过程对光学薄膜稳定性影响的复杂性体现在以下几个方面。

对高、低折射率材料的折射率有不同的影响。光学薄膜器件往往由高、中、低折射率的多层薄膜组成，不同材料的折射率在吸潮以后遵循不同的规律变化，造成薄膜器件的光学特性发生复杂的变化。

吸潮过程对多层薄膜的影响是一个渐进的过程。这种渐进性体现在三个方面：一是吸潮过程可能在镀制过程就开始发生，并且即使将薄膜加热到高温或者处于高真空环境，吸潮现象也不可完全消除，如单纯依靠加热来去除吸潮现象，温度可能高达 600℃ 以上。整个吸潮过程依照材料聚集密度的不同可能持续较长的时间，最长可达数年之久；二是吸潮往往从薄膜表面的疵病处开始，逐渐在聚集密度较低的膜层中横向发展，并逐步向深处发展。这也是吸潮过程渐进性的重要原因。吸潮的这一特点，使得在整个吸潮过程中可以观察到吸潮斑点的出现，斑点逐渐扩大连成片，最后形成均匀的吸潮层。图 5.1.11 表示了斑点扩大的过程。斑点最早出现的地方往往是薄膜中缺陷存在的位置，如衬底上的尘粒、粗糙点、麻点、划痕或者不洁净的表面等；三是吸潮引起的薄膜光学特性变化也是一个渐进的过程，图 5.1.12 表示了一个窄带滤光

片在吸潮过程中的特性变化，随着吸潮过程的持续，先是通带出现双峰，峰值透过率降低、通带变宽、峰值移向长波，最后恢复到单峰状态，但是中心波长长移、峰值透过率降低。

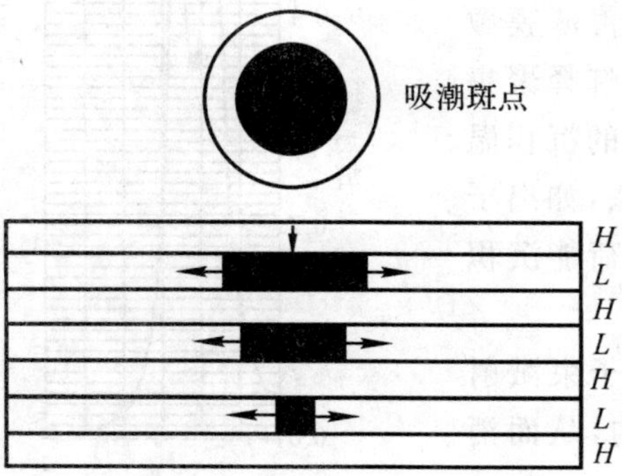

图 5.1.11　斑点形成窄带滤光片与扩大的过程（设吸潮仅在低折射率层 L 中发生）

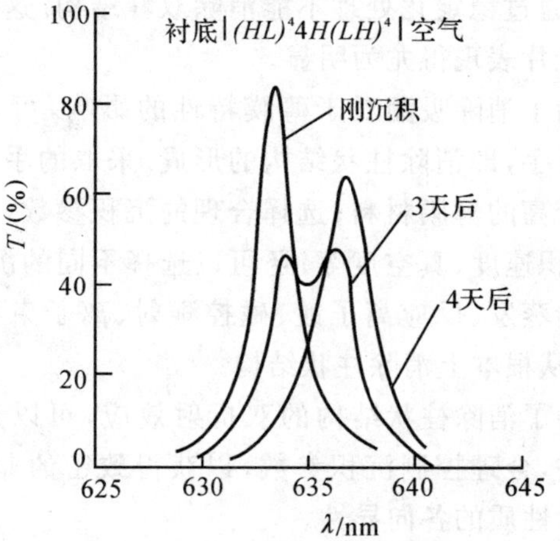

图 5.1.12　窄带滤光片特性受吸潮过程的影响

吸潮过程对光学薄膜器件特性的影响还与多层薄膜的光学结构有关。多层光学薄膜中各层吸潮后对整个薄膜器件特性的影响程度各不相同，图 5.1.13 表示了 F-P 干涉滤光片和长波通截止滤光片中各层膜对波长漂移的贡献程度。对 F-P 滤光片，间隔层吸潮引起的中心波长漂移最显著，离间隔层越远，影响越小，且两侧薄膜的影响几乎相同；对长波通截止滤光片，膜系中央附近的膜层吸潮对于中心波长的漂移贡献最大，两侧膜层的影响逐渐减小，靠近空气侧膜层的影响较靠近衬底侧的膜层大。

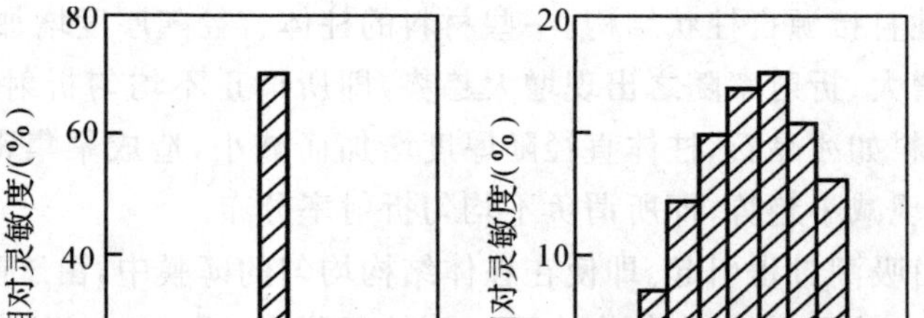

图 5.1.13　F-P 滤光片

(a) 和长波通截止滤光片；(b) 中各层吸潮对中心波长漂移的影响

造成光学薄膜特性不稳定的另外一个原因是柱状结构造成的光学常数各向异性。由于柱状结构的存在，薄膜光学常数在垂直于衬底表面和平行于衬底表面的方向上会存在差异，即存在柱状结构引起的双折射。当所有的柱体垂直于衬底表面排列时，对于正入射的光线不会表现出偏振现象，但是柱体往往并不垂直于衬底表面，所以会对正入射的光线同样会产生偏振效应，图 5.1.14 表示了这一现象的影响。窄带滤光片的通带出现了双峰，这并不是由吸潮引起的，而是由柱体的双折射效应引起的，通过稳定化处理不能消除双峰结构。这种现象对于超窄带滤光片表现得尤为明显。

为了消除吸潮对于薄膜特性的影响，可以从改善薄膜微结构入手，即消除柱状结构的形成。采取的手段包括选择聚集密度较高的薄膜材料；选择合理的沉积参数，如合理的沉积温度、沉积速度、真空度等；还可以选择不同的沉积方法，如离子束辅助蒸发、反应离子镀、磁控溅射、离子束溅射等荷能沉积技术，从根本上消除柱状结构。

为了消除柱状结构的双折射效应，可以选择离子束溅射等方法，合理控制沉积参数，以获得致密的非晶结构，从而消除光学性质的各向异性。

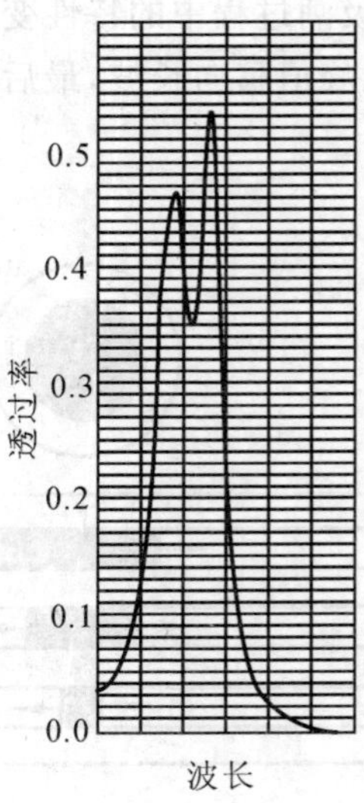

图 5.1.14 单腔窄带滤光片在正入射时出现的双峰结构

(2) 薄膜折射率的均匀性。柱状结构的存在、薄膜吸潮以及薄膜形成过程中的不均匀性，会造成薄膜折射率沿厚度方向上的不均匀性。这种不均匀性在一般用途的薄膜中小到可以忽略的程度，但是在高精度薄膜器件中则必须考虑其带来的影响。在一些特定的场合，可以利用折射率不均匀的薄膜实现零反射等特殊应用，但是在大多数情况下，折射率的不均匀性对膜层性质会带来负面效应。为此需要了解折射率不均匀性产生的原因及其特点。

折射率的不均匀源自薄膜生长阶段，尤其对于多晶薄膜，薄膜与衬底界面往往存在一个过渡区域，过渡区域在微观结构、光学特性上有异于其他区域，故这会造成折射率的不均匀。这种不均匀性与薄膜材料种类、沉积条件、衬底种类等条件有关。

第二类不均匀性直接源自柱状结构。一些材料的柱体直径随厚度增加而增大，造成聚集密度从衬底向外逐渐增大，折射率随之出现增大趋势，即所谓正不均匀折射率分布，典型材料如硫化锌。另外一些材料如冰晶石，柱体直径随厚度增加而减小，造成聚集密度从衬底向外逐渐降低，折射率随之出现减小趋势，即所谓负不均匀折射率分布。

第三类不均匀由吸潮过程引起。即使在柱体结构均匀的薄膜中，由于吸潮现象首先发生在薄膜的表层，逐渐向内扩展，并且潮气在表面一侧的吸附高于衬底一侧，会导致折射率的不均匀分布。有趣的是，对于由柱体结构引起的折射率不均匀，可能由于吸潮使得均匀性改善，这一点对于低折射率材料表现得尤为明显。

折射率的不均匀性可以简单地通过 $\lambda/2$ 厚度膜层在中心波长处的反射率来判定。如果折射率呈现正不均匀分布，则中心波长处的反射率高于衬底表面的反射率 R_s；如果折射率呈现负不均匀分布，则中心波长处的反射率低于衬底表面的反射率。图 5.1.15 表示了折射率均匀性对 $\lambda/2$ 厚度膜层在中心波长处反射率的影响。

5.1.2 薄膜的光学性质

本节重点介绍光学薄膜的一般性质，在本章的第二部分再介绍具体材料的性质。

对于光学应用的薄膜，需要了解的关键性质是其折射率、折射率与波长的关系、透明波段，以及微观结构对光学吸收和散射的影响。

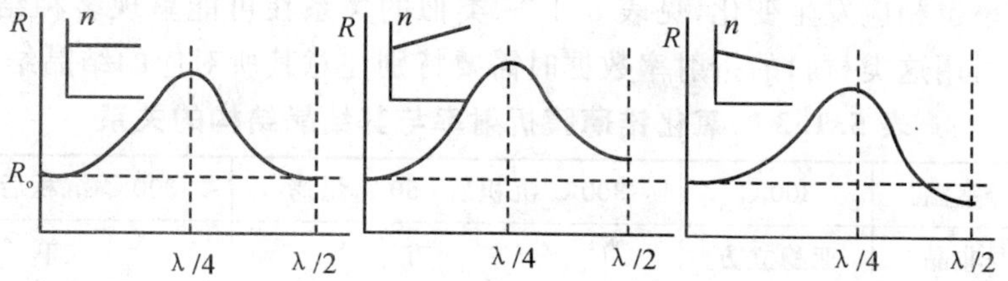

图 5.1.15　折射率均匀性对 $\lambda/2$ 厚度膜层在中心波长处反射率的影响

1. 光学常数

薄膜的光学常数可以用其复折射率表示。需要了解的内容包括折射率与材料类型的关系和折射率与波长的关系。

对于一般材料，复折射率可写为 $N = n - \mathrm{i}k$，其中 n 就是常说的折射率，k 为消光系数，与薄膜吸收损耗的大小有关。

在光频范围，折射率与介电常数 ε 之间满足

$$n = \sqrt{\varepsilon} \tag{5.1.8}$$

由于大多数晶体材料的介电常数为矢量，表现出各向异性，所以晶体材料的折射率往往也表现出各向异性，可以用折射率椭球来表示，椭球的长短轴分别是 n_o 和 n_e。详细的论述可参考物理光学的相关内容。

材料介电常数的高低与其极化性质的强弱相关，易于极化的材料通常有较高的介电常数，因而其折射率也较高。按照这一特点，可以预计材料折射率与其类型之间的关系：半导体材料、硫化物、氧化物、氟化物材料的折射率依次递减。

在单波长减反射等简单应用中，只需要知道某一个波长下材料的折射率大小，而在宽波段应用中，则需要知道材料在整个关心的波长范围内的折射率。由于介电常数和折射率是光波频率的函数，折射率将随着波长发生变化，这一现象称为色散现象，把折射率与波长的关系称为色散关系。如果折射率随波长增加而下降，称为正常色散关系，反之称为反常色散关系。

描述折射率与波长的关系可以通过实验直接测量不同波长下的折射率数值，以列表形式给出结果，用于光学膜系设计。还可以通过色散方程予以近似描述。按照电介质物理的理论和不同的近似条件，有三种色散方程可以利用。

塞尔缪(Sellmeir) 方程

$$n^2 = A + \frac{B}{\lambda^2} \tag{5.1.9}$$

柯西(Cauchy) 方程

$$n = A + \frac{B}{\lambda^2} + \frac{C}{\lambda^4} \tag{5.1.10}$$

赫尔伯格(Herrzberger) 方程

$$n = A + BL + CL^2 + D\lambda^2 + E\lambda^4 \tag{5.1.11}$$

式中，A,B,C,D,E 为常数（在不同的模型中这些常数含义与数值各不相同，不能互换使用），$L = 1/(\lambda^2 - 0.028)$。

运用上述方程的前提是针对具体的薄膜材料选择合适的模型，再通过实验确定相关的常数数值。

材料折射率还和其结晶结构紧密相关，如氧化锆薄膜在不同的沉积条件下表现出不同的

晶体结构，折射率也相应发生变化，见表 5.1.3。类似的关系在可能呈现多种结晶结构的薄膜材料中均存在，引用这类材料的折射率数据时需要特别注意其所对应的结晶结构。

表 5.1.3　氧化锆薄膜折射率与其结晶结构的关系

沉积温度	室温	300℃	300℃ 沉积后 450℃ 烘烤	300℃ 沉积后 600℃ 烘烤
晶体结构	非晶	亚稳立方	立　方	单　斜
折 射 率	1.67	1.94	1.94	1.91

2. 光谱特性

折射率与波长的关系是薄膜材料光谱特性的重点内容之一，相关内容已在前文介绍，这里主要介绍金属薄膜的低吸收反射区和介质薄膜的透明区。

图 5.1.16 所示是常见金属的反射率曲线。大多数金属在 300 nm 以下的波长范围内有较高的消光系数，表现出高吸收特性。金属薄膜低吸收反射区出现在较长的波长，如金和铜出现在 500 nm 以后，而银则在 350 nm 以后就具有高反射率，吸收显著下降，低吸收高反射区可以延伸到数十微米的红外区域。通过测量不同波长下金属薄膜的折射率和消光系数，可以从理论上计算出金属薄膜的光谱特性。遗憾的是对于金属薄膜，其光学参数的不确定性较为强烈，受工艺参数影响严重，因而较难获得可靠的光学参数数据。

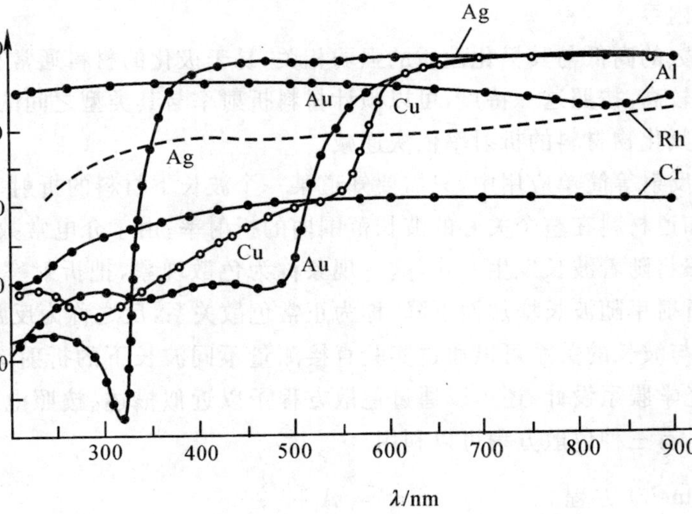

图 5.1.16　常见金属薄膜的光谱反射率

金属薄膜的另外一个特点是其吸收特性受其两侧介质的性质影响会发生较大的变化。典型的例子是在铝膜表面镀制一对 1/4 波长厚度的氟化镁和硫化锌，则其可见光区的反射率将从 91% 提高到 97% 左右，但同时伴随着紫外光和红外光部分区域的反射率下降。另外一个例子是铬膜的吸收损耗与光线的入射方向相关，图 5.1.17 表示了这种关系。图 5.1.17 中需要注意的地方是，改变光线入射方向或者衬底表面状态，改变的是吸收 A 的大小，薄膜的透射率 T 并没有改变，最终表现为反射率 R 变化。金属薄膜的这些特性需要在实际使用中加以特别注意。

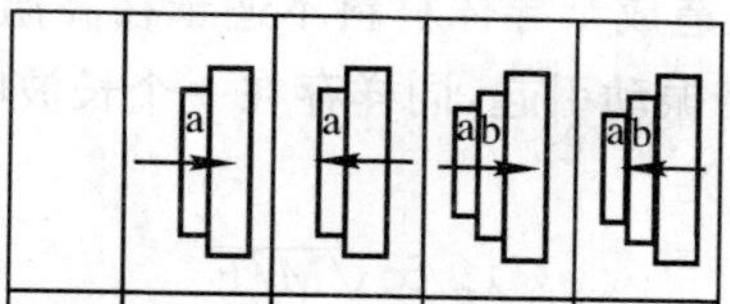

R	0.28	0.09	0.47	0.03
T	0.32	0.32	0.32	0.32
A	0.40	0.59	0.21	0.65

a 12nm铬　b 1/4波长硫化锌

图 5.1.17　铬膜光学特性与光线入射方向的关系

金属薄膜的性质还将受到其表面状态的影响，如铝膜表面的氧化状态对其反射特性有显著影响。

相对于金属薄膜，介质薄膜和半导体薄膜具有较为容易预测和可重复的光学特性。介质薄膜的光谱特性可以明显地分为三个区域：短波吸收区、透明区和长波吸收区，如图 5.1.18 所示。

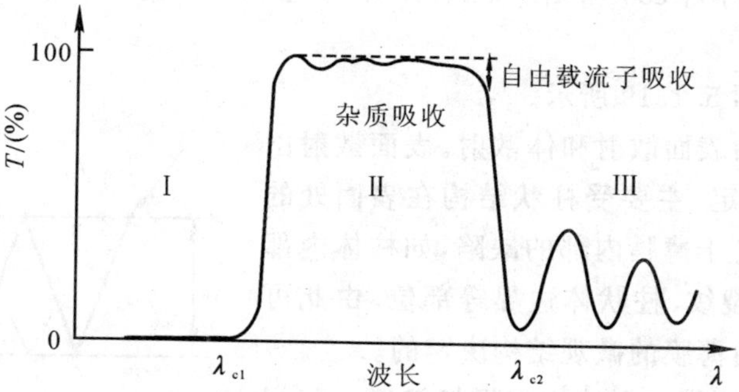

图 5.1.18　介质薄膜透过率的光谱特性

短波吸收区 Ⅰ：也称为本征或基本吸收区。吸收主要由电子吸收光子能量从价带激发至导带引起的，只有当光子能量高于材料的禁带宽度时才会出现本征吸收，因此存在一个短波吸收限波长 λ_{c1}，即

$$\lambda_{c1} = \frac{hc}{E_g}$$

式中，h 为普朗克常数，c 为光速，E_g 为材料的禁带宽度。

半导体材料通常有较小的禁带宽度，所以其短波吸收限波长较长。短波吸收限波长与折射率之间存在近似关系：

$$\frac{n^4}{\lambda_{c1}} = \text{const}$$

即折射率高则短波吸收限波长较长。

透明区 Ⅱ：此区域的吸收主要来自于杂质吸收和自由载流子吸收，吸收的幅度极小，因而表现为透明区。绝缘介质中的吸收主要表现为杂质吸收，而半导体材料的吸收则主要来自于自由载流子吸收。半导体材料的特点之一是自由载流子浓度受温度影响变化显著，因此其吸收也明显表现为温度的函数，这往往造成半导体材料不适于在高温下使用。

长波吸收区Ⅲ：主要由晶格振动引起，同样存在一个长波吸收限波长 λ_{c2}，与材料的原子量 M 和化学键结合力 F 的大小有关：

$$\lambda_{c2} \propto \sqrt{M/F} \tag{5.1.12}$$

在大多数应用中，需要根据波长范围选择具有适当的透明区域的薄膜材料，这一点大大限制了薄膜材料选择的余地，特别是对红外区域和紫外区域应用的薄膜。

3. 吸收与散射

薄膜的损耗是在应用中需要特别关注的特性之一。光学薄膜的损耗主要有两种形式：吸收和散射。薄膜的吸收与其光学常数相关，而散射则与其微观结构相关。薄膜的总吸收为 L，包含吸收 A 和散射 S，即 $L = A + S$。根据能量守恒有

$$T + R + L = 1$$

吸收是薄膜固有的性质，大小与薄膜的微观结构、化学剂量比、吸潮、杂质污染等因素有关，对于一些沉积过程中会发生分解的薄膜材料，化学剂量比成为影响吸收大小的关键因素。

吸收的大小可以用消光系数 k 或者吸收系数 $\alpha = 4\pi k/\lambda$ 来表示。单层膜的吸收可以写为

$$A = \frac{n_1}{n_0}\frac{t_{01}^2 \alpha d}{1 - 2r_{12}r_{10}\cos(4\pi n_1 d/\lambda) + (r_{12}r_{10})^2}\left[(1 + r_{12}^2) + \frac{r_{12}\lambda}{2\pi n_1 d}\sin(4\pi n_1 d/\lambda)\right] \tag{5.1.13}$$

式中，各项的含义如图 5.1.19 所示。

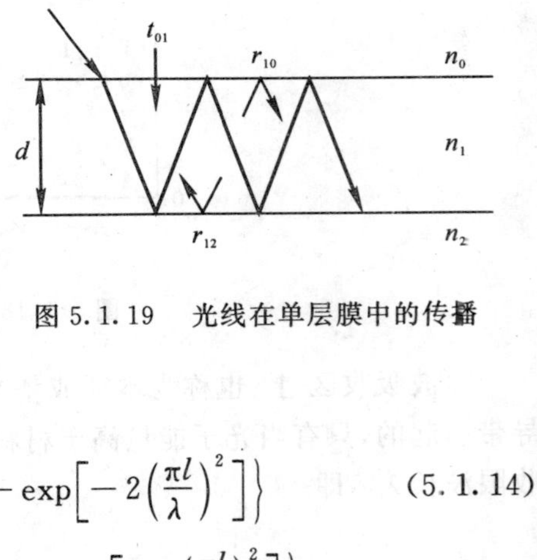

图 5.1.19　光线在单层膜中的传播

散射损耗分两类：表面散射和体散射。表面散射由薄膜的表面粗糙度决定，主要受柱状结构在表面处的特征影响；体散射来自于薄膜内部的缺陷，如柱体内部的缺陷、孔隙、微尘、裂纹、柱状体边界等部位。由此可以看出，散射特性是由薄膜的微观结构决定的。

表面散射可以用薄膜表面的均方根粗糙度 σ 和相关长度 l 来表示，σ 代表了散射的幅度，l 则影响散射的角度分布。表面散射分为反射散射 S_r 和透射散射 S_t，若理想表面的反射率和透射率分别为 R_o 和 T_o，则

$$S_r = R_o\left\{1 - \exp\left[-\left(\frac{4\pi n_o \sigma}{\lambda}\right)^2\right]\right\}\left\{1 - \exp\left[-2\left(\frac{\pi l}{\lambda}\right)^2\right]\right\} \tag{5.1.14}$$

$$S_t = T_o\left\{1 - \exp\left[-\frac{2\pi\sigma}{\lambda}(n_1 - n_o)^2\right]\right\}\left\{1 - \exp\left[-2\left(\frac{\pi l}{\lambda}\right)^2\right]\right\} \tag{5.1.15}$$

有多种理论模型来描述散射强度及空间分布与薄膜表面粗糙度的关系，典型的有标量理论和矢量理论，详细的内容超出了本书的范畴，读者可以参考相关的文献。

体散射的描述就较表面散射困难，没有一个完善的理论模型来描述体散射与直接可测量参数之间的关系。简单的做法是引入散射消光系数，把散射损耗等同于吸收来处理，把吸收的贡献用吸收消光系数来表示。这样，体散射损耗可以用吸收损耗的计算方法来处理。

散射损耗强烈地依赖于薄膜的微观结构，因而不同的制备方法将引起不同的散射损耗。通常来说，更致密、更均匀的微观结构和光滑的表面将有助于获得较低的散射损耗，这一点上，用溅射方法获得的薄膜较蒸发薄膜具有更好的散射特性；良好的晶态薄膜有最低的散射损耗，非

晶薄膜次之，多晶薄膜最差；在区域模型描述的薄膜中，区域 Ⅰ 至区域 Ⅲ，薄膜的致密程度提高、表面趋于光滑，因而散射损耗相应地降低。

5.1.3　薄膜的力学性质

光学薄膜在应用中除了应当具有一定的光学特性外，还应具有与其应用相适应的力学特性，如足够的机械强度、与衬底间良好的附着力、适当的应力状态等，薄膜的微观结构在影响其力学性质方面起着重要的作用。

1. 机械强度

足够的机械强度是对薄膜力学特性的基本要求之一。强度特性是材料自身具有的特性，这里不做详细叙述，只介绍一些影响薄膜强度的因素。

薄膜的机械强度包括抗张强度和耐压强度，其中耐压强度常用其硬度来表示。薄膜的硬度目前可以采用摩擦磨损试验和纳米压痕仪进行测试。从有限的实验数据中可以大致总结出一些影响薄膜硬度的因素。

对于金属薄膜，低温下快速沉积获得的薄膜硬度较高，对金属薄膜做退火处理后其硬度将下降。与金属相反，氧化物薄膜的硬度随沉积温度的升高而升高，但是总体硬度仍低于相应的块体材料。在实际当中，试图通过提高沉积温度提高氧化物薄膜硬度的做法并不可取，原因是显著提高薄膜硬度所需要的温度往往高于 800℃，这对光学薄膜的沉积是不现实的。从结晶结构上看，晶态薄膜的硬度会高于多晶结构的薄膜，疏松的柱状结构会导致薄膜硬度的下降，吸潮过程也会造成薄膜硬度的降低。

2. 附着力

薄膜的机械强度往往是一个从摩擦磨损试验上无法与薄膜附着力分离的性质。高强度薄膜如果与衬底之间缺乏良好的附着力，也容易在摩擦磨损等破坏性试验中受损。增强薄膜与衬底间的附着力，是获得具有良好机械特性的薄膜的另一项基本要求。

(1) 附着力的类型与性质。

附着力可以分为四种类型：简单附着、扩散附着、中间层附着、宏观效应附着，分别对应图 5.1.20(a) ～ (d)。

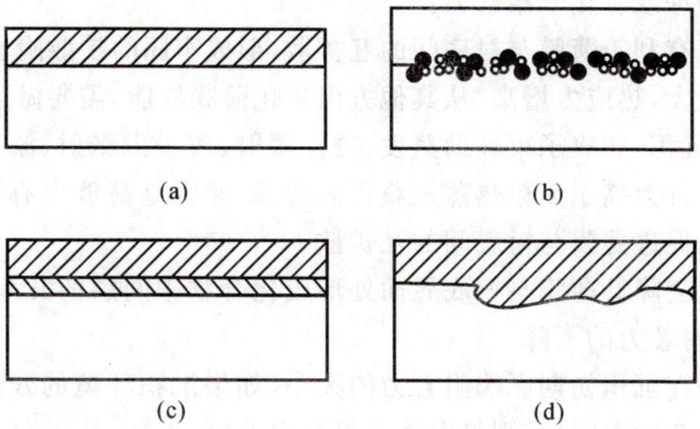

图 5.1.20　附着力的四种类型

简单附着就是薄膜与衬底之间存在清晰的界面，两者以物理或者化学键结合。影响这种附着的主要因素是衬底表面的污染。

扩散附着是薄膜与衬底之间通过相互扩散或者溶解形成一个渐变的界面。可以通过加热、离子轰击等方法促进扩散过程的发生来增强扩散附着。由于溅射过程更有利于扩散的发生,所以溅射薄膜的附着力高于蒸发薄膜。

为了提高薄膜与衬底之间的附着,可以通过增加中间层的方法,即所谓的中间层附着。中间层可以是有意识添加的,也可能就是多层薄膜中的一层。中间层可以是单一化合物、固熔体或者多种化合物;可以是薄膜与衬底之间形成的化合物、薄膜之间形成的化合物,也可以是薄膜或者衬底与环境气氛所形成的化合物。常见的中间层多为氧化物或者氮化物。对于光学薄膜,中间层的选择除了要考虑增加附着力,还要考虑其对薄膜光学特性的影响。

宏观效应附着最典型的例子是机械锁合,当衬底表面粗糙,或者存在微孔与裂纹时,沉积原子就会进入到不平整的区域,产生机械锁合作用,同时附着表面积增大,提高附着力。对于光学和电学应用的薄膜,这种方法会严重影响薄膜的功能特性,所以不能应用,但是对机械应用的薄膜就可能是一种有效的途径。

薄膜与衬底之间存在三种性质的附着力:范德瓦尔兹力、化学键和静电力。范德瓦尔兹力的键能在 0.04 ~ 0.4 eV 之间,与材料种类有关;化学键在薄膜与衬底之间较难形成,但是其结合强度最大,对应的键能在 0.4 ~ 10 eV;当薄膜与衬底之间的功函数存在较大差异时,便会产生静电力作用,其键能约 0.1 eV。

需要指出的是,这里只介绍了薄膜与衬底间的附着,事实上薄膜与薄膜之间的结合力也值得关注。

(2) 影响附着力的因素。影响附着力的因素很多,主要有衬底材料种类、衬底表面状态、衬底温度、沉积方式、沉积速率、沉积气氛等。

衬底材料种类主要影响薄膜与衬底间的化学键。如金和玻璃之间的结合力较差,是由于金的化学稳定性强,不能与玻璃间形成氧化物结合,而和铂、镍、铬、钛等金属之间可以形成金属键,附着力良好,因此可以首先在玻璃表面镀制铬等薄膜作为中间层以增强附着力。所以选择合适的衬底材料或者在衬底表面形成中间层,有助于获得附着牢固的薄膜。

清洁的衬底表面对于形成结合良好的薄膜十分重要,受污染的衬底表面的吸附层,会破坏简单附着所需要的物理或者化学结合力。

较高的衬底温度有利于薄膜与衬底间的互扩散,形成牢固的扩散附着。但是过高的衬底温度会造成薄膜晶粒粗大,热应力增高,从其他方面劣化薄膜性能,需要做适当的取舍。

相对而言,荷能沉积,如离子束辅助蒸发、磁控溅射、离子束溅射、激光蒸发等方法获得的同种薄膜与衬底的结合力高于简单热蒸发获得的薄膜。原因是荷能束有利于去除衬底表面吸附层、活化衬底表面、促进薄膜与衬底间的互扩散。

较高的沉积速度会降低薄膜与衬底界面处形成化合物中间层的几率,同时形成相对疏松的膜层,往往会导致附着力的下降。

沉积气氛主要是在沉积初期影响附着力的大小,如果沉积环境的残余气氛有助于在薄膜与衬底界面处形成化合物中间层,则将有助于提高附着力。

薄膜在使用过程中,会由于氧气等扩散,使得薄膜与衬底界面继续发生氧化等化合过程,薄膜的附着力缓慢增强,即产生所谓的附着力的时间效应。时间效应不完全有利于附着力的提高。吸潮过程也是个缓慢的过程,当吸潮影响到薄膜与衬底界面时,会造成薄膜与衬底的剥离,产生局部“鼓泡”现象,这是负面的时间效应。

3. 应力

薄膜中普遍存在应力。薄膜单位面积截面上承受的力称为应力,按照应力的起源分为外应力和内应力。外应力是外部对薄膜施加的力,如光学零件在装夹过程中所受的力,这是人为可调节的力,在此不做进一步介绍。对于光学薄膜,需要关心的主要是薄膜的内应力。内应力按照其性质可以细分为热应力和本征应力。热应力起源于薄膜与衬底之间的热膨胀系数的差异,它是可逆的,本征应力源自薄膜的结构因素和缺陷,是应力中不可逆的部分。

应力按照其作用可以分为张应力和压应力(见图 5.1.21)。在张应力的作用下,薄膜有收缩的趋势。当张应力过大时,会造成薄膜开裂、衬底朝向薄膜一侧翘曲;在压应力的作用下,薄膜有伸展的趋势,过高的压应力会使薄膜起皱、脱落、衬底背向薄膜一侧弯曲。习惯上对张应力取正号,压应力取负号。

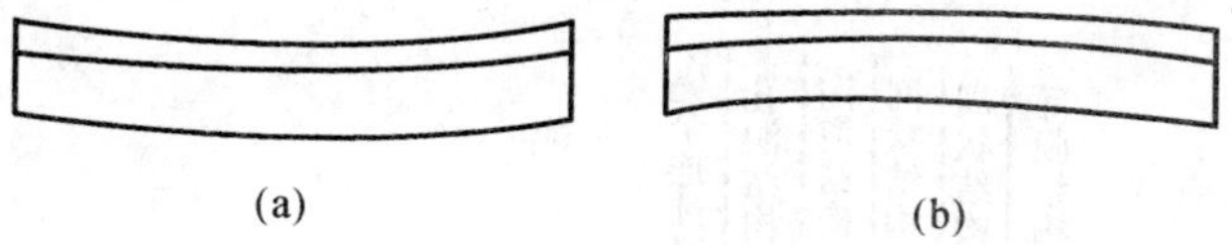

图 5.1.21　薄膜中的应力

(a) 张应力;　(b) 压应力

从力学的角度考虑,薄膜承受压应力的能力高于张应力,所以在满足应用要求的情况下,常设法使薄膜呈现压应力。

(1) 应力的起因。薄膜在使用温度不同于沉积温度时出现热应力。热应力 σ_T 可以通过下式计算:

$$\sigma_T = \frac{Y_s}{1-v_s}(\alpha_f - \alpha_s)(T_d - T) \tag{5.1.16}$$

式中,α_f,α_s 分别为薄膜和衬底的热膨胀系数、Y_s 为衬底的杨氏模量,v_s 为衬底的泊松比,T_d 为薄膜沉积温度。

热应力的幅度可以通过选择适当的衬底材料加以控制,甚至可以改变其符号。如金属薄膜在玻璃衬底上多数呈现张应力,而在碱金属卤化物衬底上则呈现压应力。

本征应力按照其产生的位置可以划分为界面应力和生长应力。界面应力的产生是由于薄膜与衬底之间存在结构失配。当薄膜与衬底间的晶格存在较大差异时,在界面处会形成较大的应力。界面应力会导致在薄膜与衬底的界面处形成一个过渡区以抵消应力。

对生长应力虽然有许多的研究,但是定量描述生长应力仍存在较大的困难。这里只定性地介绍本征应力的一般特点。

对于厚度较大的薄膜,若界面应力较大而生长应力较小,则随着膜厚的增大,平均应力减小,如图 5.1.22 所示。从图中还可以看到,应力主要出现于薄膜生长初期,到连续膜形成阶段应力达到最大。

本征应力的数值在 10^8 Pa 量级,金属薄膜和室温下沉积的大多数介质薄膜呈张应力,厚度较大的介质薄膜呈压应力。本征应力受衬底材料的影响较小。

(2) 影响应力的主要因素。衬底状况、沉积过程和薄膜材料自身状况是影响应力的主要因素。

衬底状况对于应力的影响体现在三个方面：材料种类、表面状态和衬底温度。材料的影响主要是其热膨胀系数。表面状态一方面对附着力有较大的影响，另一方面也会影响应力的大小。

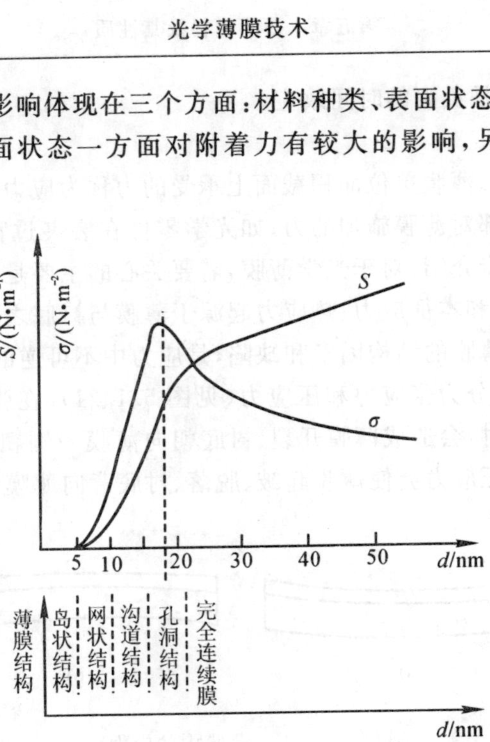

图 5.1.22 薄膜本征应力随厚度的变化（S 为应变，σ 为应力）

衬底温度是对薄膜应力影响最大的因素之一。

在衬底温度较低下沉积的金属薄膜一般表现出张应力，衬底温度升高张应力减小，在某个温度附近应力减为零。温度进一步升高可能会导致压应力的出现，如图 5.1.23 所示。

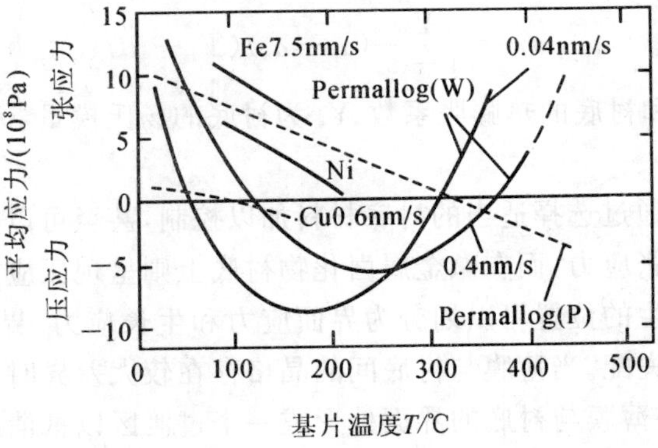

图 5.1.23 金属薄膜应力与沉积温度的关系

低温沉积的介质薄膜多呈现张应力，升高沉积温度有可能改变应力的大小和性质，但是规律性没有金属薄膜那么明显。

沉积过程对薄膜应力的影响较为复杂，并且缺乏规律性，需要针对具体的薄膜种类、衬底材料、沉积工艺来具体研究沉积温度、沉积速率、沉积气氛、蒸气入射角度等条件对薄膜应力的影响。

薄膜应力往往表现出时效性，在不同的使用环境、使用温度下，应力会发生缓变，影响到薄膜器件的性能稳定性。

(3) 应力的测试。典型的应力测试方法包括圆盘法和悬臂法，还有一些特殊的技术用于特定的对象。其中圆盘法比较适合于研究薄膜／衬底结构的应力性质，而悬臂法则可用于制成器件时的薄膜应力特性。

在薄膜／衬底结构中，若衬底为圆盘结构，则应力引起的圆盘弯曲可以用来测量应力大小，即

$$\sigma_{\mathrm{f}} = \frac{\delta Y_{\mathrm{s}} d_{\mathrm{s}}^{2}}{3L^{2}(1-v_{\mathrm{s}})d_{\mathrm{f}}} \qquad (5.1.17)$$

式中，d_s 为衬底厚度，d_f 为薄膜厚度，δ 为变形衬底圆盘的矢高，L 为曲率半径。δ 和 L 为测量量，可以用干涉和光点扫描等方法测量 δ 和 L 的数值，其中激光光点扫描法有更高的精度。在图 5.1.24 所示的结构中，反射束的位置是曲率的函数，这样可以用位敏探测器测出曲率来计算应力大小。如果能够测量获得圆盘表面不同位置处曲率半径的变化，则可以获得应力的分布状况。用加热衬底的方法可以进一步区分出热应力在总应力中的贡献。

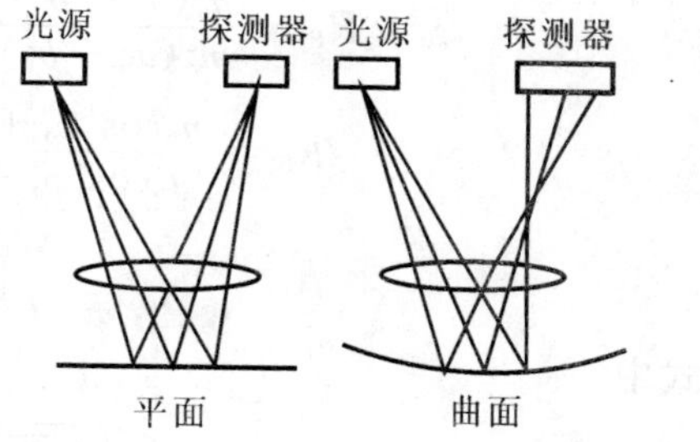

图 5.1.24　激光光点扫描法测量应力

悬臂法是十分常见的分析薄膜应力的手段。对于单端固定的悬臂结构或者薄膜／衬底结构，应力表达式为与上式相同，但是 δ 为变形悬臂自由端位移量，L 为悬臂长度。δ 可以用测微显微镜或激光偏转法测量，如图 5.1.25 所示。

自支撑薄膜的应力测试较为困难，主要的难点在于薄膜自身的力学参数如杨氏模量等较难确定。可以利用不同长度的双端支撑的悬臂弯曲来估算应力。当悬臂长度达到某个值，悬臂发生下弯所对应的应变可以写为

$$S = \frac{\pi^{2} d_{\mathrm{f}}^{2}}{kL^{2}} \qquad (5.1.18)$$

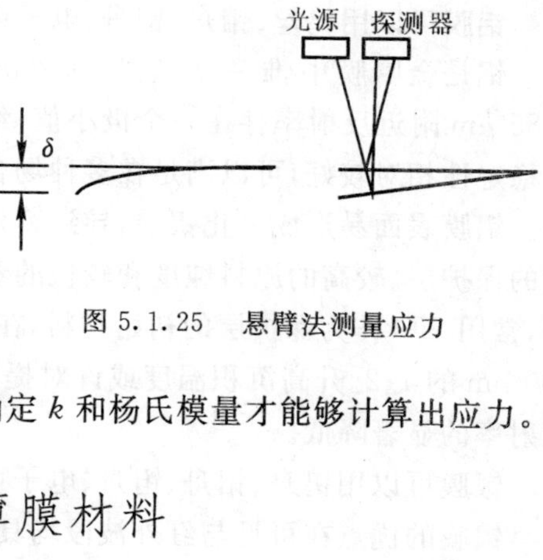

图 5.1.25　悬臂法测量应力

式中，L 为悬臂长度，k 介于 3～12 之间，3 对应双端支撑，12 对应单端支撑。这种方法的难点仍在于需要确定 k 和杨氏模量才能够计算出应力。

5.2　常用光学薄膜材料

5.2.1　金属薄膜

1. 金属薄膜的特性

在介绍薄膜的光学特性时，已经选择性地介绍了金属薄膜的光谱反射特性、吸收特性的一般特点，本节将进一步介绍金属薄膜在吸收、偏振特性方面的特点。

光波在金属薄膜中的传播随着厚度 d 增加呈指数衰减，即

$$E = E_{0}\exp(-2\pi kd/\lambda) \qquad (5.2.1)$$

E_0 和 E 分别是入射点和厚度为 d 处的光振幅，光强度 I 可写为

$$I = I_o \exp(-4\pi kd/\lambda) \tag{5.2.2}$$

根据消光系数的数值可以估算金属薄膜的透射率。如在可见光区，Al 和 Ag 的厚度为 100 nm 时，透射率约 0.000 4%，k 越大，则薄膜厚度可以在更小时即获得高反射率。

在斜入射时，金属膜的反射率与入射角 φ_o 之间的关系变得较为复杂，表现出明显的偏振。当薄膜厚度较大时，可以用下列方程计算反射率的 p -偏振和 s -偏振分量，即

$$R_P = \frac{n_o^2(a^2+b^2)+(n^2+k^2)\cos\varphi_o - 2n_o o\cos\varphi_o(na+kb)}{n_o^2(a^2+b^2)+(n^2+k^2)\cos\varphi_o + 2n_o\cos\varphi_o(na+kb)} \tag{5.2.3}$$

$$R_S = \frac{n_o\cos^2\varphi_o+(n^2+k^2)\cos\varphi_o - 2n_o o\cos\varphi_o(na-kb)}{n_o\cos^2\varphi_o+(n^2+k^2)\cos\varphi_o + 2n_o\cos\varphi_o(na-kb)} \tag{5.2.4}$$

$$R = \frac{R_s + R_p}{2}$$

式中

$$a = \sqrt{\frac{\sqrt{p^2+q^2}+p}{2}}, \quad b = \sqrt{\frac{\sqrt{p^2+q^2}-p}{2}}$$

$$p = 1 + (k^2-n^2)\left(\frac{n_o\sin\varphi_o}{n^2+k^2}\right)^2, \quad q = -2nk\left(\frac{n_o\sin\varphi_o}{n^2+k^2}\right)^2$$

若 k/n 小，则反射率的 P 偏振和 S 偏振分量差异大。

2. 常见金属薄膜

常见的金属薄膜包括铝、银、金和铬。

铝膜可以用钨丝、钼舟、钽舟、电子束等蒸发方法制备。

铝是金属膜中惟一从紫外（0.2 μm）到红外（30 μm）均具有较高反射率的材料，在 0.85 μm 附近反射率存在一个极小值，约 85%。铝膜对玻璃衬底的附着力较好，机械强度和化学稳定性相对较好，可以满足在多种场合下用做外反射膜。

铝膜表面易形成氧化铝层，导致紫外波段的反射率下降，可以用氟化镁作为紫外区铝反射镜的保护层。较高的原料纯度和较快的蒸发速度有利于在紫外区获得较高的反射率。在可见光区，常用 SiO 作为保护层的初始材料，在氧气氛下缓慢蒸发 SiO 获得 SiO_x，膜层光学厚度约为 500 nm 的 1/2。升高沉积温度或许对提高薄膜附着力有利，但是 50℃ 以上的沉积温度会造成反射率的显著降低。

银膜可以用钨舟、钼舟、钽舟、电子束等蒸发方法制备。

银膜的优点在可见与红外波段均具有最高的反射率，用做分光薄膜有良好的中性和很小的偏振差异。缺点是紫外区域反射率低，与玻璃的附着较差，机械强度和化学稳定性不佳，易于氧化或者硫化。常用做胶合零件和内反射零件，用做外反薄膜需要选择合适的保护层。

Al_2O_3 与银膜间有很高的附着力，常采用作为银膜与玻璃衬底之间的附着力增强层，以及表面的保护层。采用的膜系为 $G \mid Al_2O_3 - Ag - Al_2O_3 - SiO_x \mid A$，其中厚度为 30 ~ 40 nm，$SiO_x$ 厚度补足到设计波长的 1/2。离子束辅助蒸发有助于获得致密光滑的银膜，提高其牢固度和短波反射率。

金膜可以用钨舟、钼舟、电子束等蒸发方法制备。

金膜只有在波长大于 800 nm 的红外区域才表现出高反射特性，薄膜自身拥有良好的化学稳定性，所以常用做红外系统中的外反射镜。金膜与玻璃的附着力不高，可以用铬或者钛作附着力增强层。新蒸发的金膜往往较软，经过一周的放置以后硬度会有所增加。由于其化学稳定

性好，可以不加特别的保护层。

较快的沉积速度和 100 ～ 150℃ 的沉积温度有助于获得牢固性好的金膜。

铬膜可以用钨舟、电子束等蒸发方法制备。

铬膜的最大优点是其在可见光区的分光特性几乎呈中性，在玻璃上的牢固性极佳，吸收特性受沉积条件的影响较小，提高沉积温度有助于提高其反射率。铬膜光学特性的长期稳定性好。缺点是吸收较大，用做 1∶1 分光膜时吸收达 40%。

铬膜常用在光栅、度盘中制作线条或者掩模的阻光材料。

5.2.2　介质薄膜

本章 5.1 节分介绍了介质薄膜的光学特性的一般特点，本节重点围绕常见的介质薄膜材料介绍其在应用中的特点。

介质薄膜的种类极其繁多，这里只对常见的氟化物、硫化物和氧化物做详细介绍，目的是帮助读者了解需要从哪些方面掌握薄膜材料的性质。

(1) 氟化物。常用的氟化物多为低折射率材料，如冰晶石(Na_3AlF_6)、氟化镁等(MgF_2)。冰晶石有很宽的透明波段(0.2 ～ 14 μm)，在可见光区的折射率约 1.35。其优点突出：一是折射率低，二是应力小(10 ～ 20 MPa 张应力)。缺点是膜层较软，易吸潮。

冰晶石在热蒸发过程中会分解成为 NaF(折射率为 1.29 ～ 1.31) 和 AlF_3(折射率为 1.39)，在低蒸发温度下 NaF 蒸气压高，而高温下 AlF_3 蒸气压高。所以快速蒸发的膜层折射率高。冰晶石易吸潮是由于其聚集密度在 0.89 ～ 0.92 左右，吸潮的后果是折射率上升到 1.45，主要是因为形成了折射率高达 1.49 的水合 AlF_3。如果表面吸潮，则会造成沿厚度方向折射率的不均匀。

另一种常用的氟化物是氟化镁。氟化镁透明区域为 0.12 ～ 10 μm，550 nm 处折射率为 1.38。

当沉积温度达到 250℃，氟化镁薄膜在玻璃表面坚硬牢固，因而广泛用做单层增透膜。氟化镁薄膜可与多种薄膜组合构成多层膜，但是它表现出较高的张应力(300 ～ 500 MPa)，与硫化锌配合易开裂，为了降低多层膜的应力可以与氧化铈、氧化铋配合。氟化镁在蒸发前必须做充分的预熔除气，否则易发生喷溅，在膜层表面出现麻点。

氟化镁在低温下沉积获得的薄膜聚集密度低，室温沉积的薄膜聚集密度只有 0.75，易吸潮导致光学稳定性差。

(2) 硫化物。典型的硫化物材料是硫化锌。硫化锌是可见光区重要的高折射率材料，折射率为 2.3 ～ 2.6，还是红外区域重要的低折射率材料，折射率约为 2.2，其透明波段为0.38 ～ 14 μm。

硫化锌在沉积过程中会分解成为硫和锌，在衬底表面重新反应生成硫化锌。这一特点造成硫化锌有较高的聚集密度，但是在高衬底温度下沉积速度下降。在潮湿环境下沉积硫化锌会形成 H_2S 并分解出锌造成膜料表面发黑，沉积速度也会因此变得不稳定。室温沉积的硫化锌薄膜牢固度低，但是利用离子束辅助蒸发技术获得的硫化锌牢固度大大加强。

(3) 氧化物。实用的氧化物材料种类繁多。这里介绍常用的氧化钛、氧化锆和氧化硅。二氧化硅(SiO_2)是蒸发过程中分解很小的低折射率材料。可见光区折射率 1.46，透明区域从 0.18 ～ 8 μm。二氧化硅薄膜吸收小、膜层稳定牢固、抗磨耐蚀。

二氧化硅薄膜在沉积过程中也会因分解混入SiO和Si_2O_3等低价氧化物,用红外透射谱可以确定膜层中包含何种化合物。

蒸发获得的二氧化硅多呈非晶结构,结构致密,吸收低,保护性强。

二氧化钛(TiO_2)是可见与近红外区域重要的高折射率材料,薄膜性能稳定,牢固性强。

二氧化钛薄膜的性质,极大地受薄膜的化学成分、微观结构的影响,并受沉积时所使用的初始材料与沉积条件影响。二氧化钛在不同沉积条件下可以呈现非晶态、锐钛矿结构和金红石结构。蒸发条件下较难获得板钛矿结构。多晶态二氧化钛通常是锐钛矿结构和金红石结构的混合体。

蒸发制备二氧化钛薄膜可以使用多种原料,如TiO,TiO_2,Ti_2O_3,Ti_3O_5等。使用TiO做原料,必须在离子氧环境下以较高的气压和较慢的沉积速度沉积,否则薄膜会出现较高的吸收。用Ti_2O_3做原料,对氧的吸收作用较强,可以在适当的工艺条件下获得低吸收的薄膜。观察发现,在使用相同的膜料经过多次蒸发后,薄膜折射率会随着蒸发次数的增多而变化。使用TiO,Ti_2O_3,随着蒸发次数的增多折射率下降;使用TiO_2,随着蒸发次数的增多折射率增大;只用使用Ti_3O_5时,折射率较为稳定。观察还发现,薄膜的折射率随着沉积温度的升高而增大,但是吸收也相应增大,而氧分压升高的作用正好相反。

无论用何种原料,均不能获得纯TiO_2,膜层中依照氧化程度存在不同含量的低价氧化物。通过在空气中热处理,能够有效地减小低价化合物的含量,同时减小膜层吸收。利用热处理将TiO,Ti_2O_3,Ti_3O_5转变为TiO_2的温度分别为200℃,250~350℃和高于350℃。通过掺杂少量ZrO_2和Ta_2O_5可以提高膜层折射率的稳定性、减小膜层的吸收。

二氧化锆(ZrO_2)薄膜具有较高的折射率,膜层牢固稳定,短波吸收低,可以应用于紫外区域。

二氧化锆薄膜呈现四方相结构,在强激光作用下会转变为单斜相,因而抗激光损伤能力不高,可以通过掺杂少量氧化钇(Y_2O_3)来获得稳定的四方相结构。

二氧化锆在实际使用中受到一些缺点的限制。蒸发所得到的二氧化锆薄膜有明显的负折射率不均匀性,适当掺入Ta或Ti的氧化物可以减小这种不均匀性。薄膜往往呈现较高的张应力,与二氧化硅组成多层膜易破裂。在衬底为Ba,Cd,Pb含量较高的玻璃时,易与玻璃中的成分反应在界面处生成雾状斑痕,在潮湿环境中更易出现。通过清洁和干燥衬底、在衬底表面预先沉积一层1/4波长的二氧化硅等办法可以避免或者减轻雾状斑痕的出现。

5.2.3 特殊材料

除了常规光学薄膜对材料所提的要求,一些新的应用或者特殊的应用对薄膜材料提出了特别的要求。这里选择红外与紫外薄膜、任意折射率薄膜材料加以简要介绍。其他一些特殊要求,比如抗激光损伤薄膜材料,限于篇幅不做深入介绍。

1. 红外与紫外薄膜

红外与紫外区域光电系统的应用越来越广泛,对相应波段的光学薄膜材料也提出了高要求。

红外波段覆盖一个很宽的波长范围,常用的波长从0.75~50 μm,没有一种材料能覆盖如此宽的区域。大多数介质薄膜在红外区域都会出现长波吸收,限制了其使用。常用的红外材料同样可以区分为金属卤化物、硫化物和半导体材料。

金属卤化物包括低折射率的 ThF_4，PbF_2，BaF_2，CsI 等。存在的主要问题是易于潮解。硫族化合物包括 ZnS，ZnSe，CdSe 等，常用做红外波段的低折射率或者中等折射率材料。半导体材料多用做高折射率材料，短波吸收波长通常较长。典型的材料包括 Si，Ge，Te，PbTe 等。

红外薄膜材料在使用过程中需要注意其折射率和吸收特性与温度的关系。通常，红外带通滤光片在温度降低时中心波长会略向短波移动，而温度升高则会出现明显的波长红移，在使用半导体材料时这一点尤为明显，与其载流子温度特性相关。

常用的红外薄膜组合包括：近红外区域的 Ge - SiO 组合；4 ～ 10 μm 的 Ge - ZnS 组合；8 ～ 20 μm 的 PbTe - ZnSe 组合；更长波段的 PbTe - CdSe，PbTe - CsI 组合等。

紫外波段可以细分为近紫外（200 ～ 400 nm）、真空紫外（30 ～ 200 nm）、软 X 射线（1 ～ 30 nm）等。

在近紫外（200 ～ 400 nm）区，有少量的氧化物薄膜可以用做高折射率材料，如 HfO_2，ZrO_2，MgO 等，也有一些低折射率材料可供选择，如 LiF，MgF_2 等。但是到了真空紫外（30 ～ 200 nm）区，不再有合适的高折射率材料，只有少数低折射率材料可以继续使用。常使用 Al - MgF_2 组合镀制 110 ～ 200 nm 的紫外反射镜。用驻波场方法设计使用于 146 nm，170 nm 和 190 nm 的准分子激光反射镜。在 30 ～ 100 nm 波长范围，所有材料都表现出强吸收，只有部分金属材料如金、铂、铑、钨等还保持一定的反射率（常在 20% 左右）。

进入软 X 射线区域，只有利用金属超晶格薄膜结构才有可能获得实用的反射薄膜。常用的金属超晶格薄膜组合包括：In/Be，Ag/Be，Rh/Be，Mo/Be，Au/C 等等。另外，Si，Ti，Al，In，Pb，C 等薄金属材料（厚度介于几纳米至数百纳米）具有此波段选择透过的特性，因而可用做滤光片，但此时薄膜必须制成无衬底结构。

2. 任意折射率薄膜

由于薄膜材料种类的限制，往往无法直接获得具有适当折射率的薄膜材料。此时，可以采用多种途径予以解决。从膜系设计的角度，可以采用等效膜和合成膜（或称代换对）方法。这里只介绍用膜料混合的方法获得任意折射率材料。

采用高低折射率膜料混合的方法，可以获得折射率介于高、低之间的任意折射率材料。可以用理论模型预测混合膜料的折射率。

根据 Lorentz - Lorenz 色散理论，N 种介质混合的折射率为

$$n^2 = \sum_{i=1}^{N}\left(\frac{a_i n_i^2 c_i}{\rho_i}\right)\Big/\sum_{i=1}^{N}\left(\frac{a_i c_i}{\rho_i}\right) \tag{5.2.5}$$

式中，$a_i = (n_i^2 + 2)^{-1}$，c 为质量浓度，ρ 为密度。

如果式中 $a_i = 1$，则上述模型变形为 Drude 模型。两种模型适用于不同的膜料组合，如 ZnS - MgF_2 组合服从 Lorentz - Lorenz 模型，而 Ge - ZnS 组合则服从 Drude 模型。

实现的途径包括汽相混合与固相混合。汽相混合就是用多个源同时蒸发，通过控制各种原料的蒸发速率获得不同比例的混合材料薄膜。固相混合是将原料按照比例预先混合，用同一蒸发源蒸发获得任意折射率薄膜。汽相混合的难度在于精确控制各个源的蒸发速率，固相混合的难度在于要求混合膜料的各个成分有相近的蒸气压或者有稳定的蒸气压差异。

3. 抗激光损伤薄膜

随着高功率激光系统的应用日益广泛，对具有优良抗激光损伤特性的薄膜材料的需求也随之增大。薄膜对激光损伤的抵御能力在整个光学系统中相对较低，影响薄膜抗激光损伤能力

的因素多种多样，包括薄膜原材料、薄膜制备工艺、薄膜微观结构、膜系的构成与性质等。这里简要介绍薄膜微观结构与其抗激光损伤能力间的关系。

激光对薄膜破坏的机理十分复杂，概括起来主要为吸收和强场作用。

吸收的后果是造成薄膜局部过热，或者造成衬底表面热损伤，诱导薄膜损伤。强场造成薄膜产生类似于介电击穿的损伤，在超短脉冲激光作用下，损伤多由场效应造成。概括起来，在长脉冲激光作用下，材料的本征吸收和外部因素引起的吸收是损伤的主要原因，吸收导致膜层升温，直至膜层或者衬底损坏；短脉冲激光作用下，膜层缺陷和杂质、驻波峰值电场等因素会导致介电击穿损伤。

由于激光损伤在不同膜系中的表现不同，所以通常针对减反射膜层和高反射膜层分别予以研究。

减反射膜比高反射膜更易损伤，其损伤通常发生在吸收较大的区域，如薄膜与衬底的界面处。这里由于薄膜生长过程的缘故，往往出现较高的缺陷密度。可以通过对衬底预处理、镀制保护层、选择适当的镀层材料等途径提高减反射膜的抗损伤能力。超光滑衬底表面有助于获得高损伤阈值；在多层膜镀制前沉积一层半波长氧化硅或者氧化铝，有利于提高 1.06 μm 激光损伤阈值，而氧化硅或者氟化镁则有利于提高紫外增透膜的激光损伤阈值；不同的材料组合将获得不同的损伤阈值，目前，SiO_2/TiO_2 组成的多层减反膜拥有最高的抗损伤性能。从材料折射率和消光系数与损伤阈值的关系中可以观察到大致的关系，即折射率和消光系数降低则损伤阈值升高。

对氧化钛薄膜观察到有趣的性能特点，当薄膜的微观结构为金红石结构或者是金红石与锐钛矿结构的混合结构时，两者的损伤特性没有明显的差异。但是当薄膜均为金红石结构，而晶粒尺寸减小到接近非晶结构时，损伤阈值显著提高。对多种氧化物薄膜的损伤特性研究发现，低温下沉积的薄膜呈现非晶状态，虽然膜层机械强度不高，但是损伤特性却优于高温下沉积的薄膜。

高反膜的损伤特性与减反膜有较大差异。最常用的高反膜用 SiO_2/TiO_2 组成，损伤通常发生在最外层的 TiO_2 层或者第一个 SiO_2/TiO_2 膜层界面上。设法通过驻波设计，降低 TiO_2 层上的电场强度，有利于提高损伤阈值。在多层膜空气侧增加一个半波长氧化硅薄膜可以降低薄膜的损伤几率。在高反射情况下，损伤阈值对不同的偏振态有较大的差异。

可见光区常用的抗损伤高反膜除由 SiO_2/TiO_2 组成外，还有 SiO_2/Ta_2O_5，MgF_2/ZnS，ThF_4/ZnS 等组合。紫外区则有 MgO/LiF，MgF_2/Sc_2O_3 等组合。

最后需要特别指出的是，要获得高性能光学薄膜器件，除了了解薄膜自身的性质，还应当对衬底材料的性质有准确地把握，限于篇幅，这里不再细述。

附录　常见薄膜材料参数

材料	熔点 ℃	蒸发温度 ℃	蒸发方法[①]	密度 g/cm³	折射率[②]	吸收消光系数	透明区 μm	膜结构 聚集密度 p	牢固度[③]	备注
AgBr	434		B	6.47	2.25(0.55 μm)				S	
AgCl	455	790	B(Mo)	5.56	2.07(0.55μm) 2.02(1 μm)		0.4 ～ 30		S 1	
As_2S_3	300	246	B(Mo,TA) S	3.43	2.47(1.06 μm) 2.37(10 μm)	8×10^{-3}(1.08 μm) 7×10^{-3}(3.8 μm)	0.58 ～ 10	无定形	M 1	毒性
As_2Se_3			B(Mo, Ta)		2.82(3.8 μm)	3×10^{-3}(3.8 μm)		无定形	M 2	毒性
Al_2O_3	2 020	2100	B(W)E	3.98	1.54(0.55 μm, 40℃) 1.62(0.55 μm, 300℃)	2.3×10^{-3}(0.515 μm) 8×10^{-3}(1.06μm)	0.2 ～ 8	无定形 $p=1.0$	H,▲▲▲,1	
AlF_3		900	B		1.38(0.55 μm)		0.2 ～> 30	无定形 $p=0.64$(35℃)	S T小	
Bi_2O_3	860		R(Pt)	8.3	2.45(0.55 μm)		0.4 ～		FH 1	
BiF_3	727		B(C)	5.32	1.74(1 μm) 1.68(10 μm)	8×10^{-4}(10.6 μm)	0.26 ～ 20	结晶	M C,1	

续表

材料	熔点 ℃	蒸发温度 ℃	蒸发方法①	密度 g/cm³	折射率②	吸收消光系数	透明区 μm	膜结构 聚集密度 p	牢固度③	备注
BaF_2	1 280		B	4.83	1.47(1 μm) 1.4 (8μm) 1.395 (10 μm)	5×10^{-4}(10.6 μm)	0.25 ~ 15	结晶 $p=0.91$(20℃)	M,T小,2	
B_2O_3	450		B(Pt, Mo)	2.46	1.61				T小	
BeO	2 530	2 230	B(W)E	3.01	1.72 ~ 1.73				H	毒性
CaF_2	1 360	1 280	B(W,Ta, Mo)	3.2	1.23 ~ 1.46(0.55 μm)		0.15 ~ 12	结晶 $p=0.57$	FH,T小,1	
CeF_3	1 460	1 350	B(W)E	6.16	1.63(0.5 μm, 300℃) $A=2.588$, $B=0.1934$ (300℃)	1.4×10^{-5}(0.633 μm)	0.3 ~ 5	结晶 $p=0.8$(30℃)	FH,T大,1	
CdS	1 750	800	B(Pt,Ta)	4.8	2.5(0.6 μm,30℃) $A=5.235$, $B=0.1819$	2.9×10^{-3}(0.515 μm)	0.55 ~ 7	结晶	S　C	
CdTe	1 041		B(Mo)	6.2	3.05(1 μm) 2.66(10 μm)		0.97 ~ 30		H,▲,C,2	
CeO_3	1 950	1 600	B(W)E	7.13	2.2(0.55 μm, 30℃) 2.38(0.55 μm, 250℃) $A=3.6213$, $B=0.17117$		0.4 ~ 12	结晶	H　C,1	
CdSe	1 350	700	B(W)	5.81	3.5 (1μm)		0.97 ~		M,▲, 2	
CaO	2 850	2 050	B(W)E	3.3	1.84				FH　3	
CsBr	636		B(W,Mo)	3.04	1.8(25 μm) 1.67(3.3 μm)		0.23 ~ 40		S	
CsI	626		B	4.51	1.787(0.55 μm)		0.25 ~ 60		S　3	

续表

材料	熔点/℃	蒸发温度/℃	蒸发方法[①]	密度/(g/cm³)	折射率[②]	吸收消光系数	透明区/μm	膜结构聚集密度 p	牢固度[③]	备注
Cr_2O_3	2 275	1 900	B(W)E	5.2	2.1(0.63 μm)				FH 1	
C(金刚石)	3 700	2 601	E	3.5	2.38(4μm) $A=5.6548$, $B=0.0565$				H 1	
Dy_2O_3	2 340		E		2.0(0.29 μm, 350℃) 1.91(0.55 μm, 350℃)		0.28 ~		FH 1	
Eu_2O_3	2 050		E		1.88(0.7 μm, 350℃)		0.3 ~		FH 1	
Fe_2O_3	1 565		E	5.1	2.72(0.55 μm)	0.11(0.55 μm)	0.8 ~		M 1	
Ge	959	1 690	B(C)E	5.3	4.4(2 μm, 30℃) $A=15.992$, $B=1.8793$		1.7 ~ 23	无定形 (300℃)	H, ▲, T大, 1	
GaAs	1 338	850	E	5.34	3.2(μm)		0.9 ~ 18		M 2	
Gd_2O_3	2 340	2 200	RS E		1.8(0.55μm)		0.32 ~ 15		FH 1	
HfO_2			E RS		2.15(0.25μm, 250℃) $A=3.1824$, $B=0.09188$	2×10^{-3}(0.25 μm) 7×10^{-4}(0.3μm)	0.22 ~ 12		H, ▲▲, 1	
Ho_2O_3	2 365		E		2.0(0.5μm, 350℃)		0.25 ~		FH 1	
InAs	943		双源	5.66	4.5		3.8 ~ 7		S 1	毒性
InSb	535		双源	5.77	4.3		7 ~ 16		S	毒性
In_2O_3			R(W)E	7.18	2.0(0.5 μm)		0.32 ~		H 1	
LiF		870	B(Mo, Ta)	2.6	1.36(0.55μm) $A=1.8837$, $B=0.007$	1×10^{-3}(0.24 μm)	0.11 ~ 7	结　晶	S, ▲▲▲, T小, 3	
LaF_3		1 490	B(W, Mo)	6.0	1.55(0.55μm, 30℃) 1.65(0.55μm, 300℃) $A=2.5246$, $B=0.01247$	1×10^{-3}(0.25 μm)	0.2 ~ 10	结　晶 $p=0.8$(30℃)	FH, ▲▲▲, 1	

续表

材料	熔点 ℃	蒸发温度 ℃	蒸发方法[1]	密度 g/cm^3	折射率[2]	吸收消光系数	透明区 μm	膜结构 聚集密度 p	牢固度[5]	备注
La_2O_3	2 000	1 500	B(W)E	6.5	1.98(0.3μm) 1.88(0.55 μm) $A = 3.3087$, $B = 0.069\ 52$	1×10^{-3}(0.25 μm)	0.3	无定形	H 1 1	
MgF_2	1 266	1 540	B(W,Ta,Mo)	2.9	1.38(0.55 μm) $A = 1.897\ 6$, $B = 0.015\ 36$	9×10^{-6}(0.5 μm) 6×10^{-6}(1 μm)	0.11 ~ 6	结晶 $p = 0.72$(30℃)	H,▲▲▲, T大,1	
MgO	2 800	2 600	B(W,Ta) E	3.58	1.7(0.55μm, 50℃)	2×10^{-3}(0.24 μm)	0.2 ~ 8	结晶	H,▲▲,C 大,2	
NiO	2 090	1 580	B(Al_2O_3)	6.7	2.15				FH 1	
NaF	992	988	B(Mo)	2.8	1.29 ~ 1.30(0.55 μm)	9×10^{-3}(0.24 μm)	0.2 ~ 1.4	结晶 $p = 0.96$(30℃)	S,▲▲, 3	
Na_3AlF_6	1 000	1 000	B(Mo,Ta)	2.9	1.32 ~ 1.35(0.55 μm)	7×10^{-3}(0.24 μm)	0.2 ~ 14	结晶 $p = 0.88$(30℃) $p = 0.92$(190℃)	S,▲,T小,3	
Nd_2O_3	1 800	1 900	B(W,To) E	7.2	1.79(0.55 μm, 30℃) 2.05(0.55μm, 260μm)		0.24 ~ 10		H 1	
NdF_3	1 410	1 400	B(Ta,To)		1.61(0.55μm, 300℃) $A = 2.558\ 2$, $B = 0.017\ 03$		0.22 ~ 6	结晶 $p = 0.8$(30℃)	M 2	
PbTe	971	850	B(Ta)	8.16	5.6(5 μm)		3.4 ~ 30		S,▲,1	毒性
$PbCl_2$	501		B(Pt, Mo)	5.81	2.3(0.5 μm) 2.0(10 μm)		0.3 ~ 14		M,T小,3	
PbF_3	822	850	B(W,Pt)	7.76	1.98(0.3 μm, 30℃) 1.75(0.55 μm, 30℃)	6×10^{-3}(3.8 μm)	0.24 ~ 20	β PbF_3 $p = 0.8$(30℃)	S, ▲, T, 2	

续表

材料	熔点 ℃	蒸发温度 ℃	蒸发方法①	密度 g/cm³	折射率②	吸收消光系数	透明区 μm	膜结构 聚集密度 p	牢因度③	备注
PbO	900	300	B(Pt)	9.5	2.6(0.55 μm)		0.53～	结晶	S 2	
PbS	1112	675	B(W)	7.5	3.9～4.2		3～7		S 2	
Pb_6O_{11}	2200		B(W)		1.92～2.05(0.55μm)		0.4～10	无定形	FH 1	
Se	1 430	437	B(W,TA,Mo)	4.3	2.45(2 μm)		0.8～20		FH 3	
B_2O_3	656	400	B(Pt,Ta)		2.3(0.36 μm) 2.0(0.55 μm)		0.3～		S,T小,1	
Sb_2S_3	550	370	B(Ta,Mo)	4.1	3.0(0.55 μm)		0.5～10		S 2	
SnO_3	1 127		B(W) E	6.95	2.0～2.1(0.55μm)		0.4～	$p=0.95$ 热处理	H,T小,1	
Si	1 420	1 500	E	2.33	3.4(3 μm) $A=11.586$, $B=0.9398$	1.7×10^{-4}(2.7 μm)	1～9	无定形	FH,▲, C大,1	
SiO	1 700	130	B(To,Ta,W)	2.24	1.55(0.55 μm, 30℃) 主要成分 Si_2O_3		0.4～9	无定形	H,▲▲, C, 1	
SiO_2	1 700	1 600	E	2.1	1.45～1.46(0.55 μm)	7.7×10^{-4}(0.35 μm) 2×10^{-6}(1 μm)	0.2～9	无定形 $p=0.9$(30℃) $p=0.98$(150℃)	H,▲▲▲,C1,	
SrF_2	1 190		B(Mo,W)	4.24	1.45(0.55 μm)		0.2～1.0	结晶 $p=0.89$(30℃)	M 2	
Sm_2O_3	2 350		E		1.88(0.59 μm, 300℃)		0.34～		FH 1	
Te	452	650	B(Ta)	6.2	4.9(6 μm)		3.4～20		FH 3	
TlCl	430		B(Ta)	7.0	2.6(12 μm)		0.4～30		S 3	

续表

材料	熔点 ℃	蒸发温度 ℃	蒸发方法①	密度 g/cm³	折射率②	吸收消光系数	透明区 μm	膜结构 聚集密度 p	牢固度③	备注
TiO_2	1 850	2 000	R E	3.8～ 4.3	1.9(0.55 μm, 30℃) 2.3(0.55μm, 22℃) $A=4.385$, $B=0.241\,4$	7.5×10^{-4}(0.5 μm) 2.5×10^{-4}(1 μm)	0.4～10	无定形(30℃) 结晶(>100℃)	H,▲▲,C,1	
Ta_2O_5	1 800	2 100	R E	7.8	2.16(0.55 μm, 250℃) $A=4.244\,6$, $B=0.131\,58$	8×10^{-3}(0.3 μm) 1×10^{-3}(0.6 μm)	0.35～10	无定形	FH,▲,1	
ThF_4		1 100	B(Ta,Mo)	6.32	1.5(0.55μm, 35℃) 1.35(10.6 μm)	5×10^{-8}(0.5μm) 2×10^{-3}(1 μm) 1×10^{-4}(10.6 μm)	0.2～15	无定形	M, ▲▲▲,T,1	放射
ThO_2	2 950	3 050	E	9.69	1.86(0.55μm, 250℃)	5×10^{-3}(0.24μm)	0.3～6	无定形	H,▲,1	放射
YF_3			B		1.45	5×10^{-4}(0.24 μm)	0.4～		S,▲▲,2	
Y_2O_3	3 410	2 400	E, R	5.01p	1.87(0.55 μm, 250℃) $A=3.182\,4$, $B=0.091\,88$	5×10^{-3}(0.25 μm)	0.3～12	无定形,高温下 结　晶	H,▲,1	
Yb_2O_3	2 346	1 900	E		1.75(0.63 μm, 30℃)		0.28～		FH,1	
ZnO		1 100	B(W,Mo)		2.1(0.45 μm)		0.35～20		S　1	
ZnS	1 900	1 100	B(Ta,Mo)	3.98	2.35(0.55 μm) 2.16(10.6 μm) $A=5.013$, $B=0.202\,5$	2.7×10^{-4}(0.5 μm) 4×10^{-3}(1 μm) 2×10^{-4}(10.6 μm)	0.4～14	结　晶 $p\geqslant0.94$	M,▲,C,1	
ZnSe	1 530	950	B(Mo,Ta)	5.42	2.58(0.633 μm) 2.42(10.6 μm)	3.4×10^{-3}(0.5 μm) 1×10^{-4}(10.6 μm)	0.55～15	结　晶	S　2	
ZnTe		1 000	B		2.8(0.55 μm)	6.7×10^{-3}(0.515 μm)		结　晶	S　3	

续表

材料	熔点/℃	蒸发温度/℃	蒸发方法①	密度/(g/cm³)	折射率②	吸收消光系数	透明区/μm	膜结构 聚集密度 p	牢固度③	备注
ZrO_2	2 715	2 700	E	5.49	1.97(0.55 μm, 30℃) 2.05(0.55 μm, 200℃) $A = 3.291$, $B = 0.097\ 12$	6×10^{-3}(0.25 μm) 1.6×10^{-4}(0.5 μm)	0.3 ~ 12	$p = 0.67$(30℃) $p = 0.821$(25℃)	H ▲, T, 1	

注：

① B— 电阻加热；E— 电子束蒸发；R— 反应蒸发；S— 溅射；RS— 反应溅射。

② 括号内数字为波长和衬底温度，A，B 是 Sellmeir 色散方程系数，波长单位 μm。

③ 硬度：H— 极硬、FH— 硬、M— 中等、S— 软；抗激光损伤：▲▲▲ — 强、▲▲— 中、▲— 弱；应力：T— 张应力、C— 压应力；抗潮性：1— 优、2— 中等、3— 差。

参考文献

1 唐晋发,郑权．应用薄膜光学．上海:上海科学技术出版社,1984

2 林永昌,卢维强．光学薄膜原理．北京:国防工业出版社,1990

3 顾培夫．薄膜技术．杭州:浙江大学出版社,1990

4 严一心等．薄膜技术．北京:兵器工业出版社,1994

5 曲喜新．薄膜物理．上海:上海科学技术出版社,1986

6 殷之文．电介质物理．北京:科学出版社,2003

7 吴自勤等．薄膜生长．北京:科学出版社,2001

8 黄运添等．薄膜技术．北京:清华大学出版社,1991

9 H. K. 普尔克尔．玻璃镀膜．仲永安等译．北京:科学出版社,1988

10 薄膜科学与技术手册．田民波,刘德令编译．北京:机械工业出版社,1991